浙江省高职院校"十四五"重点立项建设教材
职业教育人工智能领域系列教材

深度学习基础与实践

北京博海迪信息科技股份有限公司 组编

主　编　何凤梅
副主编　郭洪延　陈凯杰
参　编　陈　锐　黄莹达　陈逸怀
主　审　谢　薇

机械工业出版社

本书基于开源深度学习框架 PyTorch 编写，既有深度学习必备的理论知识，又有深度学习所需的实践项目，利于编程基础能力的培养。本书内容包括深度学习的基本原理和常用算法、深度学习框架 PyTorch 的环境搭建及基础编程方法、使用 PyTorch 实现手势识别、CNN 图像分类、数据处理、国际航空乘客预测等项目，以及张量的应用、手写数字体识别、面部表情识别等拓展案例。本书每个单元都配备知识点微课，"任务实施"结合实践应用有序排列学习任务，符合人才成长的特点和教学规律，突出培养学生的专业数字化素养，实现理论与实践的统一。

本书通俗易懂、理论结合实践，适合作为高职院校计算机类专业的理论与实践一体化教材，也可作为人工智能技术人才的岗前培训教材。

为方便教学，本书配有电子课件等教学资源。凡选用本书作为授课教材的教师均可登录机械工业出版社教育服务网（www. cmpedu. com）注册后免费下载。如有问题请致信 cmpgaozhi@ sina. com，或致电 010 - 88379375 联系营销人员。

图书在版编目（CIP）数据

深度学习基础与实践 / 北京博海迪信息科技股份有限公司组编；何凤梅主编. -- 北京：机械工业出版社，2025. 1. -- （职业教育人工智能领域系列教材）.

ISBN 978 - 7 - 111 - 77600 - 0

Ⅰ. TP181

中国国家版本馆 CIP 数据核字第 2025D3Q736 号

机械工业出版社（北京市百万庄大街22号　邮政编码100037）
策划编辑：赵志鹏　　　责任编辑：赵志鹏　侯　颖
责任校对：梁　园　张　征　封面设计：马精明
责任印制：单爱军
北京虎彩文化传播有限公司印刷
2025 年 3 月第 1 版第 1 次印刷
184mm×260mm・17.5 印张・431 千字
标准书号：ISBN 978 - 7 - 111 - 77600 - 0
定价：57.00 元

电话服务　　　　　　　　　　网络服务
客服电话：010 - 88361066　　机　工　官　网：www. cmpbook. com
　　　　　010 - 88379833　　机　工　官　博：weibo. com/cmp1952
　　　　　010 - 68326294　　金　书　网：www. golden-book. com
封底无防伪标均为盗版　　机工教育服务网：www. cmpedu. com

职业教育人工智能领域系列教材编委会

（排名不分先后）

主　　任	吴升刚	北京电子科技职业学院
	林康平	北京博海迪信息科技股份有限公司
副 主 任	方　园	北京工业职业技术学院
	张宗福	江门职业技术学院
	南永新	兰州石化职业技术大学
	朱佳梅	哈尔滨石油学院
	潘明波	云南工商学院
	柯　捷	桂林航天工业学院
执行副主任	刘业辉	北京工业职业技术学院
	杨洪涛	北京工业职业技术学院
	张东升	北京博海迪信息科技股份有限公司
	曹新宇	机械工业出版社有限公司
委　　员	纪　兆	北京信息职业技术学院
	李思佳	北京信息职业技术学院
	冉祥栋	北京信息职业技术学院
	方水平	北京工业职业技术学院
	赵元苏	北京工业职业技术学院
	王笑洋	北京工业职业技术学院
	林　勇	重庆电子工程职业学院
	曹建春	黄河水利职业技术学院
	郭晓燕	黄河水利职业技术学院
	莫丽娟	黄河水利职业技术学院
	郝炯驹	黄河水利职业技术学院
	陈文静	黄河水利职业技术学院
	郭明琦	黄河水利职业技术学院
	翟文正	常州信息职业技术学院
	程　慎	郑州财税金融职业学院
	钱　坤	吉林工程职业学院
	李艳花	云南工程职业学院
	韩文智	四川职业技术学院
	唐雪涛	广西金融职业技术学院
	孙　健	河北软件职业技术学院

夏　汛	泸州职业技术学院
何凤梅	温州科技职业学院
倪礼豪	温州科技职业学院
郭洪延	沈阳职业技术学院
张庆彬	石家庄铁路职业技术学院
刘　佳	石家庄铁路职业技术学院
温洪念	石家庄铁路职业技术学院
齐会娟	石家庄铁路职业技术学院
李　季	长春职业技术学院
王小玲	湖南机电职业技术学院
黄　虹	湖南机电职业技术学院
吴　伟	湖南机电职业技术学院
贾　睿	辽宁交通高等专科学校
徐春雨	辽宁交通高等专科学校
于　淼	辽宁交通高等专科学校
柴方艳	黑龙江农业经济职业学院
李永喜	黑龙江生态工程职业学院
王　瑞	黑龙江建筑职业技术学院
鄢长卿	黑龙江农业工程职业学院
向春枝	郑州信息科技职业学院
谷保平	郑州信息科技职业学院
李　敏	荆楚理工学院
丁　勇	昆明文理学院
徐　刚	昆明文理学院
宋月亭	昆明文理学院
陈逸怀	温州城市大学
潘益婷	浙江工贸职业技术学院
钱月钟	浙江工贸职业技术学院
章增优	浙江工贸职业技术学院
马无锡	浙江工贸职业技术学院
周　帅	北京博海迪信息科技股份有限公司
赵志鹏	机械工业出版社有限公司

前 言
Preface

1. 编写背景

深度学习是人工智能领域的前沿技术。随着高职院校人工智能技术应用专业的不断扩招，符合职业教育"职业性"和"实践性"的深度学习教材相对较少。根据教育部发布的加快推进现代职业教育体系建设改革重点任务、"三教"改革及"金课"建设要求，结合人工智能领域发展需求和企业工程师的意见，本书采用工作手册的形式编写。

2. 教材特点

（1）落实立德树人根本任务。本书精心设计，在每个单元的任务陈述中都设计了"学习路线""学习任务""困惑与建议""价值理念"，在专业内容的讲解中融入科学精神和爱国情怀，弘扬精益求精的专业精神、职业精神和工匠精神，培养学生的创新意识。

（2）配套丰富的资源。本书避免艰深的理论讨论，通过 PyTorch 实战项目的解析和实践，深入浅出地讲解深度学习理论及其常用操作。此外，本书还配套了丰富的资源，可以展开自主学习和课堂教学，既有视频教学资源，也有实践练习环境资源，学生能够更加快速地入门和展开实践应用练习。

（3）具有工作手册和教材的共同特性。本书结构完整，以学生为中心的"任务实施"形式，充分体现了知行合一的理念。工作手册式编写方式满足了学生在工作现场学习的需要，提供简明易懂的"应知""应会"等现场指导信息，引导学生开展探究式学习。借助大量的操作实践项目，体验项目应用的过程分析，在项目实施中强调职业素养的渗透、课程思政的融入，拉近了产教之间的距离。

3. 教学建议

本书共包含 10 个单元，建议教师采用互联网教学环境，在互动环境中完成教学任务。教学参考课时为 68 学时（见下表），最终课时的安排，教师可根据教学计划和培训的安排、教学方式的选择、教学内容的增删自行调节。

单元名		内容	计划学时数
单元 1	从机器学习到深度学习	从人工智能、机器学习、深度学习的发展史引入，分析了人工智能、机器学习、深度学习的关系，以及神经网络架构和深度学习的应用	4
单元 2	深度学习基础知识	分析深度学习的基本原理，介绍模型拟合常见问题和解决方案，讲解损失函数、代价函数、最优化算法	6

(续)

单元名	内容	计划学时数
单元 3　PyTorch 深度学习框架	分析各类深度学习框架，实践 PyTorch 框架及其环境的搭建、基本使用方法和操作关键点	6
单元 4　PyTorch 编程基础	分析张量的概念、运算、求导机制、代码实现，实践 PyTorch 的神经网络使用方法和深度学习实现	8
单元 5　用 PyTorch 实现深度网络	分析数据集的预处理和读取，实践 PyTorch 实现深度学习模型的步骤	8
单元 6　基于 CNN 的服装图像分类	分析 CNN 的结构原理和改进方法，实践 CNN 的图像分类项目	6
单元 7　图像数据处理	分析并实践常用的图像处理方法	8
单元 8　基于 LSTM 的数据预测	分析数据预测常用方法，实践 LSTM 神经网络项目	8
单元 9　基于 AlexNet 的图像分类	分析 AlexNet 的技术点和特点，实践 AlexNet 环境搭建的步骤及 AlexNet 图像分类项目	6
单元 10　基于 ResNet 的行人重识别	分析 ResNet 的结构和特点，实践 ResNet 行人重识别项目	8

4. 编写分工

本书由何凤梅担任主编，郭洪延、陈凯杰担任副主编，陈锐、黄莹达和陈逸怀参加部分章节的编写工作，谢薇担任主审。此外，在编写过程中还得到了北京博海迪信息科技股份有限公司的大力支持和帮助，在此表示衷心感谢。

由于编者水平有限，加上人工智能技术的发展日新月异，书中难免存在疏漏或不足之处，敬请广大读者批评指正。

编者

目 录
Contents

前言

单元 1 从机器学习到深度学习

- 1.1 学习情境描述 ··· 001
- 1.2 任务陈述 ··· 001
- 1.3 知识准备 ··· 002
  - 1.3.1 人工智能、机器学习和深度学习的关系 ·· 002
  - 1.3.2 神经元和感知器 ·· 007
  - 1.3.3 神经网络架构 ··· 010
  - 1.3.4 深度学习的应用领域 ·· 014
- 1.4 任务实施:深度学习体系梳理 ··· 015
  - 1.4.1 任务书 ·· 015
  - 1.4.2 任务分组 ··· 015
  - 1.4.3 获取信息 ··· 016
  - 1.4.4 工作实施 ··· 017
  - 1.4.5 评价与反馈 ·· 019
- 1.5 拓展案例:深度学习在推荐系统中的应用 ······································ 020
  - 1.5.1 问题描述 ··· 020
  - 1.5.2 基础理论 ··· 020
  - 1.5.3 实际应用 ··· 020
  - 1.5.4 案例总结 ··· 023
- 1.6 单元练习 ··· 024

单元 2 深度学习基础知识

- 2.1 学习情境描述 ··· 025
- 2.2 任务陈述 ··· 025
- 2.3 知识准备 ··· 026
  - 2.3.1 模型拟合 ··· 026
  - 2.3.2 损失函数和代价函数 ·· 031
  - 2.3.3 最优化算法 ·· 035
- 2.4 任务实施:常用代价函数实验 ··· 040
  - 2.4.1 任务书 ·· 040
  - 2.4.2 任务分组 ··· 040

2.4.3　获取信息 …………………………………………………… 041
　　　2.4.4　工作实施 …………………………………………………… 041
　　　2.4.5　评价与反馈 ………………………………………………… 045
　2.5　任务实施：梯度下降实验 ………………………………………… 046
　　　2.5.1　任务书 ……………………………………………………… 046
　　　2.5.2　任务分组 …………………………………………………… 047
　　　2.5.3　获取信息 …………………………………………………… 047
　　　2.5.4　工作实施 …………………………………………………… 047
　　　2.5.5　评价与反馈 ………………………………………………… 049
　2.6　拓展案例：PyTorch 简单模型构建 ……………………………… 050
　　　2.6.1　问题描述 …………………………………………………… 050
　　　2.6.2　基础理论 …………………………………………………… 050
　　　2.6.3　解决步骤 …………………………………………………… 051
　　　2.6.4　案例总结 …………………………………………………… 053
　2.7　单元练习 …………………………………………………………… 053

单元 3　PyTorch 深度学习框架

　3.1　学习情境描述 ……………………………………………………… 055
　3.2　任务陈述 …………………………………………………………… 055
　3.3　知识准备 …………………………………………………………… 056
　　　3.3.1　深度学习框架 ……………………………………………… 056
　　　3.3.2　PyTorch 环境搭建 ………………………………………… 060
　　　3.3.3　PyTorch 的基本使用 ……………………………………… 065
　3.4　任务实施：PyTorch 环境的搭建和基本使用 …………………… 068
　　　3.4.1　任务书 ……………………………………………………… 068
　　　3.4.2　任务分组 …………………………………………………… 069
　　　3.4.3　获取信息 …………………………………………………… 069
　　　3.4.4　工作实施 …………………………………………………… 069
　　　3.4.5　评价与反馈 ………………………………………………… 071
　3.5　拓展案例：张量的应用 …………………………………………… 072
　　　3.5.1　问题描述 …………………………………………………… 072
　　　3.5.2　思路描述 …………………………………………………… 072
　　　3.5.3　解决步骤 …………………………………………………… 073
　　　3.5.4　案例总结 …………………………………………………… 075
　3.6　单元练习 …………………………………………………………… 075

单元 4 PyTorch 编程基础

- 4.1 学习情境描述 ······ 076
- 4.2 任务陈述 ······ 076
- 4.3 知识准备 ······ 077
  - 4.3.1 张量的概念及应用 ······ 077
  - 4.3.2 神经网络 ······ 086
- 4.4 任务实施：PyTorch 常见操作及函数的使用 ······ 094
  - 4.4.1 任务书 ······ 094
  - 4.4.2 任务分组 ······ 094
  - 4.4.3 获取信息 ······ 094
  - 4.4.4 工作实施 ······ 094
  - 4.4.5 评价与反馈 ······ 096
- 4.5 任务实施：PyTorch 神经网络的搭建 ······ 098
  - 4.5.1 任务书 ······ 098
  - 4.5.2 任务分组 ······ 098
  - 4.5.3 获取信息 ······ 098
  - 4.5.4 工作实施 ······ 099
  - 4.5.5 评价与反馈 ······ 100
- 4.6 拓展案例：手写数字体识别 ······ 102
  - 4.6.1 问题描述 ······ 102
  - 4.6.2 思路描述 ······ 102
  - 4.6.3 解决步骤 ······ 102
  - 4.6.4 案例总结 ······ 107
- 4.7 单元练习 ······ 107

单元 5 用 PyTorch 实现深度网络

- 5.1 学习情境描述 ······ 108
- 5.2 任务陈述 ······ 108
- 5.3 知识准备 ······ 109
  - 5.3.1 使用 PyTorch 实现深度学习模型的基本流程 ······ 109
  - 5.3.2 数据集的预处理 ······ 113
  - 5.3.3 模型定义 ······ 116
  - 5.3.4 模型的优化与评估 ······ 117
- 5.4 任务实施：手势识别 ······ 122
  - 5.4.1 任务书 ······ 122
  - 5.4.2 任务分组 ······ 122
  - 5.4.3 获取信息 ······ 122

		5.4.4	工作实施 ……………………………………………	122
		5.4.5	评价与反馈 …………………………………………	127
	5.5	拓展案例：书法字体识别 …………………………………	128
		5.5.1	问题描述 ……………………………………………	128
		5.5.2	实际应用 ……………………………………………	129
		5.5.3	解决步骤 ……………………………………………	129
		5.5.4	案例总结 ……………………………………………	133
	5.6	单元练习 …………………………………………………	133

单元 6 基于 CNN 的服装图像分类

	6.1	学习情境描述 ……………………………………………	134
	6.2	任务陈述 …………………………………………………	134
	6.3	知识准备 …………………………………………………	135
		6.3.1 CNN 概述 ………………………………………	135
		6.3.2 基于 CNN 的图像分类 …………………………	140
	6.4	任务实施：CNN 的 Fashion-MINIST 分类实战 …………	145
		6.4.1 任务书 ……………………………………………	145
		6.4.2 任务分组 …………………………………………	145
		6.4.3 获取信息 …………………………………………	145
		6.4.4 工作实施 …………………………………………	145
		6.4.5 评价与反馈 ………………………………………	149
	6.5	拓展案例：基于卷积神经网络的面部表情识别 …………	150
		6.5.1 问题描述 …………………………………………	150
		6.5.2 基础理论 …………………………………………	150
		6.5.3 解决步骤 …………………………………………	151
		6.5.4 案例总结 …………………………………………	158
	6.6	单元练习 …………………………………………………	158

单元 7 图像数据处理

	7.1	学习情境描述 ……………………………………………	159
	7.2	任务陈述 …………………………………………………	159
	7.3	知识准备 …………………………………………………	160
		7.3.1 数字图像的概念和图像处理方法 ………………	160
		7.3.2 图像编/解码、标准化处理和添加标注框 ……	169
	7.4	任务实施：图像数据处理 …………………………………	175
		7.4.1 任务书 ……………………………………………	175

		7.4.2	任务分组	175
		7.4.3	获取信息	175
		7.4.4	工作实施	176
		7.4.5	评价与反馈	179
	7.5	拓展案例：基于神经网络的图像风格迁移		180
		7.5.1	问题描述	180
		7.5.2	基础理论	180
		7.5.3	解决步骤	183
		7.5.4	案例总结	187
	7.6	单元练习		187

单元 8 基于 LSTM 的数据预测

	8.1	学习情境描述		188
	8.2	任务陈述		188
	8.3	知识准备		189
		8.3.1	数据预测概述	189
		8.3.2	时间序列预测方法	190
		8.3.3	LSTM 神经网络	193
	8.4	任务实施：国际航空乘客预测		198
		8.4.1	任务书	198
		8.4.2	任务分组	198
		8.4.3	获取信息	198
		8.4.4	工作实施	199
		8.4.5	评价与反馈	202
	8.5	拓展案例：使用 PyTorch 进行 LSTM 时间序列预测		203
		8.5.1	问题描述	203
		8.5.2	思路描述	203
		8.5.3	解决步骤	204
		8.5.4	案例总结	208
	8.6	单元练习		209

单元 9 基于 AlexNet 的图像分类

	9.1	学习情境描述		210
	9.2	任务陈述		210
	9.3	知识准备		211
		9.3.1	AlexNet 神经网络	211
		9.3.2	基于 AlexNet 的图像分类概述	215

9.4 任务实施：基于 AlexNet 的 CIFAR-100 分类实战 …… 223
 9.4.1 任务书 …… 223
 9.4.2 任务分组 …… 223
 9.4.3 获取信息 …… 223
 9.4.4 工作实施 …… 224
 9.4.5 评价与反馈 …… 227

9.5 拓展案例：基于深度学习和迁移学习的遥感图像场景分类实战 …… 228
 9.5.1 问题描述 …… 228
 9.5.2 思路描述 …… 228
 9.5.3 解决步骤 …… 228
 9.5.4 案例总结 …… 231

9.6 单元练习 …… 231

单元 10 基于 ResNet 的行人重识别

10.1 学习情境描述 …… 233

10.2 任务陈述 …… 233

10.3 知识准备 …… 234
 10.3.1 ResNet 概述 …… 234
 10.3.2 行人重识别 …… 244

10.4 任务实施：基于 ResNet 的行人重识别实战 …… 255
 10.4.1 任务书 …… 255
 10.4.2 任务分组 …… 255
 10.4.3 获取信息 …… 255
 10.4.4 工作实施 …… 256
 10.4.5 评价与反馈 …… 261

10.5 拓展案例：基于骨架提取和人体关键点估计的行为识别 …… 262
 10.5.1 问题描述 …… 262
 10.5.2 思路描述 …… 262
 10.5.3 解决步骤 …… 262
 10.5.4 案例总结 …… 264

10.6 单元练习 …… 264

参考文献 …… 265

单元 1
从机器学习到深度学习

1.1 学习情境描述

人类智能最重要且显著的能力是学习能力。学习是一个多侧面、综合性的心理活动，它与记忆、思维、知觉、感觉等多种心理行为有着密切联系。人们难以把握学习的机理与实质，不同学科的研究人员从不同的角度给学习做出了不同的解释。专家系统的发展促进具有学习能力的机器学习的研究和发展，改变着人们的生活，推动医疗保健、基础设施和服务等各领域发展。近年来，深度学习作为机器学习的一个分支，掀起了新的研究和应用热潮。深度学习在改变生活、推动全世界发展，特别是在我国实施国家文化数字化战略的过程中，会涉及哪些领域呢？

1.2 任务陈述

从机器学习到深度学习的具体学习任务见表 1-1。

表 1-1 学习任务单

学习任务单		
学习路线	课前	1. 参考课程资源，自主学习"1.3 知识准备" 2. 检索有效信息，探究"1.4 任务实施"
	课中	3. 遵从教师引导，学习新内容，解决所发现的问题 4. 小组交流完成任务，根据引导问题的顺序，逐步分析并梳理深度学习的体系及重点内容，按要求绘制思维导图 5. 制订学期学习计划和形式
	课后	6. 录制小组汇报视频并上交 7. 项目总结 8. 客观、公正地完成考核评价 9. 阅读理解"1.5 拓展案例"
学习任务		1. 了解人工智能、机器学习、深度学习的发展史 2. 掌握人工智能、机器学习、深度学习之间的关系 3. 理解神经元、感知器、神经网络架构 4. 掌握深度学习的应用 5. 梳理深度学习体系

(续)

学习任务单	
学习建议	1. 不必纠结深度学习模型的研究，侧重理解深度学习的应用逻辑，为后续应用打下基础 2. 提前预习知识点，将有疑问的地方圈出，上课时解惑讨论 3. 小组合作完成任务实施引导的学习内容 4. 制订学习计划，学会检索、收集并跟踪专业领域先进技术应用
价值理念	1. 以海纳百川的宽阔胸襟借鉴并吸收优秀文明成果，推动建设美好世界 2. 以满腔热忱对待一切新生事物，不断拓展认知的广度和深度 3. 坚持与时俱进，加快推进科技自立自强

1.3 知识准备

人工智能的目标是用机器实现人类的部分智能，智能是知识与智力的总和，知识是一切智能行为的基础，智力是获取知识并应用知识求解问题的能力。学习是知识获取的过程，内在行为是获取知识、积累经验和发现规律，外部表现是改进性能、适应环境和实现系统的自我完善。机器学习是计算机模拟人的学习行为，自动通过学习获取知识和技能，不断改善性能，实现自我完善。但机器学习的数据特征往往需要人工进行标记，当出现大规模数据处理，特别是图像类型的数据时就会非常烦琐。深度学习是一种基于数据进行表征学习的方法，采用多层前向神经网络，能够自动提取特征。

1.3.1 人工智能、机器学习和深度学习的关系

1. 人工智能

1956 年被称为人工智能元年。在美国达特茅斯学院，约翰·麦卡锡（John McCarthy，人工智能与认知学专家）、马文·闵斯基（Marvin Minsky，人工智能与认知学专家）、克劳德·香农（Clande Shannon，信息论的创始人）、艾伦·纽厄尔（Alan Newell，计算机科学家）、赫伯特·西蒙（Herbert A. Simon，诺贝尔经济学奖得主）等科学家聚在一起，对"人工智能"的名称和任务进行定义和确定。后来，拉塞尔（Stuart Russell）和诺文（Peter Norvig）的《人工智能：一种现代方法（第 2 版）》书中，归纳总结诸多专家对人工智能的定义，见表 1-2。

表 1-2 人工智能

定义种类	专家定义
像人一样思考的系统	使之自动化与人类思维相关的活动，诸如决策、问题求解、学习等活动(Bellman, 1978) 使计算机能够思考，就是：有头脑的机器(Haugeland, 1985)
理性地思考系统	通过计算模型的使用进行心智能力的研究(Charniak 和 McDermott, 1985) 对知觉、推理和行动成为可能的计算研究(Winston, 1992)
像人一样行动的系统	创造机器来执行人需要智能才能完成的功能(Kurzweil, 1990) 如何让计算机能够做到，目前人类比计算机做得更好的事情(Rich 和 Knight, 1991)
理性地行动系统	计算智能是对设计智能化智能体的研究(Poole 等人, 1998) AI 关心的是人工制品中的智能行为(Nielsen, 1998)

人工智能发展历程如图1-1所示。《人工智能标准化白皮书（2018年版）》将人工智能分为三个发展阶段。

第一阶段（20世纪50年代至80年代），人工智能诞生，基于抽象数学推理的可编程数字计算机已经出现，符号主义快速发展，但由于很多事物不能进行形式化表达，建立的模型存在一定的局限性。随着计算任务的复杂性不断加大，人工智能的发展遇到瓶颈。

第二阶段（20世纪80年代至90年代末），专家系统得到快速发展，数学模型有重大突破。1980年，卡内基梅隆大学为数字设备公司设计的XCON专家系统，每年为公司省下4000万美元。由于专家系统在知识获取、推理能力等方面的不足，以及开发成本高等原因，人工智能的发展又一次进入低谷期。

第三阶段（21世纪初至今），由于大量数据的积聚、理论算法的革新、计算能力的提升，人工智能在很多应用领域取得了突破性进展。计算机视觉、语音识别、自然语义处理等这些主流人工智能新技术正不断被应用在人们的生活中，并改变着这个世界。

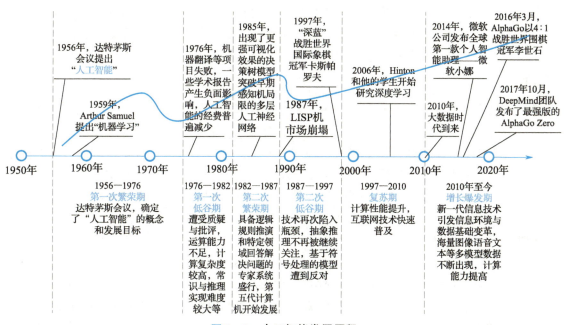

图1-1 人工智能发展历程

2. 机器学习

机器学习研究使用机器模拟人类的学习活动。1959年，机器学习之父亚瑟·塞缪尔（Arthur Samuel）设计了一个具有学习能力，可以在不断对弈中提高自己棋艺的下棋程序，展示了机器学习的能力。塞缪尔给出了机器学习（Machine Learning，ML）的定义：在没有明确编程下，让计算机具有学习能力的研究领域。1997年，IBM开发的深蓝（Deep Blue）象棋程序击败了世界冠军。

机器学习分为监督学习、无监督学习和强化学习三大类。

1）监督学习利用已标记的有限训练数据集，通过某种学习策略/方法建立一个模型，实现对新数据/实例的标记（分类）/映射。最典型的监督学习算法包括回归和分类。监督学习要求训练样本的分类标签已知，分类标签精确度就越高，样本越具有代表性，学习模型的准确度就越高。监督学习在自然语言处理、信息检索、文本挖掘、手写体辨识、垃圾邮件检测等领域获得了广泛应用。

2)无监督学习利用无标记的有限数据描述隐藏在未标记数据中的结构/规律。最典型的非监督学习算法包括单类密度估计、单类数据降维、聚类等。无监督学习不需要训练样本和人工标注数据,便于压缩数据存储、减少计算量、提升算法速度,还可以避免正、负样本偏移引起的分类错误问题。无监督学习主要用于经济预测、异常检测、数据挖掘、图像处理、模式识别等领域,例如组织大型计算机集群、社交网络分析、市场分割、天文数据分析等。

3)强化学习是从环境到行为映射的学习,以使强化信号函数值最大。由于外部环境提供的信息很少,强化学习系统必须靠自身的经历进行学习。强化学习的目标是学习从环境状态到行为的映射,使得智能体选择的行为能够获得环境最大的奖赏,使得外部环境对学习系统在某种意义下的评价为最佳。其在机器人控制、无人驾驶、下棋、工业控制等领域获得成功应用。

机器学习算法在以下方面有很大实用价值:数据挖掘问题,从大量数据中发现可能包含在其中的有价值规律,如从患者数据库中分析治疗方法;计算机程序必须动态适应变化的领域,如在原料供给变化的环境下进行生产过程控制等。

3. 深度学习

人工智能诞生的时候,当时存在"主张基于逻辑和计算机程序"和"主张直接从数据中学习"两种不同构建人工智能的观点,考虑到当时数据存储成本高昂和计算机技术不够成熟的情况,用逻辑程序来解决问题更高效,现在计算机能力日趋强大、数据资源应有尽有,通过学习算法解决问题更快、更准确且更高效。大数据、云计算和图形处理器(Graphics Processing Unit,GPU)并行计算的普及,支撑了深度神经网络算法和深度学习算法,深度学习逐渐成为处理图像、文本语料和声音信号等复杂高维度数据的主要方法。

深度学习(Deep Learning)是机器学习的一个分支,放弃了可解释性,单纯追求学习的有效性。深度学习又称为深度神经网络(层数超过3层的神经网络),其基于大数据和学习算法,通过搭建深层的人工神经网络(Artificial Neural Network)来学习样本数据的内在规律和表示层次,让机器像人一样具有分析与学习能力,能够识别文字、图像和声音等数据。

(1)深度学习的标志性历史事件 深度学习的标志性历史事件如图1-2所示。2006年是深度学习元年,杰弗里·辛顿(Geoffrey Hinton)和燕·乐昆(Yann LeCun)、约书亚·本吉奥(Yoshua Bengio)共同发表了具有突破性的论文"A Fast Learning Algorithm for Deep Belief Nets",提出了利用无监督的初始化与有监督的微调缓解局部最优解问题,开创了深度神经网络(DNN)、深度信念神经网络(DBN)和深度学习的技术历史。

2009年,微软亚洲研究院与杰弗里·辛顿开始合作。2011年,微软公司推出以深度神经网络为基础的语音识别系统,完全改变了语音识别领域的技术框架。2012年,杰弗里·辛顿和他的学生亚历克斯·克里热夫斯基(Alex Krizhevsky)和伊利亚·苏茨克维(Ilya Sutskever)向 NIPS 会议提交了一篇关于使用深度学习训练 AlexNet(一种深度卷积神经网络)识别图像中对象的论文,以拥有22000多个类别、超过1500万个标记过的高分辨率图像的 ImageNet 数据库为基准,史无前例地将识别错误率降低到了18%。自 AlexNet 之后,更多更深的神经网络相继出现。同年,百度成立了深度学习研究院。

AlphaGo 是 DeepMind 公司的一个使用深度学习网络评估盘面形势和可能走法的围棋程序，通过反复和自己下棋来学习技能，2016 年 3 月，它与韩国围棋界 18 次世界冠军获得者李世石进行了 5 场比赛，并以 4 胜 1 负的成绩赢得了比赛。2017 年 5 月，在中国乌镇围棋峰会上，AlphaGo 击败世界排名第一的棋手柯洁。AlphaGo Zero 从游戏规则开始一步步学习围棋，观察学习 16 万次人类围棋比赛后开始跟自己下棋，2017 年 10 月，AlphaGo Zero 击败了 AlphaGo，战绩为 100∶0，AlphaGo Zero 的学习速度比 AlphaGo 快 100 倍，计算能力只是后者的 1/10。AlphaGo 只在一个相当狭窄的领域展现出了晶体智力和流体智力，表现出了相当惊人的创造力。

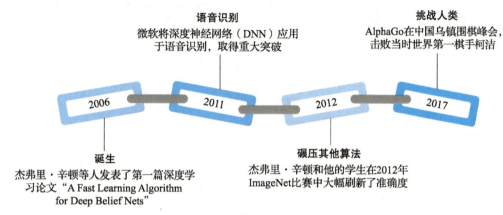

图 1-2 深度学习的标志性历史事件

（2）深度学习解决的难题　传统机器学习需要事先进行特征提取等数据预处理工作来做出准确的预测，但对于许多任务来说，人们很难知道应该提取哪些特征、哪些特征的可表示性更强，并且手工为一个复杂任务设计特征需要耗费大量的人工时间和精力。深度学习采用深度人工神经网络的结构，将特征提取和机器学习融合在一起，自动提取解决问题所需要的特征，算法可以通过自身的数据处理学习如何做出准确的预测。传统机器学习与深度学习的区别如图 1-3 所示。

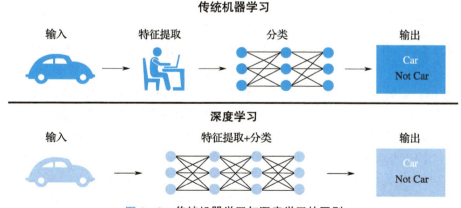

图 1-3 传统机器学习与深度学习的区别

深度学习的强大之处在于，让计算机通过较简单的概念构建复杂的概念。以人脸特征的三层提取过程为例，深度学习将所需的复杂映射分解为一系列嵌套的简单映射，由模型的不同层描述来解决，如图 1-4 所示，第一层隐藏层（layer 1）可以轻易地通过比较相邻像素的亮度来识别边缘，第二层隐藏层（layer 2）可以容易地搜索可识别为角和扩展轮廓的边集合，第三层隐藏层（layer 3）可以找到轮廓和角的特定集合来检测特定对象的整个部分。深度学习也有其局限，比如人脸识别过程中提取的特征，设计人员也无法解释神经网络为什么会提取出这样的特征、为什么深度网络有如此优秀的识别效果。

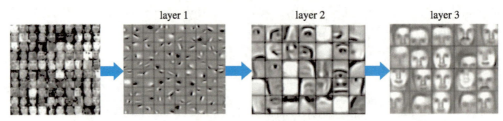

图 1-4 人脸特征的三层提取过程

传统机器学习与深度学习在隐藏层数目、数据点数量、硬件依赖性、特征化过程、执行时间和输出等方面的比较见表 1-3。

表 1-3 传统机器学习与深度学习的比较

比较内容	传统机器学习	深度学习
隐藏层数目	通常小于或等于 3 个隐藏层	通常 3 个以上隐藏层
数据点数量	可以使用少量数据进行预测	需要使用大量的训练数据进行预测
硬件依赖性	可以在低端机器上工作 不需要大量的计算能力	依赖高端机器 执行大量的矩阵乘法运算 GPU 可以有效地优化操作
特征化过程	需要用户参与	从数据中自动学习特征
执行时间	训练所需时间相对较少，从几秒到几个小时不等	由于深度学习算法涉及多个层次，通常需要很长的时间进行训练
输出	通常是一个数值，如分数或分类	可以有多种格式，如文本、乐谱或声音

（3）深度学习的核心因素 深度学习的发展离不开大数据、GPU 和模型这几个核心因素。

1）大数据：当前大部分的深度学习模型是有监督学习，依赖于数据的有效标注，对于现实中的复杂场景，往往需要足够多的特征信息，越大的数据量越能够提供更多的特征信息。例如要做一个高性能的物体检测模型，通常需要使用上万甚至是几十万的标注数据。

2）GPU：深度学习模型通常有数以千万计的参数，存在大规模的并行计算，GPU 及 CUDA 计算库专注于数据的并行计算，为模型训练提供了强有力的工具。

3）模型：在大数据与 GPU 的强有力支撑下，VGGNet、ResNet 和 FPN 等优秀深度学习模型，在学习任务的精度、速度等指标上取得了显著的进步，具有更好的性能。

4．机器学习和深度学习间的关系

机器学习是人工智能的一个分支，被大量地应用于解决人工智能的问题；深度学习是机器学习的一个分支,由人工神经网络算法衍生,形式通常为多层神经网络,所谓"深度"是指神经网络学习的层次较多,在图像、语音等媒体的分类和识别上取得了非常好的效果。机器学习与深度学习的关系如图1-5所示。

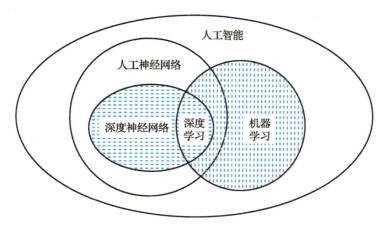

图1-5 机器学习与深度学习的关系

1.3.2 神经元和感知器

深度学习模型改变了机器学习的应用局面,多数机器学习都可以使用深度学习模型解决,尤其在语音、计算机视觉和自然语言处理等领域,深度学习模型的效果比传统机器学习算法的有显著提升。深度学习与机器学习在理论结构上都包括模型假设、评价函数和优化算法几部分,根本差别在于假设的复杂度。人脑通过接收五颜六色的光学信号,可以极快分辨出图1-6中的照片是一位美女,对于计算机来说只能接收到一个数字矩阵,从像素到高级语义概念"美女"中间要经历复杂的信息变换,这已经无法用数学公式表达,因此研究者们借鉴了人脑神经元的结构,设计出神经网络模型。

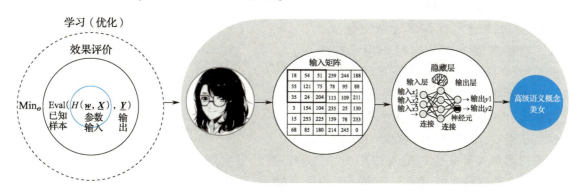

图1-6 深度学习模型的复杂度

1. 生物神经元与人工神经元模型

生物信号在人脑中的实际传输是一个复杂的过程,人们从模拟大脑结构和功能的角度入手研究人的思维方式和智能涌现,从最初的一个神经元数学模型发展到今天的"深度网"架构。

(1) 生物神经元　神经元是神经系统的基本组成单位,由细胞体、树突、轴突和突触四部分组成,典型结构如图1-7所示。树突输入信号,轴突输出信号,就是信息流从树突出发,经过细胞体,然后由轴突传出。细胞体由细胞核、细胞质和细胞膜等组成。树突接收由四面八方传入的神经冲击信息,相当于细胞的"输入端"。轴突将信号从细胞体长距离传送到脑神经系统的其他部分,相当于细胞的"输出端"。突触相当于神经元之间的输入/输出接口。

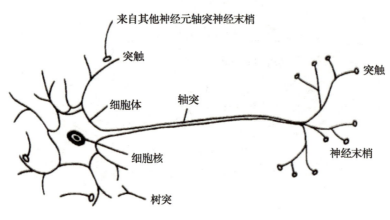

图1-7　生物神经元的结构

(2) 人工神经元　人工神经元是对生物神经元功能和结构的模拟,是神经网络中计算的基本处理单元,称作"节点"(Node),一般是一个多输入/单输出的非线性器件,其结构模型如图1-8所示。

人工神经元对每个输入的信号进行处理以确定其强度(加权),确定所有的输入信号的组合效果(求和),确定其输出(转移特性)。具体表现:单个人工神经元如同生物神经元有许多输入(树突)一样,有很多输入信号同时作用到神经元上,对每一个输入都有一个可变的加权,用于模拟生物神经元中突触的不同连接强度和可变传递特性及生物神经元的时空整合,人工神经元必须对所有的输入进行累加求和来全部输入作用的总效果,类似于生物神经元的膜电位,人工神经元中必须考虑动作的电位阈值,只有一个输出(轴突),同时人工神经元还要考虑输入与输出之间的非线性关系。

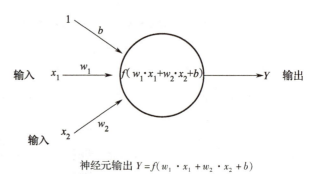

图1-8　单个人工神经元模型

输入有"权重"(Weight,即w)、偏移常量($b=1$),通过对输入加权达到增强或抑制信号的作用。输出$Y=f(w_1 \cdot x_1 + w_2 \cdot x_2 + b)$,用激活函数$f$(多种形式)模拟生物神经元的激活机制。$Y=f(w_1 \cdot x_1 + w_2 \cdot x_2 + b)$表示,将输入值$x_1$和$x_2$分别与权重$w_1$和$w_2$相乘,再加上偏移量$b$,将得到的值代入激活函数$f$,最终得到输出结果$Y$。

2. 感知器

1957年，弗兰克·罗森勃拉特（Frank Rosenblatt）在Cornell航空实验室工作时，成功在IBM 704机上完成了感知器的仿真，并于1960年搭建了基于感知器的神经计算机——Mark1，它能够识别一些英文字母。后来，人们逐渐认识到这种方法是使用机器实现类似于人类感觉、学习、记忆、识别的趋势。但感知器网络的特征提取层参数需要人手动调整，制约了其发展。

1）单层感知器（Single Layer Perceptron，SLP），只能学习线性可分离的模式，是最简单的神经网络，它包含直接相连的输入层和输出层，是一个只有单层计算单元的前馈神经网络。

2）多层感知器（Multi Layer Perceptron，MLP），可以学习数据之间的非线性关系，至少包含三个节点层，在输入层和输出层之间出现了至少一个隐藏层。多层隐藏层可以增加模型的表达能力，同时也会增加模型的复杂度。多层感知器是一种前向结构的人工神经网络，映射一组输入向量到一组输出向量，可以被看作一个有向图，由多个节点层组成，每一层全连接到下一层，除了输入节点，每个节点都是一个带有非线性激活函数的神经元（处理单元）。输出层的神经元可以有多个输出，例如图1-9中的输出层就有4个神经元。多层感知器可以灵活地应用于分类回归、降维和聚类等领域。

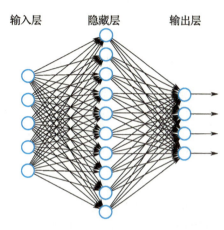

图1-9 包含单个隐藏层的多层感知器

3. 神经网络

神经网络包括多个神经网络层，如卷积层、全连接层、LSTM等，每一层又包括很多神经元，超过三层的非线性神经网络可以被称为深度神经网络。通俗地讲，深度学习的模型可以被视为输入到输出的映射函数，比如图像到高级语义（美女）的映射。足够深的神经网络在理论上可以拟合任何复杂的函数。神经网络非常适合学习样本数据的内在规律和表示层次，对文字、图像和语音任务有很好的适用性，这几个领域的任务是人工智能的基础模块，所以深度学习被称为实现人工智能的基础。神经网络结构如图1-10所示。

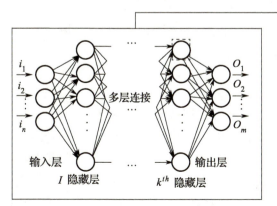 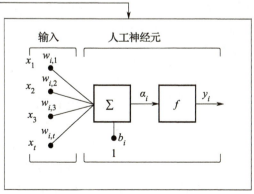

图1-10 神经网络结构

神经元：神经网络中的每个节点称为神经元。它由两部分组成：一部分是"加权和"，将所有输入加权求和；另一部分是"非线性变换"（激活函数），就是加权和的结果经过一个非线性函数变换，让神经元计算具备非线性的能力。

多层连接：大量节点按照不同的层次排布，形成多层的结构连接起来，即称为神经网络。

前向计算：从输入→计算→输出的过程，顺序从前至后。

计算图：以图形化的方式展现神经网络的计算逻辑。神经网络的计算图公式为

$$Y = f_t(f_3(f_2(f_1(w_1x_1 + w_2x_2 + w_3x_3 + \cdots + w_tx_t + b) + \cdots) + \cdots) + \cdots)$$

可见，神经网络本质上是一个含有很多参数的"大公式"。

1.3.3 神经网络架构

虽然单个神经元的结构简单且功能有限，但通过大量神经元构成的网络系统能实现多样的行为。在人工神经元和多层感知器的基础上，人工神经元之间的互连模式对网络的性质和功能产生着重要的影响。利用人工神经元之间的各种网络连接模式构建不同类型的神经网络和深度网络，模拟大脑结构及其功能。新的神经网络架构不断涌现，这里介绍一些较典型的神经网络架构。

1. 前馈神经网络

前馈神经网络（Feed-forward Neural Network，FNN）是一种最简单的神经网络，采用一种单向多层结构，每一层包含若干个神经元，各神经元可以接收前一层神经元的信号，并产生输出到下一层，如图1-11所示。第0层叫作输入层（Input Layer），最后一层叫作输出层（Output Layer），其他中间层叫作隐藏层（Hidden Layer），整个网络中无反馈，信号从输入层向输出层单向传播。前馈神经网络定义了一个映射 $y = f(x; \theta)$，并学习参数 θ 的值，使结果逼近最佳函数。常见的前馈神经网络有单层感知器、多层感知器、BP网络和自适应线性神经网络等。

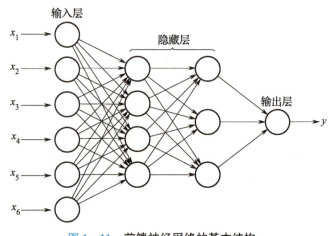

图 1-11　前馈神经网络的基本结构

2. 循环神经网络

循环神经网络（Recurrent Neural Network，RNN）是前馈神经网络的特殊情况，它将前馈神经网络最后一个隐藏层的反馈添加到第一个隐藏层。它是以序列数据为输入，在序列的演进方向进行递归且所有节点（循环单元）按链式连接的递归神经网络。通过原封不动地输入时间序列样本，神经网络反映出该样本时间信息的结构，其基本形态如图1-12所示。循环神经网络应用在文章翻译、垃圾邮件检测和股市预测等方面。比如，一般的神经网络，其输入和输出的样本大小是固定的，但是在翻译文章时，输入中文文章，输出英文文章的长短会发生变

化,循环神经网络可以在神经网络内共享不同时间的信息并进行学习,以应对输入和输出样本大小产生变化的情况。

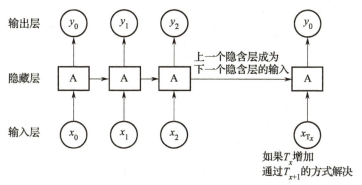

图1-12 循环神经网络的基本结构

3. 深度神经网络

深度神经网络(Deep Neural Network,DNN)是一种多层无监督神经网络,并且将上一层的输出特征作为下一层的输入进行特征学习,通过逐层特征映射后,将现有空间样本的特征映射到另一个特征空间,以此来学习对现有输入具有更好的特征表达。深度神经网络继承了多层感知器的架构并发展了自身特性,加入了多层隐藏层增强模型的表达能力,可以有多个输出灵活地应用于分类、回归、降维和聚类等,如图1-13所示。提供更多种类的损失函数,例如激活函数,感知器的$sign(z)$简单但是处理能力有限,而深度神经网络使用Sigmoid、tanx、ReLU、Softplus、Softmax等加入非线性因素,提高模型的表达能力。

深度神经网络的层与层之间是全连接的,第i层的任意一个神经元一定与第$i+1$层的任意一个神经元相连。从小的局部模型来看,其仍是一个线性关系$z = \sum w_i + x$加上一个激活函数$\sigma(z)$。由于层数多,线性关系系数w和偏移量b的数量也会多,具体参数定义先看线性关系系数w的定义,再看偏移量b的定义。以一个三层深度神经网络为例(见图1-14),注意:输入层没有w参数,输出层没有偏移参数。

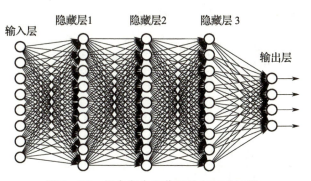

图1-13 包含多个隐藏层的多层感知器

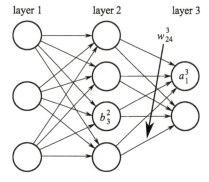

图1-14 三层深度神经网络的线性关系系数w和偏移量b的定义

1)线性关系系数w的定义:第2层的第4个神经元到第3层的第2个神经元的线性定义为w_{24}^3,上标3代表线性系数w所在的层数,而下标对应的是输出的第3层索引2和输入的第 2 层索引 4，将输出的索引放在前面，线性运算不用转置，直接为 $wx+b$，利于模型用于矩阵表示运算。第 $l-1$ 层的第 k 个神经元到第 l 层的第 j 个神经元的线性系数定义为 w_{jk}^l。

2）偏移量 b 的定义：第 2 层的第 3 个神经元对应的偏移量为 b_3^2，其中，上标 2 代表所在的层数，下标 3 代表偏移量所在的神经元的索引。同样的道理，第 3 层的第 1 个神经元的偏移量应该表示为 a_1^3。

4. 卷积神经网络

卷积神经网络（Convolutional Neural Network，CNN）是一种前馈神经网络，对输入数据进行特征提取和降维处理，同时减少全连接神经网络需要训练的参数个数。它的基本形式由若干卷积层和池化层相互交织构成，如图 1-15 所示。

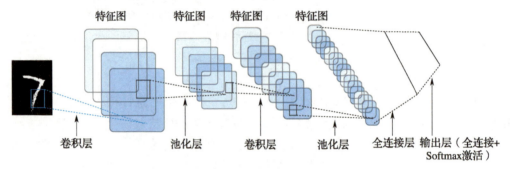

图 1-15 卷积神经网络的一般性图像识别

（1）卷积层的作用　在卷积神经网络中，卷积层的作用是将输入的三维图像转变为二维，并进一步获得保存图像位置信息的样本（获得图像特征）。具体而言，输入的三维图像样本从左上开始依次堆叠小的滤波器（Filter，又称 Kernel）。滤波器会准备多个，根据"大小""步幅"（Stride，一次堆叠后在下一次堆叠时滑动多少）及"滤波器的哪些数字突出"等条件获得图像的各种特征，通过这些操作得到的图像样本被称为特征图。在卷积层中，学习如何对每个滤波器数字采用理想的值，将滤波器从图像的左上方依次堆叠，从而获得特征图，如图 1-16 所示。在一般的神经网络中，同样的图像位置稍微出现一点偏差就可能会被判断为其他物体，卷积和卷积神经网络可以处理这种偏差。

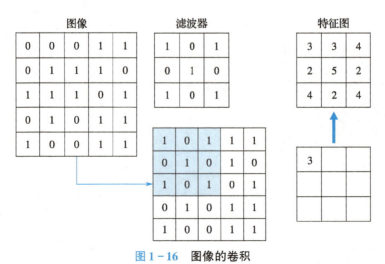

图 1-16 图像的卷积

（2）池化层的作用和识别　卷积神经网络中池化层的作用是将图像的尺寸按照固定的规则进行缩减（维压缩）。通过抽取卷积得到的特征图最大值，按照规则（2×2矩阵等）进行缩减获得新的图像。如图1-17所示，抽取规定的2×2矩阵最大值的"最大池化"和抽取2×2矩阵平均值的"平均池化"。这种操作称为降采样，新获得的图像即降采样图像。

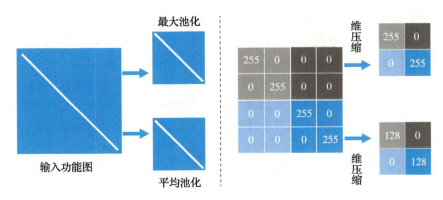

图1-17　池化层的维压缩

通过上述卷积层和池化层的交替反复，创建更深的神经网络。卷积神经网络的最终目的是识别"被给予（被输入）的图像是什么"，因此与全连接层（输出层）相连接，将数据进行平坦化处理。最终样本尽管不再是图像样本，但已经在卷积层和池化层抽取了特征样本，可以进行高精度预测。

（3）扩充样本提高精度　卷积和池化是获得平移不变性的处理方法，通过增加（加深）层来提高精度。另外，如果是人眼，即使"观察角度不同""扩大或缩小导致观察方法不同""昼夜观察方法不同"，也可以简单识别同一物体，因此有必要让计算机学习进行同样的识别。由于无法采集所有图像样本，就会存在精度无法提升的问题，通过扩充样本可以提高精度。扩充样本是将已有的图像样本按照上下左右挪动、上下左右反转、扩大/缩小、旋转、倾斜、部分截取和改变对比度（调整浓淡）的方式处理，自行生成新的图像样本加以利用。但并不是随意地全部处理，需要在尽可能的范围内进行样本扩充，以免出现意思完全不同的图像被识别为同一图像的情况。

5. 生成式对抗网络

生成式对抗网络（Generative Adversarial Network，GAN）是一种流行的在线零售机器学习模型，能够较准确地理解和重建视觉内容。通过从某些图像样本中学习特征，生成并不存在的图像样本，并可以按照已存储图像样本的特征改变原有的图像样本。比如，学习某些人脸生成新的人脸，学习游戏中的角色生成新的游戏角色，从文本生成逼真的图像，将手绘插图变为照片等。

生成式对抗网络的基本结构如图1-18所示，其有生成器和判别器两个部分。GAN中的生成器是指将某个值（假定为"Z"）作

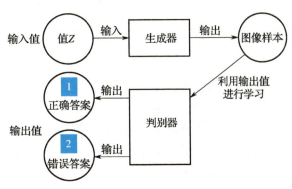

图1-18　生成式对抗网络的基本结构

为输入值并输出图像样本,判别器是指将图像样本作为输入值,并识别样本是真实数据还是由生成器生成的。

1.3.4 深度学习的应用领域

随着大数据和算力条件的具备,深度学习发挥出巨大的威力,广泛应用于计算机视觉、语音技术、自然语言处理、数据分析等领域。计算机视觉包括交通标志检测和分类、人脸识别、人脸检测、图像分类、多尺度变换融合图像、物体检测、图像语义分割、实时多人姿态估计、行人检测、场景识别、物体跟踪、端到端的视频分类、视频里的人体动作识别等。语音技术包括语音识别、语音合成和语音增强等。自然语言处理包括词性标注、依存关系语法分析、命名体识别、语义角色标注、使用字母的分布式表示来学习语言模型、用字母级别的输入来预测单词级别的输出、Twitter情感分析、中文微博情感分析、文章分类、机器翻译、阅读理解、自动问答、对话系统等。数据分析包括数据标注、数据诊断、参数估计、建模预测等。除此以外,深度学习还在机器人强化学习、生物信息学、金融行业、实时发电调度、图片艺术风格转移、读唇语等方面都有应用。

深度学习在智能时代应用前景广阔,目前主要应用在制造、交通运输、医疗护理、基础建设、媒体广告和服务等行业。

(1) 制造行业　可以实现次品检测、外观检查和自动捡料等。比如,次品检测原来都是由具备成熟技术的员工在制造现场进行判断,通过深度学习技术,可以大大减轻人工负担。由于在生产过程产生次品的频率较小,计算机学习次品样本特征比较困难,因此深度学习需要从大量的合格品样本中进行学习,即采用"学习合格品的特征,将与其特征差别较大者视为次品加以检测"的方法,可以实现与具备熟练技术的员工相同或更高的精度。与此同时,也可以对原材料进行次品检测,实现探测生产过程中的异常,使生产率倍增。深度学习技术已经发展到通过检测生产线设备异常音来迅速防止出现次品的阶段。未来,深度学习技术会使得技艺得以传承并实现机械化。

(2) 交通运输行业　可以实现自动驾驶、机器人出租车、交通需求预测和保护驾驶员等。比如,自动驾驶汽车是信息技术推动经济发生重大转变的一个最明显体现,实际驾驶时除了驾驶员的操作信息外,汽车还能获得摄像头、扫描器等来自外部传感器的外部信息,如来自GPS的定位信息、来自无线通信的车辆行人信息和交通拥堵信息等大量数据,对这些数据进行分析与判断就是人工智能。借助深度学习,人工智能学习路况、天气等各种驾驶条件,再将这些信息反馈在油门和刹车等驾驶技术上,但目前,自动驾驶的实用化还存在着配套法规和提升安全性等必须解决的问题。未来人和物的流动都会发生变化,远距离驾驶的负担会减轻,同时有助于缓解交通拥堵、提高配送效率。

(3) 医疗护理行业　可以实现诊断支持、创制新药、基因治疗、护理教练与看护机器人等。比如,诊断支持是基于图像诊断和深度学习的特征抽取的,其捕捉任何细微变化的能力可以为医生和患者提供诊断支持。在皮肤病诊断方面,通过多番测试、审核、训练,累计学习超过几十万张病例图片,识别病种数和准确率可达到医生的水平。使用时只需将患病皮肤拍照,上传图像识别系统,系统便能给出患病病种提示。依靠人工智能技术可提高简单疾病诊断正确率和治疗效率。皮肤疾病病种多,皮肤损害形态也呈多样化,从外部表征看,部分皮肤病皮损极其相似,随着图像识别、深度学习等技术的突破,人工智能在皮肤病的临床诊断过程中能提供可靠佐证。特别是未来老龄化社会的到来，深度学习技术可以更大地减轻医疗护理的工作负担。

（4）基础建设行业　可以实现裂纹损伤检测、输电线路巡检、异常检测、预防性维护保养、地基分析与地质评估、自动挖掘和产业废弃物的鉴别。比如自动挖掘，深度学习应用到重型机械的操作上，进一步提升工作效率和安全性。挖掘机在进行挖掘时，需要用两根手杆操作连接车体的动臂、从动臂伸出的斗杆和挖土的铲车三部分装置，操作动作要求细致入微。在动臂、斗杆和铲车的各衔接部位装上三维演算用的标记，用车载和侧面摄像头的图像资料测定位置。在实际操作中，人工智能通过学习庞大的图像数据掌握挖掘机的状态和位置，并发出指令。未来可以通过简便化装置，实现所有机种的装载。

（5）媒体广告行业　可以实现校对报道内容、自动翻译、广告点击预测、生成角色和智能音箱等。比如，自动翻译是利用计算机将一种自然语言（源语言）转换为另一种自然语言（目标语言）的过程，聚焦语音翻译、面对面翻译和拍照翻译等。采用深度学习技术的文本翻译可以在不做任何序列预处理的情况下进行，算法能够学习词汇和它们的映射之间的关系，然后翻译为另一种语言。可使用大型LSTM递归神经网络的堆叠网络来完成这种转换。世界上有200多个国家，不同语言国家之间可以自动翻译，此外，我国不同方言区的人交流也可以实现自动翻译。

（6）服务行业　可以实现无人收银、预防盗窃、制作报价单、识别物流图像与在库管理、自动装盘、用户评价分析、预测报价和检测不正当交易等。比如用户评价分析，通过深度学习分析和分类技术高精度理解自然语言，将顾客对商品和服务的印象及有感情色彩的文本数据予以可视化。如果把分析结果和销售业绩等进行关联，将有助于商品开发、销售计划和风险对策的制订。在互联网使用记录的基础上，许多企业已经能进行精准的广告投放，未来会出现基于每个人爱好和身心状况的个性化服务。

1.4　任务实施：深度学习体系梳理

1.4.1　任务书

学会自主检索相关案例和内容，厘清人工智能中机器学习和深度学习的发展和关系，理解深度学习的应用，掌握神经元、感知器和神经网络的架构，梳理要点并绘制思维导图，录制小组汇报视频并上交，同时根据教学内容制订小组学期学习计划。

1.4.2　任务分组

学生任务分配表					
班级		组号		指导老师	
组长		学号		成员数量	
组长任务				组长得分	
组员姓名	学号		任务分工		组员得分

1.4.3 获取信息

引导问题 1：自主学习人工智能、机器学习、深度学习的关系。

引导问题 2：上网查阅人工智能技术的主要应用领域（至少写出 15 个）。

人工智能技术的主要应用领域：

引导问题 3：上网查阅国内外知名人工智能企业，并写出 5 个国外企业和 5 个国内企业的应用领域、涉及的人工智能技术、所属国家和成立时间。

企业名称	应用领域	涉及的人工智能技术	所属国家	成立时间

引导问题 4：查阅相关资料，绘制深度学习发展时间图谱。

发展图谱：

引导问题 5：查阅相关资料，列举机器学习和深度学习的应用场景。

机器学习的应用场景：

深度学习的应用场景：

引导问题 6：上网查阅卷积神经网络 LeNet、AlexNet、VGG 16，完成对其简介和模型理解。

网络结构	简介	模型
LeNet		
AlexNet		
VGG 16		

引导问题 7：查阅相关资料，简述并分析迁移学习、多任务学习、端到端学习及其特点。

学习方式	概念和特点
迁移学习	
多任务学习	
端到端学习	

1.4.4 工作实施

引导问题 8：查阅相关资料，小组讨论分析深度学习的特点。

深度学习的特点：

引导问题 9：查阅相关资料，汇总组内资料，讨论并梳理主流的神经网络模型，绘制思维导图，以小组为单位汇报展示。

主流的神经网络模型思维导图：

引导问题 10：为了应对日益复杂的应用，半导体公司不断开发处理器和加速器，包括 CPU、GPU 和 TPU，请详述它们的功能与特性。

处理器/加速器	功能	特性
CPU		
GPU		
TPU		

引导问题 11：查阅以下希腊字母的中文读音。

大写	小写	中文读音	大写	小写	中文读音
A	α		N	ν	
B	β		Ξ	ξ	
Γ	γ		O	o	
Δ	δ		Π	π	
E	ε		P	ρ	
Z	ζ		Σ	σ	
H	η		T	τ	
Θ	θ		Y	υ	
I	ι		Φ	φ	
K	κ		X	χ	
Λ	λ		Ψ	ψ	
M	μ		Ω	ω	

引导问题 12：请访问 GeoGebra 图形计算器网站（https://www.geogebra.org），尝试在线绘制简单图形和搜索函数。

1. 绘制：$y = x + 1$，$y = x + 3$，$y = x - 1$，$y = x^2 + x + 1$，$y = -x^2 + x - 2$

2. 搜索 Sigmoid 函数，并尝试拖动参数观察图形变化。

引导问题 13：查阅本书目录及内容，编写小组学期学习计划及学习形式。

小组学期学习计划：

学习形式：

1.4.5 评价与反馈

全面考核学生的专业能力和拓展能力，采用过程性评价和结果评价相结合，定性评价与定量评价相结合的考核方法。注重对学生的动手能力和在实践中分析问题、解决问题能力的考核，对在学习和应用上有创新的学生给予特别鼓励。小组总评成绩为"自评＋互评＋师评"按比例折算的成绩再加上附加分，自评、互评和师评所占比例可由教师根据具体情况自行拟定。

考核评价表					
评价项目	评价内容	项目配分	自我评价	小组评价	教师评价
思政元素（10）	理解并清晰表述学习任务单中价值理念的意义	5			
	互评过程中，客观、公正地评价他人	5			
专业能力（45）	根据任务单，提前预习知识点、发现问题	5			
	绘制人工智能、机器学习和深度学习的关系图	5			
	绘制深度学习发展时间图谱	5			
	理解神经元、感知器和神经网络架构	5			
	分析深度学习的应用领域	5			
	根据引导问题，检索、收集并跟踪专业领域先进技术应用，并做深入分析	5			
	梳理和绘制主流神经网络模型的思维导图	5			
	完成任务实施引导的学习内容	5			
	项目总结符合要求	5			
方法能力（25）	自主或寻求帮助来解决所发现的问题	5			
	能利用网络等查找有效信息	5			
	能绘制思维导图，厘清脉络走向	5			
	使用 GeoGebra 图形计算器工具完成任务	5			
	根据任务实施安排，制订学期学习计划和形式	5			
社会能力（15）	小组讨论中能认真倾听并积极提出较好的见解	5			
	配合小组成员完成任务实施引导的学习内容	5			
	参与成果展示汇报，仪态大方、表达清晰	5			
创新能力（5）	学习探究中能独立解决问题，提出特色做法	5			
各评价主体分值		100			
各评价主体分数小结		—			
总分 = 自我评价分数 × ＿＿＿% + 小组评价分数 × ＿＿＿% + 教师评价分数 × ＿＿＿%					
综合得分：				教师签名：	

项目总结
整体效果：效果好☐　　效果一般☐　　效果不好☐ 具体描述：
不足与改进：

1.5 拓展案例：深度学习在推荐系统中的应用

1.5.1 问题描述

了解推荐系统，以及深度学习在推荐系统中的应用。

1.5.2 基础理论

推荐系统的功能是主动帮助用户找到满足其偏好的个性化物品并推荐给用户。推荐系统的输入数据可以多种多样，归纳起来分为用户（User）、物品（Item）和评分（Rating）三个层面，它们分别对应于一个矩阵中的行、列、值。对于一个特定用户，推荐系统的输出为一个推荐列表，该列表按照偏好得分顺序给出了该用户可能感兴趣的物品。

推荐问题的一个典型的形式化描述如下：有一个大型稀疏矩阵，该矩阵的每一行表示一个 User，每一列表示一个 Item，矩阵中每个"+"号表示该 User 对 Item 评分（该分值可以是二值化分值，喜欢与不喜欢，也可以是 0~5 的分值等），如图 1-19 所示。

现在需要解决的问题：给定该矩阵之后，对于某一个 User，向其推荐那些 Rating 缺失的 Item（对应于矩阵中的"?"号）。有了如上

图 1-19　稀疏矩阵

的形式化描述之后，推荐系统要解决的问题归结为两部分，分别为预测（Prediction）与推荐（Recommendation）。

"预测"要解决的问题是推断每一个 User 对每一个 Item 的偏爱程度，"推荐"要解决的问题是根据预测环节所计算的结果向用户推荐他没有打过分的 Item。目前，绝大多数推荐算法都把精力集中在"预测"环节，"推荐"环节则根据预测环节计算出的得分按照高低排序推荐给用户。

1.5.3 实际应用

CTR 预估推荐系统举例来说就是，给定用户（User）、给定一个商品（Product）、给定环境，看用户会不会买这个商品，买商品的概率有多高；或者说给用户推荐一个电影，用户会

不会看这个电影，看的概率有多高。对于一个基于 CTR 预估的推荐系统，最重要的是学习到用户点击行为背后隐含的组合特征。在不同的推荐场景中，低阶组合特征或者高阶组合特征（线性组合是一阶特征，有 n 个有效的线性组合就是 n 阶组合特征。如果只是说高阶组合特征，可以理解为经过多次线性 – 非线性组合操作之后形成的特征）可能都会对最终的 CTR 产生影响。

FM 是一种基于矩阵分解的机器学习算法，用于解决大规模稀疏矩阵中组合特征问题。通过对每一维特征的隐变量（不可观测的随机变量）内积来提取组合特征。虽然从理论上来讲 FM 可以对高阶组合特征进行建模，但实际上因为计算复杂度的原因一般都只用到了二阶组合特征。那么，对于高阶组合特征来说，很自然的想法就是采用多层神经网络即 DNN 去解决。

对于离散特征的处理，使用的是将特征转换成 one-hot（one-hot 编码，又称为一位有效编码，主要是采用 N 位状态寄存器来对 N 个状态进行编码，每个状态都有它独立的寄存器位，并且在任意时候只有一位有效）的形式。但是将 one-hot 类型的特征输入到 DNN 中，会导致网络参数太多，如图 1-20 所示，由于 DNN 中输入层和隐藏层每一个节点都要相连，所以需要 500×10000000 个参数。

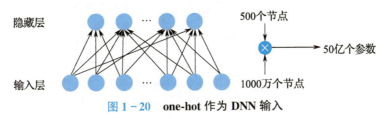

图 1-20　one-hot 作为 DNN 输入

如何解决这个问题呢？基本思想是"避免全连接，分而治之"，如图 1-21 所示。采用 FM 的扩展 FFM，它在 FM 的基础上进一步考虑了特征所属的域（Field），能够更细粒度地捕捉特征之间的交互，把相同性质的特征归于同一个域，相当于把 FM 中已经细分的特征（Feature）再次进行拆分从而进行特征组合的二分类模型。图 1-21 中将特征分为不同的特征域（Feature Field），将图 1-20 中的输入层和隐藏层节点进行分组，实现分而治之。经过特征交互层处理后，可以将得到的密集向量（Dense Vector）输入到全连接（Dense）层中。

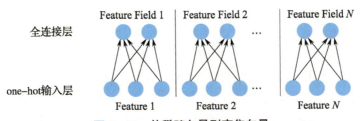

图 1-21　从稀疏向量到密集向量

低阶组合特征和高阶组合特征隐含地体现在隐藏层中，人们希望把低阶组合特征单独建模，然后融合高阶组合特征，即将 DNN 与 FM 进行一个合理的融合。二者的融合总的来说有两种形式：一种是串行结构（按照顺序进行处理，如果 a 在 b 的前面，那么处理完 a 才可以处理 b），另一种是并行结构（如果 a 和 b 并行，那么 a 和 b 可以同时处理）。并行结构如图 1-22 所示，低阶组合特征是和高级组合特征同时处理的。串行结构如图 1-23 所示，FM 层的输出是串行进入隐藏层的。

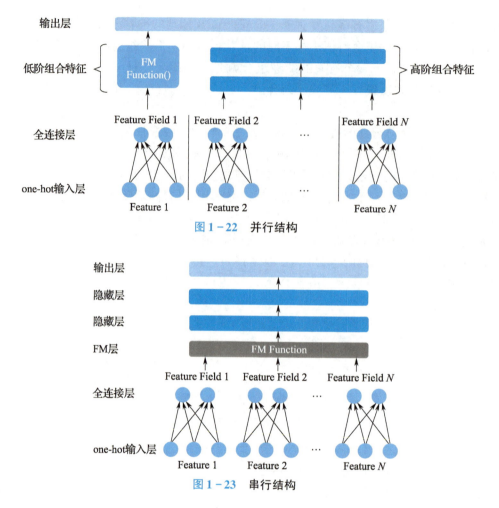

图 1-22 并行结构

图 1-23 串行结构

其中，对其进行并行结构的融合就得到了 DeepFM。

DeepFM 包含两部分，分别为因子分解机（FM）与深度神经网络（DNN），它们分别负责低阶组合特征的提取和高阶组合特征的提取。这两部分共享同样的嵌入层输入。DeepFM 包括 FM 和 DNN 两部分，所以模型最终的输出也由这两部分组成，预测结果可以写为

$$\hat{y} = \text{sigmoid}(y_{FM} + y_{DNN})$$

其中，DeepFM 的输入可由连续型变量和类别型变量共同组成，且类别型变量需要进行 one-hot 编码。one-hot 编码导致输入特征变得高维且稀疏。针对高维稀疏的输入特征，采用 Word 2Vec 的词嵌入（Word Embedding）思想，把高维稀疏的向量映射到相对低维且向量元素都不为零的空间向量中。

DeepFM 中很重要的一项操作就是 Embedding，Embedding 可以简单地理解为将一个特征转换为一个向量。在推荐系统当中，经常会遇到离散变量，如 userid、itemid。对于离散变量，一般是将其转换为 one-hot。但对于 itemid 这种离散变量，转换成 one-hot 之后维度非常高，且里面只有一个是 1，其余都为 0，这种情况下的通常做法是将其转换为 Embedding。

Embedding：W 是一个矩阵，每一行对应 X 的一个维度的特征。W 的每一行对应一个特征相当于是将输入 X_i 作为一个 index，X_i 的任意一个 Field i 中只有 1 个为 1，其余的都是 0。

哪个位置的特征值为 1，那么就选中 W 中对应的行作为嵌入后这个 Field i 对应的新的特征表示。对于每一个 Field 都执行这样的操作，就选出来了 X_i 进行 Embedding 之后的表示，即把每个 Field 选出来的这些 W 的行拼接起来，维度是 $\text{num}(\text{Field}) \times \text{num}(W.\text{cols})$。

1. FM 部分

FM 部分是一个因子分解机，因为引入了隐变量的原因，对于几乎不出现或者很少出现的隐变量，FM 也可以很好地学习。

FM 部分的输出由两部分组成：一个 Addition Unit，多个内积单元。

Addition Unit 反映的是一阶的特征。内积单元反映的是二阶的组合特征对于预测结果的影响。

FM 的输出公式为

$$y_{\text{FM}} = <W, X> + \sum_{j_1=1}^{d}\sum_{j_2=j_1+1}^{d} <V_i, V_j> x_{j_1} \times x_{j_2}$$

该公式只是在线性表达式 $<W, X>$ 后面加入了新的交叉项特征及对应的权值。其中，$\sum_{j_1=1}^{d}\sum_{j_2=j_1+1}^{d} <V_i, V_j> x_{j_1} \times x_{j_2}$ 为交叉项特征和对应权重。

X 的每一列都是一个单独的维度的特征。这里表达的是 X 的一阶特征，单独考虑 X 的每个特征对最终预测的影响是多少。W 对应的就是这些维度特征的权重。

这里 $<W, X>$ 是把 X 和 W 每一个位置对应相乘再相加。由于 X 是经过 One-Hot 编码之后的，所以相当于进行了一次 Embedding。X 在 W 上进行一次嵌入，或者说是一次选择，选择的是 W 的行，按照 X 中不为 0 的那些特征对应的 index，选择 W 中 row = index 的行。

2. 深度神经网络部分

深度学习模型在处理点击通过率（CTR）预测任务时，面对的是极其稀疏的数据输入特性，如用户行为和广告属性。为了适应这种数据特性，网络结构需要特别设计。具体来说，在传统的前馈神经网络结构中，第一层隐藏层之前会引入一个嵌入层，其作用是将高维稀疏的输入向量转换为低维且稠密的向量，以便于后续的网络层能够更有效地学习数据中的模式。

由于 CTR 或推荐系统的数据经 One-Hot 之后特别稀疏，如果直接放入 DNN 中，参数非常多，而我们没有这么多的数据去训练这样一个网络。所以，同样需要一个 Embedding 层，用于降低纬度，而且是与 FM 模块共享的。这样做的好处：

1）模型可以从最原始的特征中，同时学习低阶组合特征和高阶组合特征。

2）不再需要人工特征工程。Wide&Deep 中低阶组合特征就是人工特征工程得到的。

关于 DNN 中的输入 a 的处理方式采用前向传播。

这里假设 $a(0) = (e_1, e_2, \cdots, e_m)$ 表示 Embedding 层的输出，那么 $a(0)$ 作为下一层 DNN 隐藏层的输入，其前馈过程为

$$a^{(l+1)} = \sigma(W^{(l)} a^{(l)} + b^{(l)})$$

1.5.4 案例总结

通过本案例我们学习到了推荐系统的基础知识，以及深度学习在推荐系统中的应用。

1.6 单元练习

1. 20世纪30年代至50年代,就提出了神经网络,但是由于_____的限制,让神经网络陷入冰河时代,之后的硬件条件和数据集大量提高让神经网络重回人们的视野,并取得了令人瞩目的成绩。

2. _____和_____可以结合到一个网络中。

3. 深度学习是由_____发展而来的。

4. 推动深度学习成功的三大因素:_____、_____、_____。

5. 卷积神经网络的应用领域有:_____、_____、_____、_____。

单元 2
深度学习基础知识

2.1 学习情境描述

基于深度学习算法的人工智能机器人阿尔法狗（AlphaGo）战胜世界顶级职业围棋选手，这使得深度学习受到了各界人士的关注。深度学习可以在训练过程中学习数据的规律、内在逻辑和表示层次，并且不断调整与优化。深度学习的发展使得机器具备模仿视听和思考等人类活动的能力，实现对复杂事务处理的自动化要求。时至今日，深度学习已经被广泛应用于各个领域，渗透到生活的方方面面，如图像识别、人脸识别、机器翻译、无人驾驶等。

万丈高楼平地起，在将深度学习应用到实际场景之前，我们需要掌握深度学习的基础知识。

2.2 任务陈述

掌握深度学习的基础知识，具体学习任务见表 2-1。

表 2-1 学习任务单

		学习任务单
学习路线	课前	1. 参考课程资源，自主学习"2.3 知识准备" 2. 检索有效信息，探究"2.4 任务实施"和"2.5 任务实施"
	课中	3. 遵从教师引导，学习新内容，解决深度学习的常见问题 4. 小组交流完成 2.4 节的任务，根据引导问题的顺序，逐步分析并梳理各类代价函数和算法及其重点内容，按要求配置实验环境，操作实现最小二乘法、L1 和 L2 代价函数、交叉熵代价函数等 5. 小组交流完成 2.5 节的任务，根据引导问题的顺序，逐步分析并梳理各类逻辑回归算法和数据预处理等内容，按要求实现数据预处理、设置代价函数和 sigmoid 函数、批量梯度下降算法、主函数调用等 6. 学会搜索和收集常见的问题和解决方案
	课后	7. 录制小组汇报视频并上交 8. 项目总结 9. 客观、公正地完成考核评价 10. 阅读理解"2.6 拓展案例"

(续)

学习任务单	
学习任务	1. 理解深度学习的基本原理 2. 掌握模型拟合常见的问题和解决方案 3. 理解常见的损失函数和代价函数 4. 掌握常见的最优化算法
学习建议	1. 不必过分纠结深度学习模型和算法的研究,侧重理解深度学习的基本原理和应用逻辑 2. 提前预习知识点,将有疑问的地方圈出,上课时解惑讨论 3. 小组合作完成任务实施引导的学习内容
价值理念	1. 必须坚持科技是第一生产力、人才是第一资源、创新是第一动力 2. 用普遍联系、全面系统、发展变化的观点观察事物,才能把握事物的发展规律 3. 不畏艰难,敢于进取,掌握重点,打破难点

2.3 知识准备

深度学习是机器学习中一种基于对数据进行表征学习的方法。通过输入训练数据,深度学习可以训练人工神经网络以实现预测、分类、回归等任务。追根溯源,深度学习最初就是为了建立深度学习模型用以模拟人类大脑的学习成长机制的。

为了训练出贴合设计者心意的深度学习模型,需要了解训练过程中常见的问题及对应的解决方案,其中就包括模型及欠拟合与过拟合的处理、损失函数和代价函数的选取、最优化算法的设计等。

2.3.1 模型拟合

1. 深度学习的基本原理

(1) 深度学习任务 深度学习算法是一种能够从数据中学习的算法,能够解决人为设计和使用确定性程序很难解决的问题。深度学习的主要挑战是模型必须在未参与训练的样本上表现良好,而不是只在训练集上表现良好,也就是说泛化误差越小越好。

常见的深度学习任务包括:

1) 分类任务:通过计算机程序判别输入数据属于 k 类中的哪一类,如猫狗分类。

2) 回归任务:通过计算机程序对输入的特定事件进行预测、如特定时间的房价预测。

3) 异常检测:通过计算机程序检测特定的事件,如信用卡欺诈检测、不合格产品检测。

4) 机器翻译:输入一种语言,通过计算机程序转化为另一种语言,媒体形式可能是文字也可能是声音。

(2) 深度学习的基本原理 单个神经元就是一个感知器。比如设计一个实现与(and)运算的感知器,真值见表 2-2。

表 2-2 与运算真值表

x_1	x_2	y
0	0	0
0	1	0
1	0	0
1	1	1

构造输入/输出关系为
$$y = f(x_1, x_2) = w_1 x_1 + w_2 x_2 + b$$
如果选择阶跃函数作为激活函数,则有
$$f(z) = \begin{cases} 1, & z > 0 \\ 0, & 其他 \end{cases}$$
如果选择 $w_1 = 0.5, w_2 = 0.5, b = -0.8$,此时这个感知器就可以实现与运算。

(3)模型验证　通常,模型验证是通过数据进行验证的。留出法(Hold-Out)和交叉验证(Cross-Validation)就是两种常见模型验证方法。

留出法:将数据划分成两个子集,其中一个子集作为训练集,而另一个子集作为测试集。比如,选择70%的数据作为训练数据,剩下的30%的数据作为测试数据。使用训练数据集训练模型使其获得最优的性能,然后在测试数据集上测试模型的性能。如果模型在两个数据集的性能都表现出色,则说明模型是合适的,否则就说明模型不合适。此模型验证方法将训练数据分成单一的训练集和测试集并进行一次训练和测试,其模型性能严重依赖于训练数据和测试数据的划分。如果训练数据集过大而测试数据集过小,则会导致模型产生过拟合的现象;如果训练数据集过小而测试数据集过大,则会导致模型产生欠拟合的现象。通常会将2/3~4/5的数据用于训练,剩余的数据用于测试。

交叉验证:将训练数据划分成多个子集,并将每个子集轮流作为测试数据重复进行多次训练和测试。交叉验证的一种实现方法是 k 折交叉验证法。具体操作是:将训练集随机分为 k 个不相交的子集,将其中的第1个子集作为测试集,而将其余的数据作为训练集进行模型训练;然后,将其中的第2个子集作为测试集,而将其余的数据作为训练集进行模型训练;依此类推,到第 k 个子集,从而得到 k 个测试结果;最后,将这 k 个结果取平均来评价模型的性能。这种方法大大增加了模型的可靠性,减少了模型欠拟合与过拟合的现象。

2. 模型欠拟合与过拟合

(1)欠拟合与过拟合概述　欠拟合与过拟合是模型训练过程中常见的问题,在了解欠拟合与过拟合产生的原因之前,先来了解误差、训练误差、测试误差和泛化误差的概念。

误差(Error)一般是指学习器根据模型计算得到的结果与样本真实值之间的差异。

训练误差(Training Error)一般是指学习器的计算结果与训练集中样本真实值之间的差异。

测试误差(Test Error)一般是指学习器的计算结果与测试集中样本真实值之间的差异。

泛化误差(Generalization Error)一般是指学习器在新的样本上的误差。

例如对二次函数 $\hat{y} = b + w_1 x + w_2 x^2$ 进行拟合,拟合结果如图2-1所示。通过对结果可视化分析,可以很直观地理解拟合过程。

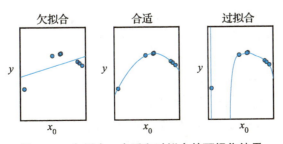

图2-1　欠拟合、合适和过拟合的可视化结果

过拟合：指为了在未见样本上表现得很好，尽可能寻找到适用于未知样本的"普遍规律"，而把训练样本学得"太好"时，会存在将训练样本自身的特有性质当作样本总体普遍性质的现象。过拟合会导致模型泛化性能下降。

欠拟合：指对于训练好的模型，数据的拟合程度不高；或指模型没有很好地捕捉到数据特征，不能够很好地拟合数据。欠拟合是与过拟合相对应的，但同样会导致泛化性能下降。

欠拟合与过拟合的表现不同，如图2-2所示，欠拟合在训练集和测试集上的性能都较差，而过拟合往往在训练集上有好的表现，但在测试集上的性能较差。

欠拟合与过拟合在本质上都是模型对事物本质规律表达上的偏差，但两者的形成原因不同：欠拟合主要是由于模型太简单，不能表达复杂关系；而产生过拟合的原因可能是因为模型太复杂，也可能是因为样本不典型。例如树叶的欠拟合与过拟合，如图2-3所示。

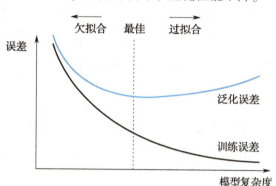

图2-2 欠拟合与过拟合的表现

图2-3 树叶的欠拟合与过拟合

（2）欠拟合的解决方法　欠拟合的解决办法通常是提高模型的表达能力。在深度学习中，深层网络的表现能力一般都比较强，相对来说出现欠拟合的情况比较少见，也是比较容易克服的。

常见的欠拟合解决方法有以下一些。

1）增加新特征：可以考虑加入组合特征、高次特征，来增强表达能力。

2）添加多项式特征：这个在机器学习算法里面用得很普遍，例如对线性模型添加二次项或者三次项，使模型泛化能力更强。

3）使用非线性模型：比如SVM、决策树、深度学习等模型。

（3）过拟合的解决方法　在实际执行项目过程中，过拟合不能很好地反应数据的趋势，预测能力严重不足，因此需要减少过拟合现象的发生。

常见的过拟合解决方法有以下一些。

1）增加典型数据：从数据源头获取更多数据。

2）数据增强：又名数据扩增，在不影响数据实质的情况下，让有限的数据产生更多的价值。数据增强的方法有移位、水平/垂直翻转、尺度变换、旋转变换、噪声和抖动等。

3）Dropout：在训练过程中，每次临时删除模型中的部分节点再对其余节点进行训练，不断重复此过程。

4）简化模型：减少网络的层数、神经元个数等均可以限制网络的拟合能力。

5）正则化：添加惩罚项，对复杂度高的模型进行"惩罚"，限制权值变大。

6）限制训练时间：设置阈值，限制训练时间。

7）数据清洗：纠正错误的标签或者删除错误的数据。

8）结合多种模型：用不同的模型拟合不同部分的训练集。

3．拟合问题的常见解决方法

为进一步增强对解决拟合问题的理解，下面详细说明数据增强方法和Dropout方法。

（1）数据增强方法

1）移位（Translation）：移位只涉及沿 x 或 y 方向（或两者同时）移动图像。假设图像在其边界之外具有黑色背景，进行适当的移位，如图2-4所示。这种方法非常有用，大多数对象几乎可以位于图像的任何位置，这使得卷积神经网络能看到所有角落。

图2-4 移位示例

2）水平/垂直翻转（Horizontal/Vertical Flip）：通过对图片进行水平或垂直翻转以实现数据增强。虽然一些框架不提供垂直翻转功能，但180°旋转的图片就等同于图片先进行垂直翻转，然后再执行水平翻转。图片分别进行水平翻转和垂直翻转的效果如图2-5所示。

图2-5 水平/垂直翻转示例

3）尺度变换（Scale）：对图片按照指定的尺度因子进行放大或缩小。图片等比例缩小效果如图2-6所示。

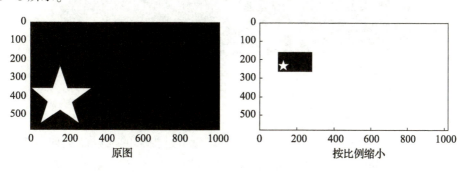

图2-6 尺度变换示例

4)旋转变换（Rotation）：将图像旋转一定的角度，改变图像内容的朝向。需要先定义一个旋转矩阵，然后利用 OpenCV 提供的 cv2.getRotationMatrix2D(center, angle, scale)函数进行旋转。该函数中的三个参数：center 为需要旋转的中心点，一般是图片的中心；angle 为需要旋转的角度，正值代表逆时针，负值代表顺时针；scale 为需要缩放的比例。图片经过旋转变换的效果如图 2-7 所示。值得注意的是，旋转变换往往需要配合尺度变换，否则容易造成目标图像超出边界的情况，在部分框架中旋转变化函数会自带缩放相关参数。

图 2-7　旋转变换示例

5)噪声（Noise）：高斯噪声是指图像中的噪声服从高斯分布。大多数像素点都与无噪声图像中的对应点相差不大，相差很大的情况并不常见。椒盐噪声也称为脉冲噪声，是指图像中随机出现全亮点和全暗点的情况，看起来就像是往图像中撒了黑色的胡椒和白色的盐。在图像中添加高斯噪声和椒盐噪声进行数据增强的效果如图 2-8 所示。

图 2-8　噪声示例

6)抖动（Jittering）：Color Jittering 方法是指对图像的亮度、饱和度和色调进行随机变化形成不同光照及颜色的图像，达到数据增强的目的，尽可能使得模型能够适应不同光照条件的情形，提高模型的泛化能力。PCA Jittering 方法实际上是对 RGB 颜色空间添加扰动，以达到对 RGB 颜色添加噪声的目的，也就是对 RGB 空间做 PCA，然后做一个 (0, 0.1) 的高斯扰动。利用 Color Jittering 和 PCA Jittering 方法对原图进行数据增强的效果如图 2-9 所示。

图 2-9　抖动示例

(2) Dropout 方法　Dropout 思想是，对网络的每一层随机地丢弃一些单元。这样训练出来的网络要比正常的网络小得多，在一定程度上避免了过拟合的问题。例如一个简单网络，因为每一个节点都有可能被丢弃，所以整个网络不会把某个节点的权重值赋很大，从而起到减轻过拟合的作用，如图 2-10 所示。

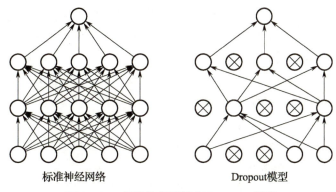

图 2-10 标准神经网络和 Dropout 模型

训练神经网络的正常流程：输入是 x，输出是 y，先把 x 通过网络前向传播，再把误差反向传播，以决定如何更新参数完成学习。

使用 Dropout 方法的过程：①随机（临时）删除网络中一半的隐藏神经元，输入/输出神经元保持不变；②把输入 x 通过修改后的网络前向传播，然后把得到的损失结果通过修改的网络反向传播，一小批训练样本执行完这个过程后，在没有被删除的神经元上按照随机梯度下降法更新对应的参数 (w, b)；③继续重复这一过程（①和②），恢复被删除的神经元（此时被删除的神经元保持原样，而没有被删除的神经元已经有所更新）。

Dropout 注意事项：只有在训练网络的时候使用 Dropout，在测试集上（预测的时候）不要使用 Dropout，这就意味着在预测（分类）时，用训练好的参数做前向传播的时候，要把 Dropout 关掉；Dropout 是一个正则化技术。

2.3.2 损失函数和代价函数

1. 损失函数和代价函数概述

在有监督机器学习算法中，使用梯度下降等一些优化策略完成学习过程中每个训练样例的误差最小化。误差的大小是通过损失函数来度量的。

假设在山顶要下山，此时需要决定走哪个方向，首先需要找到所有可能下山的路，其次尽量找不向上走的路，避免消耗体力，最后选择沿坡度最大的、下山最快的路下山。损失函数就是针对自认为坡度最大、下山最快的路的选择的好坏的重要评判标准。损失函数映射决策的相关成本，决定走上坡的路将耗费体力和时间，决定走下坡的路将受益，因此下坡的成本更小。

损失函数（Loss Function）：定义在单个样本上的函数，是指一个样本误差的映射。

代价函数（Cost Function）：定义在整个训练集上的函数，是所有样本误差的平均，也就是所有损失函数值的平均。

目标函数（Object Function）：是指最终需要优化的函数，一般来说是经验风险+结构风险，也就是代价函数+正则化项。

2. 常见的损失函数

1）0-1 损失函数（0-1 Loss Function）：

$$L(y, f(x)) = \begin{cases} 1, & y \neq f(x) \\ 0, & y = f(x) \end{cases}$$

式中，y 表示真实值，$f(x)$ 表示输入数据经过模型得到的预测值。从表达式可以发现，当预测错误时，损失函数为 1；当预测正确时，损失函数值为 0。该损失函数不考虑预测值和真实值的误差程度，只要错误就是 1。

2）平方损失函数（Quadratic Loss Function）：指预测值与实际值的差的平方。它直接测量机器学习模型的输出与实际结果之间的距离。

$$L(y, f(x)) = (y - f(x))^2$$

3）绝对值损失函数（Absolute Loss Function）：它和平方损失函数差别不大，这里是求取绝对值而非平方，差距不会被放大。

$$L(y, f(x)) = |y - f(x)|$$

4）对数损失函数（Logarithmic Loss Function）：常用于极大似然估计的场合。

$$L(y, P(y|x)) = -\log P(y|x)$$

$P(y|x)$ 通俗地解释就是：在当前模型的基础上，对于样本 x，其预测值为 y，$P(y|x)$ 就是预测正确的概率。由于需要同时满足两种概率，则运算中需要使用概率的乘法，为了将其转化为加法，所以对其取对数。当预测正确的概率越高时，损失函数的值应该越小，因此，需要对数值乘以 -1。

5）指数损失函数（Exponential Loss Function）：

$$L(y|f(x)) = \exp[-yf(x)]$$

式中，$y = 1$ 或 $y = -1$，$f(x) = wx + b$。指数函数具有离群点和噪声非常敏感等特点，经常被用于 AdaBoost 算法。

6）Hinge 损失函数（Hinge Loss Function）：是一般分类算法中的损失函数，尤其是用于 SVM，$y = 1$ 或 $y = -1$，$-f(x) = wx + b$，即为 SVM 的线性核。

$$L(y, f(x)) = \max(0, 1 - yf(x))$$

7）感知损失函数（Perceptron Loss Function）：

$$L(y, f(x)) = \max(0, -f(x))$$

式中，$f(x) = wx + b$。该函数具有以下特点：是 Hinge 损失函数的一个变种，Hinge 损失函数对判定边界附近的点（正确端）惩罚力度很高，而感知损失函数只要样本的判定类别正确的话，它就满意，不管其判定边界的距离。它比 Hinge 损失函数简单，因为不是最大间隔边界（Max-margin Boundary），所以模型的泛化能力没有 Hinge 损失函数的强。

3. 常见的代价函数

1）L1 和 L2 代价函数：用于最小化误差。L1 代价函数也被称为最小绝对值偏差（LAD）或者最小绝对值误差（LAE），该误差是真实值和预测值之间差值的绝对值之和。L2 代价函数也被称为最小平方和误差（LSE），该误差是真实值和预测值之间所有差的平方的总和。

$$\text{LAD} = \sum_{i=1}^{N} |y^{(i)} - f(x^{(i)})|$$

$$\text{LSE} = \sum_{i=1}^{N} (y^{(i)} - f(x^{(i)}))^2$$

式中，i 表示第 i 个样本；N 表示样本总数；$f(x^{(i)})$ 表示第 i 个样本数据的预测值；$y^{(i)}$ 表示第 i 个真实值数据。

2）均方误差（Mean Squared Error）：指参数估计值与参数真值之差平方的期望值。用于评价数据的变化程度,均方误差的值越小,说明预测模型描述实验数据具有更好的精确度。

$$\text{MSE} = \frac{1}{N}\sum_{i=1}^{N}(y^{(i)} - f(x^{(i)}))^2$$

3)均方根误差(Root Mean Squared Error):是均方误差的算术平方根,能够直观观测预测值与实际值的离散程度。

$$\text{RMSE} = \sqrt{\frac{1}{N}\sum_{i=1}^{N}(y^{(i)} - f(x^{(i)}))^2}$$

4)平均绝对误差(Mean Absolute Error):通常用作回归算法的性能指标,平均绝对误差是绝对误差的平均值。平均绝对误差能更好地反映预测值误差的实际情况。

$$\text{MAE} = \frac{1}{N}\sum_{i=1}^{N}|y^{(i)} - f(x^{(i)})|$$

5)交叉熵代价函数(Cross Entry Loss Function):通常用作分类问题的代价函数,交叉熵是用来评估当前训练得到的概率分布与真实分布的差异情况,减少交叉熵损失就是提高模型的预测准确率。

$$H(p,q) = -\frac{1}{N}\sum_{i=1}^{N}\sum_{c=1}^{M}p_c(x_i)\log(q_c(x_i))$$

式中,$p(x)$是真实分布的概率;$q(x)$是模型通过数据计算出来的概率估计;N为样本的总数;M为类别的数量。

例如对于二分类模型,其交叉熵代价函数可以构造为

$$\text{CEL} = -\frac{1}{N}\sum_{i=1}^{N}(y^{(i)}\log(f(x^{(i)})) + (1-y^{(i)})\log(1-f(x^{(i)})))$$

观察上式可以发现,其二分类损失函数为

$$L = y\log(f(x)) + (1-y)\log(1-f(x))$$

即有

$$L = \begin{cases} -\log(f(x)), & y = 1 \\ -\log(1-f(x)), & y = 0 \end{cases}$$

由图2-11可以发现,预测输出$f(x)$越接近真实样本标签1,损失函数$-\log(f(x))$越小;预测输出$f(x)$越接近真实样本标签0,损失函数$-\log(1-f(x))$越小。

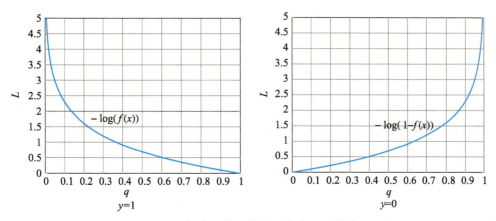

图2-11 损失函数L与预测输出$f(x)$的关系

4. 最小二乘法

最小二乘法（Least Square Method）在线性回归预测模型中是很常见的求解参数方法，其损失函数可以用 L2 代价函数：

$$\text{LSE} = \sum_{i=1}^{N} (y^{(i)} - f(x^{(i)}))^2$$

代价函数越小，说明模型预测值与实际值非常接近。当损失值为 0 时，说明预测结果与实际结果是一致的。

以线性回归模型为例，若 $h_\theta(x)$ 是预测模型函数，用于预测 (x_i, y_i) 数据集分布，其表达式可以设为

$$h_\theta(x) = \theta_0 x_0 + \theta_1 x_1 + \theta_2 x_2 + \cdots + \theta_n x_n$$

式中，$\boldsymbol{\theta} = [\theta_0, \theta_1, \theta_2, \cdots, \theta_n] \in R^n$ 为参数。最小二乘法就是要找到一组 $\boldsymbol{\theta}$ 使得 $\sum_{i=1}^{n}(h_\theta(x_i) - y_i)^2$ 的值最小，即得到代价函数的最小值。因此，最小二乘法就是求解代价函数最小值时，$\boldsymbol{\theta} = [\theta_0, \theta_1, \theta_2, \cdots, \theta_n]$ 的一组解。

利用最小二乘法求解在代价函数最小值时的 $\boldsymbol{\theta}$，首先需要对 θ_i 求导，令导数为 0，再解方程组，得到每一个 θ_i。如果 $\boldsymbol{\theta}$ 的个数非常多，逐个求 $\boldsymbol{\theta}$ 会非常麻烦，运用矩阵就可以一次性求解所有的 θ_i。假设损失函数 $h_\theta(x) = \theta_0 x_0 + \theta_1 x_1 + \theta_2 x_2 + \cdots \theta_n x_n$，矩阵表达方式为

$$h_\theta(\boldsymbol{x}) = \begin{bmatrix} \boldsymbol{X}_0 \\ \boldsymbol{X}_1 \\ \vdots \\ \boldsymbol{X}_m \end{bmatrix}^\mathrm{T} \begin{bmatrix} \theta_0 \\ \theta_1 \\ \vdots \\ \theta_n \end{bmatrix} = \boldsymbol{X\theta}$$

式中，$\boldsymbol{X}_0 = [X_{01}, X_{02}, \cdots, X_{0n}]$，$\boldsymbol{x}$ 是一个 (m, n) 的矩阵；$\boldsymbol{\theta} = [\theta_0, \theta_1, \theta_2, \cdots, \theta_n] \in \mathbf{R}^n$ 为 $n \times 1$ 的向量；m 代表样本的个数；n 代表样本的特征数。

代价函数定义为 $J(\boldsymbol{\theta}) = \frac{1}{2}(\boldsymbol{X\theta} - \boldsymbol{Y})^\mathrm{T}(\boldsymbol{X\theta} - \boldsymbol{Y})$。其中，$\boldsymbol{Y}$ 是样本的输出向量，维度为 $m \times 1$；系数 $\frac{1}{2}$ 主要是为了使求导后的系数为 1，简化计算过程。根据最小二乘法的原理，要对这个代价函数对 $\boldsymbol{\theta}$ 向量求导并使其结果取 0：

$$\frac{\partial J(\boldsymbol{\theta})}{\partial \theta} = \boldsymbol{X}^\mathrm{T}(\boldsymbol{X\theta} - \boldsymbol{Y}) = 0$$

对上述求导等式整理后可得

$$\boldsymbol{\theta} = (\boldsymbol{X}^\mathrm{T} \boldsymbol{X})^{-1} \boldsymbol{X}^\mathrm{T} \boldsymbol{Y}$$

所以，利用最小二乘法就是求 $J(\boldsymbol{\theta})$ 取最小值时 $\boldsymbol{\theta}$ 的值。接下来从几何角度解释最小二乘法。最小二乘法中的线性表达式可以看成高维空间中的一个向量在低维子空间的投影，如图 2-12 所示。

假设要找到一条直线 $y = kx + b$ 穿过三个点 $(0, 2)$、$(1, 2)$ 和 $(2, 3)$（理论上是不存在的），此时待求量为 k 和 b，用 x_1 表示 k，用 x_2 表示 b。

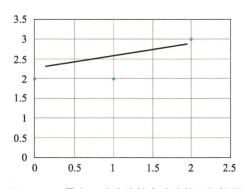

图 2-12　最小二乘法线性表达式的几何投影

$$\begin{cases} 0 \cdot x_1 + x_2 = 2 \\ 1 \cdot x_1 + x_2 = 2 \\ 2 \cdot x_1 + x_2 = 3 \end{cases} \Leftrightarrow \begin{bmatrix} 0 & 1 \\ 1 & 1 \\ 2 & 1 \end{bmatrix} \begin{bmatrix} x_1 \\ x_2 \end{bmatrix} = \begin{bmatrix} 2 \\ 2 \\ 3 \end{bmatrix} \Leftrightarrow A \times X = B$$

进一步有

$$\begin{bmatrix} 0 \\ 1 \\ 2 \end{bmatrix} x_1 + \begin{bmatrix} 1 \\ 1 \\ 1 \end{bmatrix} x_2 = \begin{bmatrix} 2 \\ 2 \\ 3 \end{bmatrix} \Leftrightarrow a_1 x_1 + a_2 x_2 = B$$

$a_1 x_1 + a_2 x_2 = B$ 可以理解为向量 B 是向量 a_1 和向量 a_2 的线性组合，其中 $a_1 = [0,1,2]^T$，$a_2 = [1,1,1]^T$，$B = [2,2,3]^T$。

a_1 与 a_2 所有线性组合构成了一个平面，B 没有在这线性平面上，因此需要在这个平面上找到一个最接近 B 的向量作为最终解，显然这里 B 在这个平面的投影向量是最短的，如图 2-13 所示。

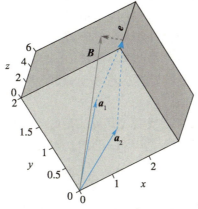

图 2-13　向量 B 关于向量 a_1 与 a_2 的线性组合

由于 e 向量是 a_1 与 a_2 构成平面的法向量，因此，$a_1^T e = 0, a_2^T e = 0$ 可用矩阵表示为

$$A^T e = 0$$
$$\Leftrightarrow A^T (B - Ax') = 0$$
$$\Leftrightarrow A^T A x' = A^T B$$

可得

$$x' = (A^T A)^{-1} A^T B$$

2.3.3　最优化算法

1. 最优化算法概述

最优化算法和深度学习两者相辅相成。最优化算法与深度学习的关系具体体现在以下 7 个方面：①训练一个复杂的深度学习模型可能需要数小时、数日，甚至数周的时间，最优化算法的表现直接影响模型的训练效率和模型参数的准确程度；②理解各种最优化算法的原理及其中超参数的意义将有助于更有针对性地调参，从而使深度学习模型表现得更好；③在一个深度学习问题中，通常会预先定义一个目标函数，使用最优化算法尝试将其最小化；④任何最大化问题都可以转化为最小化问题，令目标函数的相反数为新的目标函数即可；⑤最优化为深度学习提供了最小化目标函数的方法，本质上最优化与深度学习的目标是有区别的；

⑥由于最优化算法的目标函数通常是一个基于训练数据集的损失函数,最优化的目标在于降低训练误差,而深度学习的目标在于降低泛化误差;⑦为了降低泛化误差,除了使用最优化算法降低训练误差以外,还需要注意应对过拟合。

2. 最优化算法的挑战

最优化算法在深度学习中同样存在很多挑战,比如系统会将局部最小值或者鞍点作为全局最小值,这会使优化算法达不到最理想的状态。局部最小值和鞍点是最优化算法的两种常见挑战。

(1)局部最小值 对于目标函数$f(x)$,如果$f(x)$在x上的值比在x邻近的其他点的值更小,那么$f(x)$可能是一个局部最小值(Local Minimum)。如果$f(x)$在x上的值是目标函数在整个定义域上的最小值,那么$f(x)$就是全局最小值(Global Minimum)。

例如,给定函数:
$$f(x) = x\cos(\pi x), -1.0 \leq x \leq 2.0$$

可以大致找出该函数的局部最小值和全局最小值的位置。$f(x) = x\cos(\pi x)$函数图像如图2-14所示,需要注意的是图中箭头所指的只是大致位置。

深度学习模型的目标函数可能有若干局部最优值。当一个最优化问题的数值解在局部最优解附近时,由于目标函数有关解的梯度接近或变成0,最终迭代求得的数值解可能只能令目标函数局部最小化而非全局最小化。

(2)鞍点 前面提到,梯度接近或变成零可能是由当前解在局部最优解附近造成的。事实上,另一种可能性是当前解在鞍点(Saddle Point)附近。

例如,给定函数:
$$f(x) = x^3$$

绘图即可找出该函数的鞍点位置,图2-15展示了$f(x) = x^3$函数的函数图像并标明了鞍点位置。

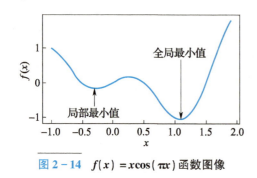

图2-14 $f(x) = x\cos(\pi x)$函数图像

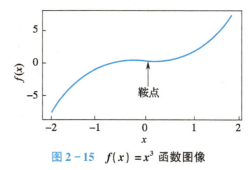

图2-15 $f(x) = x^3$函数图像

再如,在二维空间的函数:
$$f(x) = x^2 - y^2$$

该函数也存在鞍点位置。该函数看起来像个马鞍,而鞍点恰好是马鞍上可坐区域的中心。

3. 常见的最优化算法

针对不同的任务,采用的目标函数也不一样。比如对于回归预测模型,有L1正则化和L2正则化,对应的优化算法也不同。最优化算法具体实现目标包括:跳出局部极值点或鞍点,寻找全局最小值;使训练过程更加稳定、更容易收敛。下面介绍几个常见的最优化算法。

（1）批量梯度下降算法　批量梯度下降算法是梯度下降算法最原始的形式，通过批次中所有样本的损失函数来计算模型参数的更新值。梯度下降算法的原理：寻找当前参数下，代价函数下降最快的方向，代价函数 $J(\boldsymbol{\theta})$ 关于参数 $\boldsymbol{\theta}$ 的梯度将是目标函数上升最快的方向，而要最小化代价函数，只需要将参数沿着梯度相反的方向前进一个步长，即可实现目标函数的下降。

梯度下降算法的基本原理如图 2-16 所示，横坐标表示待更新的参数 $\boldsymbol{\theta}$，纵坐标是计算得到的代价函数 $J(\boldsymbol{\theta})$。模型初始状态为 A0，A0 的梯度为 A0′，此时 A0′是负数，表示代价函数上升最快的方向，但是要的是代价函数降低，因此需要向反方向改变参数 $\boldsymbol{\theta}$。经过一个步长的变化，模型的状态从 A0 变换到 A1，代价函数得到降低。反复重复操作，使得代价函数达到最小值，此时的 $\boldsymbol{\theta}$ 就是最终的模型参数。因此，参数 $\boldsymbol{\theta}$ 的更新公式为

$$\boldsymbol{\theta}_n = \boldsymbol{\theta}_{n-1} - \alpha \frac{\partial J(\boldsymbol{\theta})}{\partial \boldsymbol{\theta}}$$

式中，α 表示学习速率，控制学习步长。

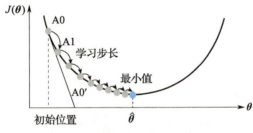

图 2-16　梯度下降算法基本原理

优点：一次迭代是对所有样本进行计算，此时利用矩阵进行操作，实现了并行；由全数据集确定的方向能够更好地代表样本总体，从而更准确地朝向极值所在的方向。当目标函数为凸函数时，一定能够得到全局最优。

缺点：当样本数目很大时，每迭代一步都需要对所有样本进行计算，训练过程会很慢；当目标函数不是凸函数时，可能陷入局部最优。

（2）随机梯度下降算法　随机梯度下降算法不同于批量梯度下降算法，它的具体思路是：算法中对参数的每次更新不需要再全部遍历一次整个样本，只需要查看一个训练样本进行更新，之后再用下一个样本进行下一次更新，像批量梯度下降一样不断迭代更新。随机梯度下降算法虽然不是每次迭代得到的损失函数都向着全局最优方向，但是大方向是向全局最优解靠近的，最终的结果往往是在全局最优解附近的，适用于大规模训练样本的情况。在 PyTorch 中，该方法的类名称为 torch.optim.SGD。

优点：在学习过程中加入了噪声，提高了泛化误差；由于不是在全部训练数据上的损失函数，而是在每轮迭代中，随机优化某一条训练数据上的损失函数，这样每一轮参数的更新速度大大加快了。这里指的是参数的更新频率快了。

缺点：不能在一个样本中使用矩阵计算，不能并行操作，学习过程变得很慢。这里的慢指的是训练一轮的时间比较久。单个样本并不能代表全体样本的趋势。

（3）小批量梯度下降算法　随机梯度下降算法中模型参数的更新方向不稳定，所以常采用小批量梯度下降算法。小批量梯度下降法计算梯度的方式是：小批量数据得到几个梯度后，对其求平均，然后确定参数的更新值。小批量梯度下降是对批量梯度下降及随机梯度下降的一个折中。

优点：通过矩阵运算，每次在一个批次（Batch）上优化神经网络参数并不会比单个数据慢太多；每次使用一个 Batch 可以大大减小收敛所需要的迭代次数，同时可以使收敛得到的结果更加接近梯度下降的效果；可实现并行化。

缺点：批量的大小若选择不当可能会带来一些问题。

为便于选用合适的算法，对批量梯度、随机梯度和小批量梯度下降算法在更新方向、梯度更新所需样本和能否并行等方面进行比较，结果见表 2-3。

表 2-3 批量梯度、随机梯度和小批量梯度下降算法的比较

比较项	批量梯度下降算法	随机梯度下降算法	小批量梯度下降算法
更新方向	稳定	不稳定	相对稳定
梯度更新所需样本	全部样本	单个样本	小批量（自定义）
能否并行	可以	不可以	可以

（4）牛顿梯度下降算法 求 $f(x)=0$ 的数值解。

根据泰勒展开：
$$f(x) \cong f(x_0) + (x-x_0)f'(x_0)$$

将 $f(x)=0$ 代入得
$$f'(x_0) \cong \frac{f(x_0)}{x_0 - x}$$

导数梯度的几何示意如图 2-17 所示。因为凸函数的优化问题就是求导数为 0 的位置，所以将上述 $f(x)$ 用 $f(x)$ 的导数代替，就可以快速求出 $f(x)$ 的导数为 0 的点。牛顿梯度下降算法的收敛速度快且对初始值不敏感，但是需要计算海森矩阵（Hessian Matrix），计算量相对较大。

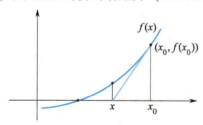

图 2-17 导数梯度的几何示意

（5）动量梯度下降算法 在引入动量的梯度下降算法中，参数的更新量不仅与梯度有关，还与原来的更新量有关，即在原来的更新表达式中加入上一次更新与其权重的乘积项，从而促使参数更新更稳定地向最优点方向移动。

$$v_{t+1} = \mu v_t - \alpha \nabla f(\theta_t)$$
$$\theta_{t+1} = \theta_t + v_{t+1}$$

式中，v 为参数的更新量；t 为迭代的次数；θ 为模型参数；f 为目标函数；∇ 为梯度，α 和 μ 都为常量。

（6）Nesterov 动量梯度下降算法 动量梯度下降算法也存在缺陷，在低曲率的地方，也就是梯度很小的地方，更新量主要表现为原来的更新量，不懂得转弯。为克服上述问题，常采用 1983 年 Nesterov 提出的 Nesterov 动量，与经典动量方法不同，它先调整梯度的方向，再改变大小，避免了低曲率的地方更新方向不容易更改的问题。

$$v_{t+1} = \mu v_t - \alpha \nabla f(\theta_t + \mu v_t)$$
$$\theta_{t+1} = \theta_t + v_{t+1}$$

式中，v 为参数的更新量；t 为迭代的次数；θ 为模型参数；f 为目标函数；∇ 为梯度；α 和 μ 都为常量。

(7) AdaGrad 自适应学习率算法　学习率的设置是一个两难选择：其值过高可能导致在接近极值附近来回振荡而不收敛；过低又可能引起在接近极值时，更新量趋近 0，从而导致学习速度慢。基于上述想法，美国加州大学 John Duchi 等于 2011 年提出 AdaGrad 方法。在 PyTorch 中，该方法的类名称为 torch. optim. Adagrad。

$$v_t = -\frac{\alpha \nabla f(\theta_t)}{\sqrt{\sum_{\tau=1}^{t} g_\tau^2}}$$

式中，v 为参数的更新量；t 为迭代的次数；θ 为模型参数；f 为目标函数；∇ 为梯度；α 为学习率。

(8) AdaDelta 自适应学习率算法　AdaGrad 方法随着迭代次数的增加，会导致分母的累计值越来越大，经过多次迭代后最终趋近于 0 而停止参数更新。为克服上述问题，2012 年，纽约大学的 Matthew D. Zeiler 提出了自适应学习率方法 AdaDelta。在 PyTorch 中，该方法的类名称为 torch. optim. Adadelta。

$$v_t = -\frac{\text{RMS}[v]_{t-1}}{\text{RMS}[\nabla f]_t} \nabla f(\theta_t)$$

式中，分母为前 W 次梯度的平方的平均值的平方根，分子为前 W 次更新值的平方的平均值的平方根。

(9) DropConnect　DropConnect 与 DropOut 不同的地方在于，在训练神经网络模型的过程中，它不是随机的将隐层节点的输出变成 0，而是将节点中的每个与其相连的输入权值变成 0（DropOut 是针对输出时变为 0，而 DropConnect 是针对输入时变为 0），如图 2-18 所示。

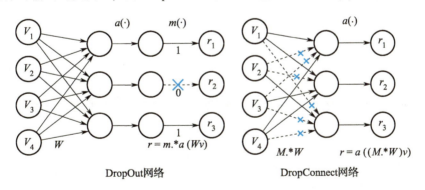

图 2-18　DropOut 网络与 DropConnect 网络的对比

(10) 早停法（Early Stopping）　在训练的过程中，如果迭代次数太少，算法容易欠拟合，但若迭代次数太多，算法又容易过拟合。早停法可以限制模型最小化代价函数所需的训练迭代次数。早停法通常用于防止训练中过度表达的模型泛化性能变差。

停止标准有三类：

第一类停止标准：当泛化损失超过一定的阈值时，停止训练。

第二类停止标准：当泛化损失和进程（如迭代次数）的熵大于指定的值时就停止。

第三类停止标准：完全依赖于泛化误差的变化，即训练在泛化误差连续 S 个周期内增长的时候停止。

开始时，将训练的数据分为训练集和验证集。每个批次结束后（或每 N 个批次结束后），在验证集上获取测试结果，记录到目前为止最好的验证集精度。随着批次的增加，如果在验证集上发现满足停止标准，则停止训练。将之前处理测试集时准确率最高时的权重作为网络的最终参数。早停法效果如图 2-19 所示。

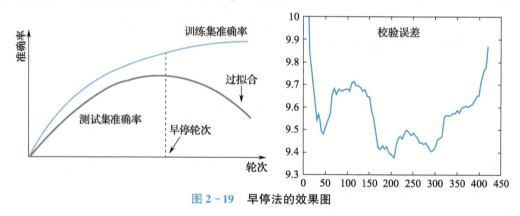

图 2-19　早停法的效果图

一般情况下，"较慢"的标准会在平均水平上表现略好，可以提高泛化能力，但是这些标准需要较长的训练时间。

总体而言，这些标准在系统性上没有很大区别。主要选择的规则：为了使较小的提升含有较大的价值，选择较快的停止标准；为了最大可能找到一个好的方案，使用第一类停止标准；为了最大化均衡解决方案的质量，根据不同情况使用不同的停止标准；如果网络只是过拟合了一点点，可以使用第二类的停止标准；否则使用第三类停止标准。目前，并没有理论可以证明哪种停止标准较好，都只是实验数据。

2.4　任务实施：常用代价函数实验

2.4.1　任务书

常用代价函数实验主要包含以下内容：实现最小二乘法；实现 L1 和 L2 代价函数；实现交叉熵。

2.4.2　任务分组

学生任务分配表					
班级		组号		指导老师	
组长		学号		成员数量	
组长任务				组长得分	
组员姓名	学号	任务分工			组员得分

2.4.3 获取信息

引导问题 1：自主学习，了解各类代价函数的优缺点和适用范围，如 L1 代价函数、L2 代价函数、交叉熵代价函数等。

2.4.4 工作实施

引导问题 2：学会如何新建项目及配置环境。

1）创建实验检测路径及文件。在实验环境的桌面右击，选择快捷菜单命令"创建文件夹"，在打开的窗口中输入文件夹的名称"test2"，如图 2-20 所示。打开 test2 文件夹，会显示其路径为"/home/techuser/Desktop/test2"。

打开 PyCharm，在"Welcome to PyCharm"窗口界面中单击"Create New Project"项新建一个工程，或者在已经打开的 PyCharm 主界面中选择菜单栏中选择"File"→"New Project"命令。

2）单击最右边的文件夹图标，浏览系统文件夹，选择新创建的 test2 文件夹，文件夹路径为"/home/techuser/Desktop/test2"，如图 2-21 所示。

图 2-20 创建新文件夹

图 2-21 选择系统路径

3）单击"Project Interpreter：Python 3.7（Course）"项，然后单击"Existing interpreter"单选按钮右侧的"更多"图标按钮，如图 2-22 所示。

图 2-22 选择 Python 版本

4)在新打开的窗口左侧,选择"Conda Environment"项,然后单击"interpreter"最右边的"更多"图标按钮,浏览系统文件,按路径"/home/techuser/anaconda3/envs/Course/bin/python"找到"python"文件,单击"OK",如图 2-23 所示。

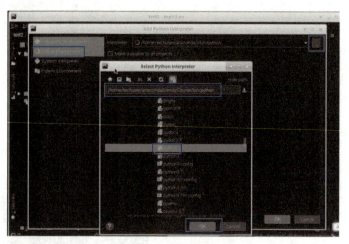

图 2-23 配置项目环境

5)单击"Create"按钮即可,如图 2-24 所示。

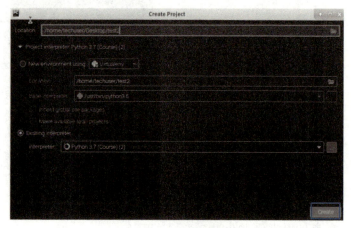

图 2-24 创建项目

最终新建三个 Python 文件"topic1. py""topic2. py""topic3. py",将分别用于保存最小二乘法实验、L1 与 L2 损失函数实验,以及交叉熵损失函数实验这三个实验的代码。

引导问题 3:数据是深度学习的基础,无论是模型的拟合还是神经网络的训练都离不开数据的支持。完成数据集的下载并查阅资料了解在深度学习中数据及数据预处理的重要性。

数据集的下载有以下两种方式(两者二选一)。

1)直接下载。下载地址为 http://file.ictedu.com/file/2676/data.csv。

2)自己复制数据。下载地址为 https://www.cnblogs.com/chenmingjun/p/10884541.html#_label0_6。请新建 Excel 表格并命名为"data.csv",将数据文件保存到目录"/home/techuser/Desktop/test2"中,数据集格式如图 2-25 所示。

图 2-25　数据集格式

数据及数据预处理的重要性:

引导问题 4:实现最小二乘法。二乘法的核心思想是求解未知参数,使得理论值与观测值之差(误差,或者说是残差)的平方和(一般叫作损失函数)达到最小。请详述完整的通用解法步骤,并记录出现的问题及解决的方法。

通用解法步骤:

出现的问题及解决的方法:

引导问题 5:了解一个算法,不但要了解其优点,更要了解其缺点。最小二乘法也存在局限性,通过查阅资料,了解最小二乘法的局限性。

查阅资料:
局限性(按顺序往下填): 最小二乘法需要计算 X^TX 逆矩阵,有可能逆矩阵不存在,这样就没有办法直接用最小二乘法。

引导问题 6：查看最小二乘法的具体实现过程资料，请详述完整的实现步骤，并记录出现的问题及解决的方法。

实现步骤：
步骤 1：在 topic1.py 文件中利用如下代码读取 data.csv 里面的数据，并提取出第一列和第二列的数据。
步骤 2：画出原始数据在坐标系中的分布情况。

出现的问题及解决的方法：

引导问题 7：查看相关资料，请详述代价函数 L1 和 L2 的概念与区别。

L1 的概念：

L2 的概念：

L1 和 L2 的区别：

L1	L2

引导问题 8：查阅和实践代价函数 L1 和 L2 的具体实现过程，根据实验步骤完成代码编写并记录出现的问题及解决的方法。

在 topic2.py 文件中利用如下代码定义 L1，L2 代价函数，实现步骤：
步骤 1：导入依赖。

步骤 2：定义 L1 代价函数。

步骤 3：定义 L2 代价函数。

步骤 4：计算并打印结果。

出现的问题及解决的方法：

引导问题 9：查看相关资料，请详述完整的交叉熵的具体实现过程，并记录实现过程中出现的问题及解决的方法。

在 topic3.py 文件中根据实验步骤完成代码，实现步骤如下：

步骤 1：导入依赖包，随机生成输入，设置输出。

步骤 2：计算输 softmax。

步骤 3：在 softmax 的基础上取 log。

步骤 4：对比 softmax 与 log 的结合与 nn.LogSoftmaxloss 的输出结果。

步骤 5：将得到的 logsoftmax_output 和 y_target 去掉负号，求均值。

出现的问题及解决的方法：

2.4.5 评价与反馈

全面考核学生的专业能力和拓展能力，采用过程性评价和结果评价相结合，定性评价与定量评价相结合的考核方法。注重对学生的动手能力和在实践中分析问题、解决问题能力的考核，对在学习和应用上有创新的学生给予特别鼓励。小组总评成绩为"自评 + 互评 + 师评"按比例折算的成绩再加上附加分，自评、互评和师评所占比例可由教师根据具体情况自行拟定。

考核评价表					
评价项目	评价内容	项目配分	自我评价	小组评价	教师评价
思政元素（10）	理解并清晰表述学习任务单中价值理念的意义	5			
	互评过程中，客观、公正地评价他人	5			
专业能力（45）	根据任务单，提前预习知识点、发现问题	5			
	分析深度学习的基本原理	5			
	根据引导问题，检索、收集各类代价函数和算法，并做深入分析	5			
	配置实验环境	5			
	最小二乘法的实现过程	5			
	L1 和 L2 代价函数的实现过程	5			
	交叉熵代价函数的实现过程	5			
	完成任务实施引导的学习内容	5			
	项目总结符合要求	5			

(续)

考核评价表					
评价项目	评价内容	项目配分	自我评价	小组评价	教师评价
方法能力（25）	自主或寻求帮助来解决所发现的问题	5			
	能利用网络等查找有效信息	5			
	编写操作实现过程，厘清步骤思路	5			
	使用 PyCharm、Jupyter Notebook 工具完成任务	5			
	根据任务实施安排，制订学习计划和形式	5			
社会能力（15）	小组讨论中能认真倾听并积极提出较好的见解	5			
	配合小组成员完成任务实施引导的学习内容	5			
	参与成果展示汇报，仪态大方、表达清晰	5			
创新能力（5）	学习探究中能独立解决问题，提出特色做法	5			
各评价主体分值		100			
各评价主体分数小结		—			
总分 = 自我评价分数 × _____% + 小组评价分数 × _____% + 教师评价分数 × _____%					
综合得分：					教师签名：

项目总结
整体效果：效果好□　效果一般□　效果不好□ 具体描述：   不足与改进：

2.5　任务实施：梯度下降实验

2.5.1　任务书

在机器学习中，通常会根据输入 x 来预测输出 y，预测值和真实值之间会有一定的误差，在训练的过程中会使用优化器（Optimizer）来最小化这个误差，梯度下降法（Gradient Descent）就是一种常用的优化器。

对于逻辑回归，输入可以是连续的($-\infty$, $+\infty$)，但输出一般是离散的，即只有有限多个输出值。因此，从整体上来说，通过逻辑回归模型，将在整个实数范围上的 x 映射到有限个点上，这样就实现了对 x 的分类。因为每次取一个 x 值，经过逻辑回归分析，就可以将它归入某一类 y 中。

本任务的具体要求包括：理解梯度下降，对梯度下降的概念及公式有一定理解；理解逻辑回归；分别使用批量梯度下降算法、随机梯度下降算法、小批量梯度下降算法来实现逻辑回归。

2.5.2 任务分组

学生任务分配表

班级		组号		指导老师	
组长		学号		成员数量	
组长任务				组长得分	
组员姓名	学号	任务分工		组员得分	

2.5.3 获取信息

引导问题1： 自主学习，了解各类逻辑回归算法的基本概念并举例说明，如批量梯度下降算法、随机梯度下降算法、小批量梯度下降算法。

算法	基本概念及示例
批量梯度下降算法	
随机梯度下降算法	
小批量梯度下降算法	

2.5.4 工作实施

引导问题2： 模仿2.4.4工作实施中的操作，创建实验检测路径及文件。

1）建立文件，该.py文件的路径为/home/techuser/Desktop/test3/Gradient_descent.py。

2）在浏览器中输入网址 http://file.ictedu.com/file/2674/testSet.zip 下载实验所用数据集，解压后保存在之前创建的工程文件夹test3下。

引导问题3： 查阅相关资料，了解数据预处理能带来什么优缺点，思考本任务数据预处理需要做哪些操作。

-0.017612	14.053064	0
-1.395634	4.662541	1
-0.752157	6.538620	0
-1.322371	7.152853	0
0.423363	11.054677	0
0.406704	7.067335	1
0.667394	12.741452	0
-2.460150	6.866805	1
0.569411	9.548755	0
-0.026632	10.427743	0
0.850433	6.920334	1
1.347183	13.175500	0
1.176813	3.167020	1
-1.781871	9.097953	0
-0.566606	5.749003	1
0.931635	1.589505	1
-0.024205	6.151823	1
-0.036453	2.690988	1
-0.196949	0.444165	1

图2-26 训练样本

1）找到数据源，然后对找到的数据进行一些处理。如图2-26所示，从网络找到的数据一共是3列100行。其中，前两列为x_1和x_2的值，第3列表示y的值；100行表示取了100个样本点。

2）见到训练样本就可以比较直观地理解算法的输入，以及如何利用这些数据来训练逻辑回归分类器，进而用训练好的模型来预测新的样本（检测样本）。为了实现矩阵的相乘，在数据集中加入新的一列 x_0，且值全为 1。通过 pandas 模块将数据集根据标签分成两部分：x_0、x_1、x_2 是一部分，y 是一部分。这样就实现了数据的标签化，使数据能够更便于后面的使用。

数据预处理的意义：
数据预处理操作：

引导问题 4：思考如何编写代码设置代价函数及 Sigmoid 函数。

设置代价函数：
设置 Sigmoid 函数：

引导问题 5：查看相关资料，详述完整的批量梯度下降算法的实现步骤，在编程软件中完成代码，并记录实现过程中出现的问题及解决的方法。

实现步骤： 步骤 1：将数据加载后的两组 100 条数据矩阵化。 步骤 2：初始化一个 3 行 1 列的值全为 1 的初始矩阵（weight）作为模型参数。第一组矩阵 xMat 是 100×3 的 x 标签的矩阵，第二组矩阵 yMat 是 100×1 的 y 标签的矩阵，第三个数组 weights 则用于存储之前创建的 3×1 且值全部为 1 的矩阵。
出现的问题及解决方法：

引导问题 6：查看相关资料，完成随机梯度下降算法和小批量梯度算法的代码实现，并与批量梯度批量算法进行比较。

逻辑回归算法	代码实现及比较
批量梯度下降算法	
随机梯度下降算法	
小批量梯度下降算法	

引导问题 7：为了更直观地比较逻辑回归算法，编写主函数调用，并绘制每种算法的效果图。三种梯度下降算法的迭代耗时比较结果如图 2-27 所示。

```
0.17834203018273223
批量梯度下降算法耗时： 0.32997894287109375
迭代到第571次，结束迭代！
1.6152170459468755
随机梯度下降算法耗时： 0.02000594139099121
迭代到第30次，结束迭代！
0.20734774102391015
小批量梯度下降算法耗时： 0.33997535705566406
迭代到第309次，结束迭代！
```

图 2-27　迭代耗时比较结果

2.5.5　评价与反馈

全面考核学生的专业能力和拓展能力，采用过程性评价和结果评价相结合，定性评价与定量评价相结合的考核方法。注重对学生的动手能力和在实践中分析问题、解决问题能力的考核，对在学习和应用上有创新的学生给予特别鼓励。小组总评成绩为"自评+互评+师评"按比例折算的成绩再加上附加分，自评、互评和师评所占比例可由教师根据具体情况自行拟定。

考核评价表					
评价项目	评价内容	项目配分	自我评价	小组评价	教师评价
思政元素 （10）	理解并清晰表述学习任务单中价值理念的意义	5			
	互评过程中，客观、公正地评价他人	5			
专业能力 （45）	根据任务单，提前预习知识点、发现问题	5			
	根据引导问题，检索、收集各类逻辑回归算法和数据预处理等内容，并做深入分析	5			
	数据预处理的实现步骤	5			
	编写代码设置代价函数和 Sigmoid 函数	5			
	批量梯度下降算法的实现步骤	5			
	编写主函数代码，实现调用	5			
	编写代码绘制每种算法的效果图	5			
	完成任务实施引导的学习内容	5			
	项目总结符合要求	5			
方法能力 （25）	自主或寻求帮助来解决所发现的问题	5			
	能利用网络等查找有效信息	5			
	编写操作实现过程，厘清步骤思路	10			
	根据任务实施安排，制订学习计划和形式	5			

（续）

考核评价表					
评价项目	评价内容	项目配分	自我评价	小组评价	教师评价
社会能力（15）	小组讨论中能认真倾听并积极提出较好的见解	5			
	配合小组成员完成任务实施引导的学习内容	5			
	参与成果展示汇报，仪态大方、表达清晰	5			
创新能力（5）	学习探究中能独立解决问题，提出特色做法	5			
各评价主体分值		100			
各评价主体分数小结		—			
总分 = 自我评价分数 × _____% + 小组评价分数 × _____% + 教师评价分数 × _____%					
综合得分：					教师签名：

项目总结
整体效果：效果好□　　效果一般□　　效果不好□ 具体描述：
不足与改进：

2.6 拓展案例：PyTorch 简单模型构建

2.6.1 问题描述

以 MNIST 数据集为基础，利用 PyTorch 构建一个简单的模型，实现识别准确率超过 95%。

2.6.2 基础理论

MNIST 数据集是 NIST（National Institute of Standards and Technology，美国国家标准与技术研究所）数据集的一个子集，MNIST 数据集可在 http://yann.lecun.com/exdb/mnist/ 上获取，主要包括四个文件，见表 2-4。

表 2-4　MNIST 数据集

文件名称	大小	内容
train-images-idx3-ubyte.gz	9681KB	55000 张训练集图片，5000 张验证集图片
train-labels-idx1-ubyte.gz	29KB	训练集图片对应的标签
t10k-images-idx3-ubyte.gz	1611KB	10000 张测试集图片
t10k-labels-idx1-ubyte.gz	5KB	测试集图片对应的标签

MNIST 数据集于 1998 年发布，是机器学习图像分类任务的标准数据集之一。在它之前，研究者们使用的是更加复杂和不可重复的数据集。由于 MNIST 数据集的简单和易理解，它成为机器学习初学者测试模型使用的经典数据集。它不仅在学术界，也在机器学习教育中也被广泛使用。虽然 MNIST 数据集已经存在多年，但是它仍然是图像分类任务中一个具有挑战的问题。因此，研究者们仍然致力于改进算法在该数据集上的表现，同时使用其作为探索新方法的基础。

MNIST 数据集可以作为机器学习初学者的训练数据集，帮助他们熟悉机器学习算法的实现过程。通过使用 MNIST 数据集，学习者验证自己的模型是否能够正确地识别手写数字。MNIST 数据集还可以被用来增强数据量，从而提高深度学习模型的泛化能力。正是由于 MNIST 数据集的公开性和普及性，各种算法都可以在该数据集上验证各种新的算法，MNIST 数据集成为机器学习领域中图像分类任务的基准测试数据集之一。

2.6.3 解决步骤

1. 导入包

```python
import torch
import torch.nn as nn
import torch.nn.functional as F
from torch.utils.data import DataLoader
import torch.optim
from torchvision import datasets, transforms
import torchvision
import matplotlib.pyplot as plt
```

2. 加载数据集

```python
batch_size = 64
transform = transforms.Compose([
    transforms.ToTensor(),
    transforms.Normalize((0.1307,),(0.3081,))   #标准化
])
#下载训练集数据
train_data = datasets.MNIST('./dataset/', train = True, download = True, transform = transform)
#下载测试集数据
test_data = datasets.MNIST('./dataset/', train = False, download = True, transform = transform)
#定义训练集数据加载器
train_loader = DataLoader(train_data, batch_size = batch_size, shuffle = True)
#定义测试集数据加载器
test_loader = DataLoader(test_data, batch_size = batch_size, shuffle = False)
```

3. 构建模型

```
class Net(nn.Module):
    def __init__(self):
        super(Net, self).__init__()                    #初始化
        self.l1 = torch.nn.Linear(784,512)             #数据特征维度从 784 转变为 512
        self.l2 = torch.nn.Linear(512,256)             #数据特征维度从 512 转变为 256
        self.l3 = torch.nn.Linear(256,128)             #数据特征维度从 256 转变为 128
        self.l4 = torch.nn.Linear(128,64)              #数据特征维度从 128 转变为 64
        self.l5 = torch.nn.Linear(64,10)               #数据特征维度从 64 转变为 10
    def forward(self,x):         #前向传播函数
        x = x.view(-1, 784)      #数据形状转化
        x = F.relu(self.l1(x))   #经过线性层转化维度,再利用 relu 函数进行激活
        x = F.relu(self.l2(x))
        x = F.relu(self.l3(x))
        x = F.relu(self.l4(x))
        return self.l5(x)
model = Net( )  #实例化
```

4. 构造优化器和损失函数

```
lr = 0.01 #学习率
momentum = 0.5 #冲量
criterion = nn.CrossEntropyLoss( )   #交叉熵损失函数
optimizer = torch.optim.SGD(model.parameters( ), lr = lr, momentum = momentum)
#SGD 优化方法
```

5. 模型训练与测试

```
#定义训练函数
def train(epoch):
    running_loss = 0.0
    for batch_idx, data in enumerate(train_loader):
        inputs, target = data    #训练集数据的图片信息传给 inputs,标签传给 target
        optimizer.zero_grad( ) #梯度置零
        # 前向传播 + 反向传播 + 梯度更新
        outputs = model(inputs) #向前传播
        loss = criterion(outputs, target)    #损失函数计算
        loss.backward( )
        optimizer.step( )
        running_loss + = loss.item( )
        if batch_idx % 300 = = 299:
            print('[% d, % 5d] loss: % .3f'% (epoch + 1, batch_idx + 1, running_loss /300))
            running_loss = 0.0
```

```
#定义测试函数
def test( ):
    correct = 0
    total = 0
    with torch.no_grad( ):
        for data in test_loader:
            images,labels = data    #测试集数据的图片信息传给 images,标签传给 labels
            outputs = model(images)
            _,predicted = torch.max(outputs.data,dim =1) #按行取出最大概率的位置索引
            total += labels.size(0)
            correct += (predicted == labels).sum().item() #统计预测值和标签数对应的个数
    print('Accuracy on test set:% d % %'% (100 * correct /total))
```

6. 主函数

```
if __name__ == '__main__':
    for epoch in range(10):
        train(epoch)
        test( )
```

7. 运行结果

第一轮和第十轮训练结果如图 2-28 和图 2-29 所示。

```
[1,   300] loss: 2.253              [10,   300] loss: 0.035
[1,   600] loss: 1.079              [10,   600] loss: 0.033
[1,   900] loss: 0.414              [10,   900] loss: 0.034
Accuracy on test set: 89 %          Accuracy on test set: 97 %
```

图 2-28　第一轮训练结果　　　　图 2-29　第十轮训练结果

2.6.4　案例总结

本案例以 MNIST 数据集为基础，基于 PyTorch 环境构建了一个简单的模型结构。从实验结果可以看出，模型经过第一轮训练准确率仅有 89%，经过了 10 轮的训练以后，模型的准确率达到97%，符合任务目标的要求。

2.7　单元练习

判断下列说法的对错。

1. "过拟合"常在模型学习能力较弱而数据复杂度较高的情况下出现，此时模型由于学习能力不足，无法学习到数据集中的"一般规律"，导致泛化能力弱。　　　　　　　　(　　)

2. 在神经网络训练的过程中，欠拟合主要表现为输出结果的高偏差，而过拟合主要表现为输出结果的高方差。　　　　　　　　　　　　　　　　　　　　　　　　　　(　　)

3. 过拟合的缓解办法有数据增强、正则化、Dropout、增加噪声等。　　　　　(　　)

4. 损失函数通常是指在单个样本上的函数,是一个样本的误差,而代价函数是整个训练集上的函数,是所有样本的误差平均,代价函数是目标函数的一部分。( )

5. 对数损失函数用到了极大似然估计的思想,在当前模型上采取正确预测的概率,取对数即可得到结果。( )

6. MSE 通常可以作为回归问题的性能指标,RMSE 通常作为回归问题的代价函数。( )

7. 最优化在深度学习中的挑战有局部最小值和鞍点。( )

8. 数据增强常用在视觉表象和图像分类中,方法有随机旋转、随机裁剪、色彩抖动、高斯噪声、水平翻转和竖直翻转,可增加图像的多样性。( )

9. DropConnect 与 DropOut 的区别在于,前者在输入时减少权重的连接,而后者在输出时减少权重的连接。( )

单元 3
PyTorch 深度学习框架

3.1 学习情境描述

深度学习需要从零开始吗？会不会很难呀？

随着新一轮科技革命和产业变革的深入发展，深度学习的领域也百花齐放。许多大公司已搭建好自己的深度学习框架。研究者们使用各种不同的框架来实现研究目的。在开始深度学习项目之前，选择一个合适的框架能起到事半功倍的作用。

我们应该坚持面向世界科技前沿，选择从成熟且易入门的框架开始学习，有利于以后的自主拓展学习。

3.2 任务陈述

"工欲善其事，必先利其器"，深度学习框架的具体学习任务见表 3-1。

表 3-1 学习任务单

		学习任务单
学习路线	课前	1. 参考课程资源，自主学习 "3.3 知识准备" 2. 检索有效信息，探究 "3.4 任务实施"
	课中	3. 遵从教师引导，学习新内容，解决所发现的问题 4. 小组交流完成任务，根据引导问题的顺序，逐步分析并梳理深度学习框架和 PyTorch 框架，小组合作分析 PyTorch 的环境搭建和使用，按要求独立完成环境搭建
	课后	5. 录制小组汇报视频并上交 6. 项目总结 7. 客观、公正地完成考核评价 8. 阅读理解 "3.5 拓展案例"
学习任务		1. 了解各类深度学习框架 2. 了解 PyTorch 框架的发展、特点和优势 3. 掌握 PyTorch 环境搭建的步骤和要点 4. 理解 PyTorch 的基本使用方法 5. 完成 PyTorch 环境搭建和使用，记录搭建过程和操作的关键点

(续)

学习任务单	
学习建议	1. 侧重实现深度学习框架入门，为后续迁移应用打下基础 2. 提前预习知识点，将有疑问的地方圈出，上课时解惑讨论 3. 小组合作完成任务实施引导的学习内容
价值理念	1. 加强科技创新能力，推进高质量发展的关键核心技术实现 2. 坚持问题导向，着眼从实际出发解决实际问题 3. 坚持学思用贯通、知信行统一

3.3 知识准备

深度学习发展初期，研究者们需要写大量的重复代码。为了提高工作效率，就将这些代码写成了一个框架放到网上让所有研究者一起使用，于是出现了不同的框架。随着时间的推移，几个框架被大量使用并流行起来，如 PaddlePaddle、TensorFlow、Caffe、Theano、MXNet、Torch 和 PyTorch 等。

TensorFlow 和 PyTorch 是使用较广泛的两个深度学习框架，特别是 PyTorch，它有精简灵活的接口设计，使用它可以快速设计调试网络模型，因此获得一致好评。

3.3.1 深度学习框架

深度学习框架随着深度学习的发展而发展，Google、Facebook、Microsoft 等巨头也围绕深度学习重点投资了一系列新兴项目，也一直在支持一些开源的深度学习框架。常见的深度学习框架被应用于计算机视觉、语音识别、自然语言处理与生物信息学等领域，如图 3-1 所示。

图 3-1 深度学习框架 Logo

1. Theano

2008 年，蒙特利尔大学 LISA 实验室开发了第一个 Python 深度学习框架——Theano，它是第一个有较大影响力的 Python 深度学习框架，为深度学习研究人员的早期"拓荒"提供了极大的帮助，也为深度学习框架的开发奠定了"以计算图为框架的核心，采用 GPU 加速计算"的基本设计方向。

Theano 是一个 Python 库，可以定义、优化和计算数学表达式，特别是多维数组。在解决包含大量数据的问题时，使用 Theano 编程可实现比手写 C 语言更快的速度，再通过 GPU 加速，则可以比基于 CPU 计算的 C 语言快上好几个数量级。Theano 结合计算机代数系统（Computer Algebra System，CAS）和优化编译器，为多种数学运算生成定制的 C 语言代码。

随着 Google 支持的 TensorFlow、Facebook 支持的 PyTorch 等框架的崛起，它们有庞大的社区和丰富的生态系统，提供了更加简洁和直观的 API，还有大量的教程、工具和预训练模型等，支持并吸引着研究人员和开发者。Theano 的使用逐渐减少，最终在 2017 年宣布停止开发新特性，并于 2018 年正式停止维护。

2. TensorFlow

2015 年 11 月 10 日，Google 宣布推出全新的机器学习开源工具 TensorFlow，它是使用较广泛的深度学习框架之一。最初是 Google 机器智能研究部门的 Google Brain 团队，基于 Google 的深度学习基础架构 DistBelief 构建开发的。TensorFlow 在很大程度上可以看作 Theano 的后继者，因为它们有一群共同的开发者，且都是基于计算图实现自动微分系统的设计理念。

TensorFlow 使用数据流图进行数值计算，图中的节点代表数学运算，边代表这些节点之间传递的多维数组（张量）。它主要用于机器学习和深度神经网络研究，是一个非常基础的系统，应用于众多领域，在工业界拥有完备的解决方案和用户基础。TensorFlow 2 发布后，用户可以轻松上手 TensorFlow 框架，还能无缝部署网络模型至工业系统。

3. Keras

Keras 是一个高层神经网络 API，由纯 Python 编写而成，构建于第三方框架之上。它最初是作为 Theano 的高级 API 而诞生的，后来增加了 TensorFlow 和 CNTK 作为后端，更像一个深度学习接口。Keras 是深度学习框架提供了一致而简洁的 API，支持快速实验，能迅速把想法转换为结果，且容易上手，它能够极大减少一般应用下用户的工作量。

Keras 缺点也很明显：在使用 Keras 的大多数时间里，用户主要是在调用接口，很难真正学习到深度学习的内容；过度封装导致其丧失灵活性，这也造成程序运行过于缓慢，许多 bug 都隐藏于封装之中。

4. Caffe

Caffe 由伯克利人工智能研究小组及伯克利视觉和学习中心开发。Caffe 是一个清晰、高效的深度学习框架，核心语言是 C++，支持命令行、Python 和 MATLAB 接口，可以在 CPU 和 GPU 上运行。Caffe 简洁快速，但因为设计问题缺少灵活性。

2017 年，Facebook 正式宣布开源其全新深度学习框架 Caffe2。Caffe2 以性能、扩展、移动端部署作为主要设计目标，是一个兼具表现力、速度和模块性的开源深度学习框架，沿袭了大量的 Caffe 的设计，解决了 Caffe 使用和部署中的瓶颈问题。Caffe2 的设计追求轻量级，在保有扩展性和高性能的同时，也强调便携性。Caffe2 的核心 C++ 库能提供速度和便携性，使 Python 和 C++ 的 API 用户可以轻松在 Linux、Windows、iOS、Android 等操作系统上进行模型设计、训练和部署。

5. MXNet

MXNet 最初由一群学生开发，2016 年 11 月，MXNet 被 AWS 正式选择为其云计算的官方深度学习平台。2017 年 1 月，MXNet 项目进入 Apache 基金会，成为 Apache 的孵化器项目。MXNet 是一个深度学习库，支持 C++、Python、R、Scala、Julia、MATLAB 及 JavaScript 等语言，支持命令和符号编程，可以运行在 CPU、GPU、集群、服务器、台式机或者移动设备上。MXNet 具有超强的分布式支持能力、卓越的内存和显存优化技术。同样的模型，MXNet 占用更小的内存和显存，特别在分布式环境下，MXNet 的扩展性能明显优于其他框架。

MXNet 的缺点：MXNet 一直快速迭代，接口文档更新不及时，不够完善的接口文档导致新手用户难以掌握 MXNet，老用户也需要查阅源码才能真正理解 MXNet 接口的用法。

6. CNTK

2014 年，微软公司的黄学东博士和他的团队在改进计算机能够理解语音的能力时，由于工具原因拖慢了进度，一组志愿者开发团队设计了解决方案，由此诞生了 CNTK。2015 年 8 月，微软公司在 CodePlex 上宣布由微软研究院开发的计算网络工具集 CNTK 将开源。2016 年 1 月 25 日，微软公司在 GitHub 仓库上正式开源了 CNTK。根据微软开发者的描述，CNTK 的性能比 Caffe、Theano、TensorFlow 等主流工具都要强。CNTK 支持 CPU 和 GPU 模式，它把神经网络描述成一个计算图的结构，叶子节点代表输入或者网络参数，其他节点代表计算步骤。

CNTK 最初是为 Microsoft 内部使用而开发的，使用小众语言开发，一开始甚至没有 Python 接口，而且文档晦涩难懂，市场推广力度小，导致用户比较少。但就框架本身的质量而言，CNTK 表现得比较均衡，没有明显的短板，并且在语音领域效果比较突出。

7. PaddlePaddle

PaddlePaddle（飞桨）是我国首个自主研发、功能完备、开源开放的产业级深度学习平台，由百度公司在其深度学习技术研究和业务应用基础上打造，集深度学习核心训练和推理框架、基础模型库、端到端开发套件和丰富的工具组件于一体。截至 2022 年 12 月，飞桨已汇聚 535 万开发者，服务 20 万家企事业单位，基于飞桨开源深度学习平台构建了 67 万个模型。开源开放的飞桨已经成为我国深度学习市场应用规模第一的深度学习框架和赋能平台。

飞桨实现了动静统一的框架设计，兼顾灵活性与高性能，并提供一体化设计的高层 API 和基础 API，确保用户可以同时享受开发的便捷性和灵活性。在大规模分布式训练技术上，飞桨率先支持千亿稀疏特征、万亿参数、数百节点并行训练，并推出达到国际领先水平的通用异构参数服务器架构。

飞桨拥有强大的多端部署能力，支持云端服务器、移动端及边缘端等不同平台设备的高速推理；推理引擎支持广泛的 AI 芯片，已经适配和正在适配的芯片或 IP 达到 29 款。围绕企业实际研发流程量身定制打造了大规模的官方模型库，算法总数达到 270 多个，服务企业包括能源、金融、工业、农业等多个领域。

8. PyTorch

2017 年 1 月，Facebook 人工智能研究院（FAIR）基于 Torch 推出了 PyTorch，其底层和 Torch 框架一样。除了 Facebook，PyTorch 还被 Twitter、CMU 和 Salesforce 等机构采用。Py-

Torch 是一个基于 Torch 的开源 Python 机器学习库，可用于自然语言处理等应用。PyTorch 更加灵活，支持动态图，还提供 Python 接口，是一个以 Python 优先的深度学习框架。PyTorch 能够实现强大的 GPU 加速，还支持很多主流深度学习框架不支持的动态神经网络。

PyTorch 可以看作加了 GPU 支持的 NumPy，也可以看作拥有自动求导功能的强大深度神经网络。PyTorch 的官网地址是 https://PyTorch.org/，首页界面如图 3-2 所示。

图 3-2　PyTorch 首页界面

现在的 PyTorch 支持 Linux、Mac、Windows 平台的操作系统，到 2022 年为止，最新版本为 1.13，应用版本环境如图 3-3 所示。

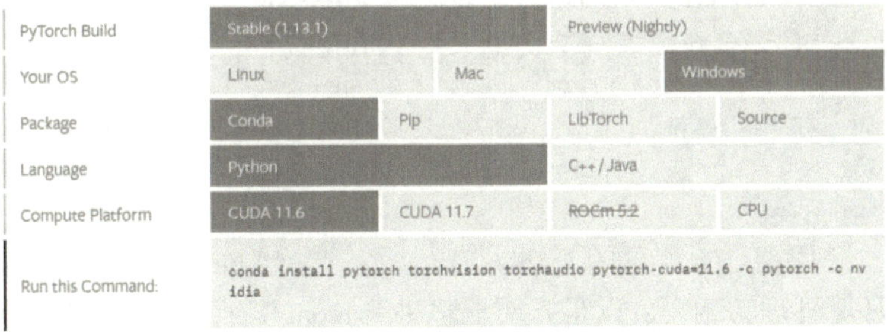

图 3-3　PyTorch 应用版本环境

PyTorch 作为功能十分强大的高级语言，擅长处理数据分析，拥有众多模块包，是众多数据分析爱好者的选择。PyTorch 支持动态图的创建，在深度学习平台定义模型主要有两种方法：静态图（Static Computation Graph）和动态图（Dynamic Computation Graph）。静态图定义的缺陷是在处理数据前必须定义好完整的一套模型，才能够处理所有的边际情况。动态图能够自由地定义模型，作为 NumPy 的替代者，使用强大的 GPU，支持 Tensor 库，可以极大地加速计算。

（1）PyTorch 的核心功能　PyTorch 支持卷积神经网络、循环神经网络及长短期记忆网络。PyTorch 的设计思路简单实用，会直接指向代码定义的确切位置，节省开发者寻找 bug 的时间，快速实现神经网络的构建，并有 Lua 社区为 PyTorch 提供各种技术支持。同时，PyTorch 还提供了大量的图片数据方便用户进行实验，如 CIFAR-10、人脸识别等。

PyTorch 提供的功能：提供强大的 N 维数组操作，包括索引、切片和转置等；通过 LuaJIT 实现 C 接口，LuaJIT 是 Lua 的一个 Just-In-Time 运行时编译器，是 Lua 的一个高效版本，Lua 是为了嵌入其他应用程序而开发的一个脚本语言；线性计算和数值优化；生成神经网络以及能量模型，能量模型 Energy-Based Model 是生成模型的一种形式；快速高效的 GPU 支持，可嵌入 iOS 和 Android 的后端。

（2）PyTorch 的优势　PyTorch 框架简洁优雅，同时具备灵活性、易用性和高效快速的效果。

1）简洁，易于阅读和理解。PyTorch 的设计追求最少的封装，遵循 Tensor→Variable（autograd）→nn.Module 三个由低到高的抽象层次，分别代表高维数组（张量）、自动求导（变量）和神经网络（层/模块），可以同时进行修改和操作，彼此联系紧密。PyTorch 的源码只有 TensorFlow 的 1/10 左右。更少的抽象、更直观的设计使得 PyTorch 的源码十分易于阅读和理解。

2）易用，所思即所得。PyTorch 是所有的框架中面向对象设计得最优雅的一个，符合人类思维，入门简单让用户能尽可能地专注于实现自己的想法。PyTorch 的接口设计灵活易用，面向对象的接口设计来源于 Torch，尤其是 API 的设计和模块的接口都与 Torch 高度一致。

3）速度，高效快捷。PyTorch 的灵活性不以速度为代价，在许多评测中，PyTorch 的速度表现胜过 TensorFlow 和 Keras 等框架，是相当简洁且高效快速的框架。框架的运行速度和程序员的编码水平有极大关系，同样的算法，使用 PyTorch 框架实现比使用其他框架实现要快。

4）活跃的社区。PyTorch 提供完整的文档和循序渐进的指南，Facebook 人工智能研究院作为当今排名前三的深度学习研究机构，对 PyTorch 提供了强力支持并会亲自维护论坛供用户交流和求教，确保 PyTorch 获得持续的开发更新。

PyTorch 推出后受到越来越多人的追捧，各类深度学习问题利用 PyTorch 实现的解决方案在 GitHub 上开源，同时许多新发表的论文也采用 PyTorch。

3.3.2　PyTorch 环境搭建

1. Anaconda 环境搭建

Anaconda 是一个用于科学计算的 Python 发行版，支持 Linux、Mac 和 Window 操作系统，提供了包管理与环境管理功能，可以很方便地解决 Python 并存、切换，以及各种第三方包安装的问题。

步骤 1：下载 Anaconda 安装包的方法有两种，可以通过命令，也可以通过站点。

方法 1，打开终端，输入下面下载安装包命令，如图 3-4 所示。

```
wget https://repo.anaconda.com/archive/Anaconda3-2022.10-Linux-x86_64.sh
```

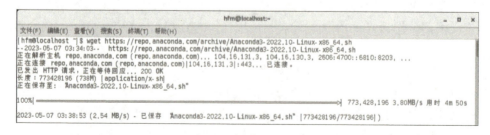

图 3-4　运行下载安装包命令并成功下载

方法 2，进入清华镜像（https://mirrors.tuna.tsinghua.edu.cn/anaconda/archive/）找到需要下载的包，单击下载即可，如图 3-5 所示。

单元 3　PyTorch 深度学习框架　　061

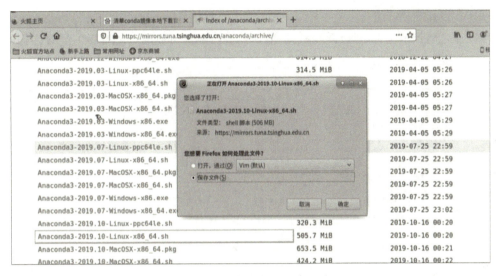

图 3-5　通过站点下载安装包

步骤 2：使用 bash 安装。

进入下载文件夹，输入"bash Anaconda3 - 2022.10 - Linux - x86_64.sh"命令，进入安装许可，按 <Enter> 键继续，如图 3-6 所示。

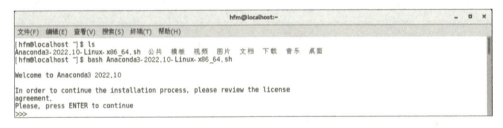

图 3-6　使用 bash 安装

步骤 3：接受许可。

阅读注册信息，直到最后询问是否接受软件协议许可条款，输入"yes"，如图 3-7 所示，开始安装。

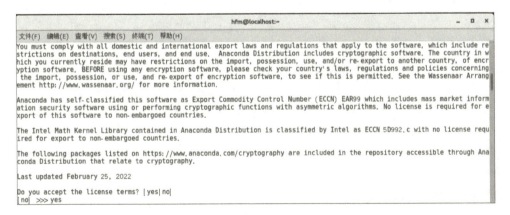

图 3-7　接受许可

步骤4：配置环境变量。

安装完成之后提示是否添加环境变量，输入"yes"，即可完成环境变量的配置，如图3-8所示。

图3-8 配置环境变量

步骤5：测试是否安装成功。

添加完环境变量需要重启，输入重启命令"source ~/.bashrc"或者关闭该终端重新启动。重启后，可使用"conda"命令测试是否安装成功，如图3-9所示。

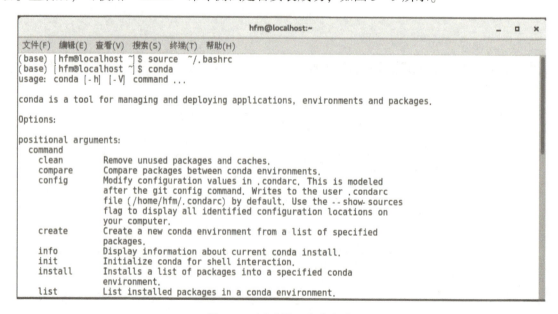

图3-9 测试是否安装成功

2. PyTorch 环境搭建

步骤 1：创建环境。

输入命令"conda create-n pytorch python=3.9"（这里 Python 版本选择 3.9），如图 3-10 所示。

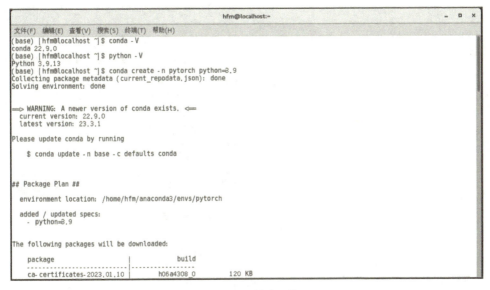

图 3-10　创建环境

可以通过 Conda 帮助文档详细了解 Conda 命令的使用方法，具体网址为 https://docs.conda.io/projects/conda/en/latest/commands/install.html#Positional%20Arguments。

步骤 2：激活环境。

下载相关的包之后，输入激活环境命令"conda activate pytorch"，如图 3-11 所示。

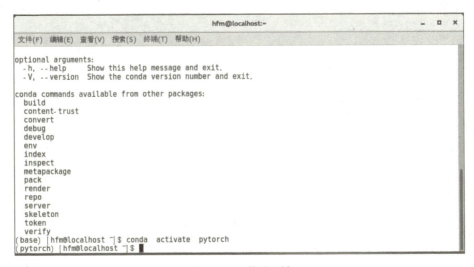

图 3-11　激活环境

步骤 3：从官网获取下载 PyTorch 的命令。

进入 PyTorch 官网查看安装对应版本的 PyTorch 的代码（网址为 https://PyTorch.org/getstarted/locally/），如图 3-12 所示。可以看到，PyTorch 支持 Linux、Mac、Windows 平台、支持 Conda、Pip、源码等安装方式，也支持 CPU、CUDA、ROCm 计算平台，根据现有环境选择合适的 PyTorch 版本。

图 3-12　从官网获取下载 PyTorch 的命令

单击选择获得下载命令"conda install pytorch torchvision torchaudio cpuonly-c pytorch"。其中，参数"-c pytorch"说明 Conda 使用 PyTorch 官方通道来查找和安装指定的软件包，如图 3-13 所示。

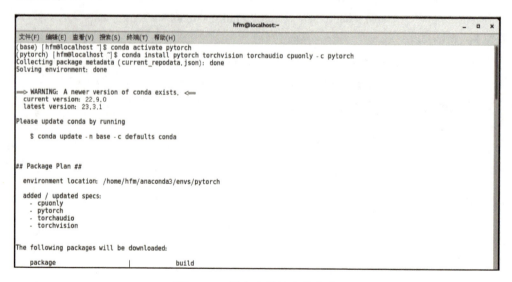

图 3-13　输入官网给出的命令

步骤 4：验证 PyTorch 是否安装成功。

待 PyTorch 安装完毕，输入"print(torch.＿＿version＿＿)"命令输出 PyTorch 版本，查看其是否安装成功。如出现版本号（如 2.0.0），证明 PyTorch 安装成功，如图 3-14 所示。注意：命令 print（torch.＿＿version＿＿）中是两条连在一起的下划线。

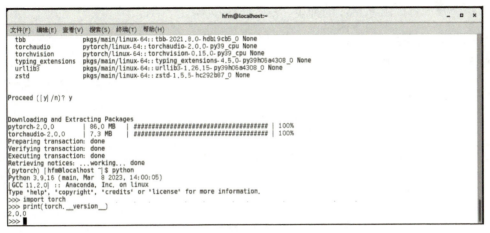

图 3－14　验证 PyTorch 是否安装成功

3.3.3　PyTorch 的基本使用

1. 张量

在数学里，张量（Tensors）是一种几何实体，或者说广义上的"数量"。张量的概念包括标量、向量和线性算子。张量可以用坐标系统来表达，记作标量的数组。

torch. Tensor 是一个包含单一数据类型元素的多维矩阵，类似于 NumPy 的 ndarray，实际上，它就是一个多维数组，目的是能够创造更高维度的矩阵、向量，如图 3－15 所示。

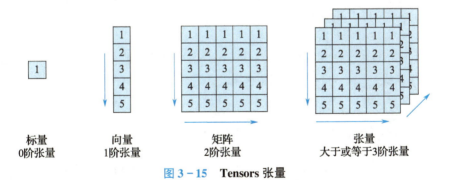

图 3－15　Tensors 张量

Torch 定义了 7 种 CPU Tensor 类型和 8 种 GPU Tensor 类型，见表 3－2。

表 3－2　torch. Tensor

数据类型	CPU Tensor	GPU Tensor
32－bit floating point	torch. FloatTensor	torch. cuda. FloatTensor
64－bit floating point	torch. DoubleTensor	torch. cuda. DoubleTensor
16－bit floating point	N/A	torch. cuda. HalfTensor
8－bit integer（unsigned）	torch. ByteTensor	torch. cuda. ByteTensor
8－bit integer（signed）	torch. CharTensor	torch. cuda. CharTensor
16－bit integer（signed）	torch. ShortTensor	torch. cuda. ShortTensor
32－bit integer（signed）	torch. IntTensor	torch. cuda. IntTensor
64－bit integer（signed）	torch. LongTensor	torch. cuda. LongTensor

1）一个张量可以用 Python 的列表（list）或序列构建。

```
>>> import torch #导入torch包
>>> torch.FloatTensor([[1,2,3],[4,5,6]])    #新建一个浮点型2行3列(2×3,后续使
                                            #用这样的形式描述,不再做解释)的张量
tensor([[1.,2.,3.],
        [4.,5.,6.]])   #显示张量的结果
```

2）一个空张量可以通过规定其大小来构建。

```
>>> torch.IntTensor(2,4).zero_() #新建一个2×4,值全为0的整型张量
tensor([[0,0,0,0],
        [0,0,0,0]],dtype=torch.int32) #显示张量的结果
```

3）可以用 Python 的索引和切片来获取和修改一个张量中的内容。

```
>>> x=torch.FloatTensor([[1,2,3],[4,5,6]])   #新建一个浮点型的2×3的张量
>>> print(x[1][2])
#输出张量中1行2列位置的值(注:序号从0开始算,即0、1行,0、1、2列)
tensor(6.) #显示张量的结果
>>> x[0][1]=8 #设置张量0行1列的值为8
>>> print(x) #输出张量
tensor([[1.,8.,3.],
        [4.,5.,6.]]) #显示张量的结果
```

4）每一个张量都有一个相应的 torch.Storage 用来保存其数据（torch.Storage 是一个单一数据类型的一维数组）。使用 Tensor 构造矩阵，并进行两个矩阵的加法。

```
>>> z=torch.Tensor(2,3) #定义2×3的张量
>>> print(z) #输出张量
tensor([[0.0000e+00,0.0000e+00,1.4013e-45],
        [0.0000e+00,1.4013e-45,0.0000e+00]]) #显示张量的结果
>>> y=torch.rand(2,3) #定义2×3的张量
>>> print(y) #输出张量
tensor([[0.3009,0.8694,0.5845],
        [0.9517,0.3549,0.4805]]) #显示张量的结果
>>> print(z+y)   #输出张量
tensor([[0.3009,0.8694,0.5845],
        [0.9517,0.3549,0.4805]]) #显示张量的结果
```

5）改变 Tensor 的函数操作可用一个下划线后缀来表示。比如，函数 torch.FloatTensor.abs_( ) 会在原地计算绝对值（相当 C++中函数的地址，不使用临时变量），并返回改变后的 Tensor，而函数 tensor.FloatTensor.abs( ) 会在一个新的 Tensor 中计算结果。

例如，将数组转换为 Tensor。

```
>>> import NumPy as np #导入NumPy包
>>> a = np.ones(5) #定义一个全为1的一维数组
>>> np.add(a,1,out = a) #使用加法给a所有值增加1
array([2.,2.,2.,2.,2.])
>>> print(a)
[2.2.2.2.2.] #显示a数组
>>> b = torch.from_NumPy(a) # a 转换为Tensor赋值给b
>>> print(b)
tensor([2.,2.,2.,2.,2.], dtype = torch.float64)
```

6）函数 torch.squeeze(input,dim = None, out = None) 的功能是对数据的维度进行压缩，即去掉维数为1的维度。当给定dim时，那么去除维度为1的维度操作只在指定的维度上进行。

```
>>> x = torch.zeros(2,1,2,1,2) #定义全0张量
>>> x.size( )
torch.Size([2,1,2,1,2])
>>> y = torch.squeeze(x) #去除值为1的维度值
>>> y.size( )
torch.Size([2,2,2])
>>> y = torch.squeeze(x,0) #去0列上为1的值(无则不操作)
>>> y.size( )
torch.Size([2,1,2,1,2])
>>> y = torch.squeeze(x,1) #去1列上为1的值(无则不操作)
>>> y.size( )
torch.Size([2,2,1,2])
```

2. 数学操作

PyTorch内置大量的数学操作函数，如加法操作函数、绝对值操作函数、随机生成数组函数等。

1）函数 torch.abs(inputs, out = None) 用来计算输入张量的每个元素的绝对值。

```
>>> import torch #导入torch包
>>> torch.abs(torch.FloatTensor([ -1, -2,3])) #计算张量中所有元素的绝对值
tensor([1.,2.,3.])
```

2）函数 torch.add(input, value, out = None)表示对输入张量input逐元素加上标量value，并返回结果得到一个新的张量out。

```
>>> a = torch.randn(4) #随机生成一个张量
>>> a
tensor([ -0.1247,1.8979, -1.4544, -0.4630])
>>> torch.add(a,20) #张量中的每一个元素与20相加
tensor([19.8753,21.8979,18.5456,19.5370])
```

3. 数理统计

PyTorch还提供了大量数理统计函数。

1）函数 torch.mean(input) 的功能是返回输入张量所有元素的均值。

```
>>> import torch
>>> a = torch.randn(1,3) #定义一个张量
>>> a
tensor([[-0.8469, -0.7182, 2.3637]])
>>> torch.mean(a) #计算张量的均值
tensor(0.2662)
```

2）函数 torch.mean(input,dim,out = None) 的功能是返回输入张量指定维度上的所有元素的均值。

```
>>> a = torch.randn(2,3) #定义一个张量
>>> a
tensor([[0.0770, -0.4062, 1.4571],
        [-2.0609, 1.1452, 1.4595]])
>>> torch.mean(a,1) #计算各行的均值,0则是计算各列的均值
tensor([0.3760, 0.1813])
```

4. 比较操作

PyTorch 还提供比较操作函数。例如，函数 torch.eq(input,other,out = None) 的功能是比较元素是否相等，其中第二个参数可以是一个数，或是与第一个参数同类型形状的张量。比较结果相等返回 True，不等返回 False。

```
>>> import torch
>>> torch.eq(torch.Tensor([[1,2],[3,4]]),torch.Tensor([[1,1],[4,4]]))
#比较两个张量之间的所有元素是否相等
tensor([[True, False],
        [False, True]])
```

如果两个张量有相同的形状和元素值，则返回 True，否则返回 False。

```
>>> torch.equal(torch.Tensor([1,2]),torch.Tensor([1,2])) #比较元素值与形状
True
```

3.4 任务实施：PyTorch 环境的搭建和基本使用

3.4.1 任务书

本任务是 PyTorch 环境搭建的常见操作及函数使用，主要包含：安装 Anaconda，安装 GPU 驱动，通过 conda install 命令来安装 PyTorch 的 GPU 版本，PyTorch 的基本使用探究。

注：本任务使用 Linux 操作系统。

3.4.2　任务分组

<table>
<tr><td colspan="5" align="center">学生任务分配表</td></tr>
<tr><td align="center">班级</td><td></td><td align="center">组号</td><td align="center">指导老师</td><td></td></tr>
<tr><td align="center">组长</td><td></td><td align="center">学号</td><td align="center">成员数量</td><td></td></tr>
<tr><td align="center">组长任务</td><td colspan="2"></td><td align="center">组长得分</td><td></td></tr>
<tr><td align="center">组员姓名</td><td align="center">学号</td><td colspan="2" align="center">任务分工</td><td align="center">组员得分</td></tr>
<tr><td></td><td></td><td colspan="2"></td><td></td></tr>
<tr><td></td><td></td><td colspan="2"></td><td></td></tr>
<tr><td></td><td></td><td colspan="2"></td><td></td></tr>
</table>

3.4.3　获取信息

引导问题 1：自主学习，了解主流深度学习框架，并列举两款框架及其特点；分析 PyTorch 的应用领域和优势，描述选择 PyTorch 的理由。

深度学习框架的特点：

分析 PyTorch 的应用领域和优势，描述选择 PyTorch 的理由：

引导问题 2：查询相关资料，请写出 PyTorch 环境搭建的要点及所需准备的资料，并分析安装先后顺序。

搭建要点和所需资料：

安装顺序：

3.4.4　工作实施

引导问题 3：查看操作系统是否安装了 Anaconda 3。

1）在桌面上右击，如图 3-16 所示选择"打开终端"命令，打开 Linux 的"终端"。

2）输入代码，查看环境是否安装了 Anaconda 3。
界面显示如图 3-17 所示，请问（有，没有）安装 Anaconda 3。

图 3-16　"打开终端"命令

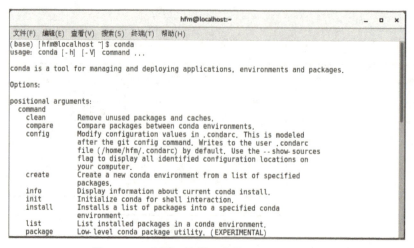

图 3–17　查看环境是否安装了 Anaconda 3

引导问题 4：如果没有安装 Anaconda 3，请先查阅下载网址并下载 Anaconda 3。

1）下载网址为 _____。

2）下载网站中有针对不同操作系统的 Anaconda，根据自己的操作系统下载并安装 Anaconda 3。请直接在图 3–18 中圈出你最终下载安装的版本。

图 3–18　下载 Anaconda 3

引导问题 5：查看相关资料，在 Linux 操作系统下安装 Anaconda 3。请详述安装过程，并记录安装过程中出现的问题及解决的方法。

安装过程（叙述方式如步骤1和步骤2）：
步骤1：在下载好的文件路径下面右击，打开 Linux 的"终端"。
步骤2：输入代码 "bash Anaconda3–2022.10–Linux–x86_64.sh"（其中 Anaconda 3 文件名称以具体下载名称为准），进入安装许可。
出现的问题及解决方法：

引导问题 6：查看相关资料，完成对 GPU 版本的 PyTorch 的安装。请详述创建过程，并记录创建过程中出现的问题及解决的方法。

安装过程（叙述方式如步骤 1）： 步骤 1：输入命令 "conda create-n Course python = 3.9"（这里 Python 的版本是 3.9），下载相关的包。
出现的问题及解决方法：

引导问题 7：查看相关资料，了解更多有关 PyTorch 的基础知识。小组内讨论 PyTorch 的基本使用和函数的应用，组内成员阐述张量的创建方法、数学操作函数的应用和数理统计函数的应用。

PyTorch 基本使用	阐述并举例
张量的创建方法	
数学操作函数的应用	
数理统计函数的应用	

3.4.5 评价与反馈

全面考核学生的专业能力和拓展能力，采用过程性评价和结果评价相结合，定性评价与定量评价相结合的考核方法。注重对学生的动手能力和在实践中分析问题、解决问题能力的考核，对在学习和应用上有创新的学生给予特别鼓励。小组总评成绩为"自评＋互评＋师评"按比例折算的成绩再加上附加分，自评、互评和师评所占比例可由教师根据具体情况自行拟定。

考核评价表					
评价项目	评价内容	项目配分	自我评价	小组评价	教师评价
思政元素 （10）	理解并清晰表述学习任务单中价值理念的意义	5			
	互评过程中，客观、公正地评价他人	5			
专业能力 （45）	根据任务单，提前预习知识点、发现问题	5			
	根据引导问题，检索、收集并分析各种深度学习框架的优缺点	5			
	安装 Anaconda	5			
	安装 GPU 驱动	5			
	通过 Conda Install 安装 PyTorch 的 GPU	5			
	PyTorch 环境成功搭建	5			
	PyTorch 的基本使用	5			
	完成任务实施引导的学习内容	5			
	项目总结符合要求	5			

(续)

考核评价表					
评价项目	评价内容	项目配分	自我评价	小组评价	教师评价
方法能力（25）	自主或寻求帮助来解决所发现的问题	5			
	能利用网络等查找有效信息	5			
	编写操作实现过程，厘清步骤思路	10			
	根据任务实施安排，制订学期学习计划和形式	5			
社会能力（15）	小组讨论中能认真倾听并积极提出较好的见解	5			
	配合小组成员完成任务实施引导的学习内容	5			
	参与成果展示汇报，仪态大方、表达清晰	5			
创新能力（5）	学习探究中能独立解决问题，提出特色做法	5			
各评价主体分值		100			
各评价主体分数小结		—			
总分 = 自我评价分数 × _____% + 小组评价分数 × _____% + 教师评价分数 × _____%					
综合得分：			教师签名：		

项目总结
整体效果：效果好□　　效果一般□　　效果不好□ 具体描述：
不足与改进：

3.5　拓展案例：张量的应用

3.5.1　问题描述

PyTorch 提供了许多函数用于操作张量，可以利用 GPU 加速计算。在 GPU 上运行张量需要在构造张量时使用 device 参数把张量建立在 GPU 上。本案例使用 PyTorch 张量来构建一个简单的神经网络。通过 PyTorch 的张量在随机数据上训练一个两层的网络，手动构建网络上的向前、向后传递路径。

3.5.2　思路描述

1）导入 PyTorch 包。

2)设置网络用到的权重。
3)编写向前传播、向后传播过程。
4)计算损失函数。
5)更新权重。

3.5.3 解决步骤

1. 准备工作

首先,导入 PyTorch 包。

```
import torch
```

然后,选择 GPU 运行。

```
dtype = torch.float
device = torch.device("cuda:0")  #代表前面所选择的设备,在 GPU 上运行
```

2. 生成数据

创建随机张量来容纳实验过程中的输入和输出。(张量在数学中是一个可用来表示在一些矢量、标量和其他张量之间的线性关系的多线性函数。)

参数解释:N 是批量大小;D_in 是输入维数;H 是隐藏的维度;D_out 是输出维数。

```
N, D_in, H, D_out = 64, 1000, 100, 10
x = torch.randn(N, D_in, device = device, dtype = dtype)#创建随机输入数据
y = torch.randn(N, D_out, device = device, dtype = dtype) #创建随机输出数据
```

3. 设置权重

为权重 w1、w2 创建随机张量,权重用于记录神经网络的训练过程及神经网络训练的反馈情况。requires_grad = False 表示不需要计算梯度(梯度:高数知识,是一个向量,每点只有一个梯度,梯度用于在神经网络自动判断下一步的训练方向)。

```
#随机初始化权重
w1 = torch.randn(D_in, H, device = device, dtype = dtype, requires_grad = True)
w2 = torch.randn(H, D_out, device = device, dtype = dtype, requires_grad = True)
```

4. 设置学习效率

学习效率是一个控制神经网络训练时下一轮训练的参数。

```
learning_rate = 1e - 6
for t in range(500):
```

5. 正向传播

该过程为正向传递:计算预测的 y。正向传递的过程解释:将权重 w1 乘以输入数据 x 得到中间值 h,h 再经过 clamp 的限制去除小于 0 的值得到 h_relu,然后 h_relu 乘以 w2 得到 y 的预测值 y_pred。

```
#计算预测 y
h = x.mm(w1)
h_relu = h.clamp(min = 0)
y_pred = h_relu.mm(w2)
```

代码中：mm( )函数的作用是将 w1 与 h 相乘；clamp( )函数用于将输入的元素限制在指定范围内，min 表示输入元素最小为 0。

6. 损失函数

首先，使用张量运算计算和输出损失。损失也是一个张量，表示训练过程中的误差。

```
#计算和输出损失
loss = (y_pred - y).pow(2).sum( )
print(t, loss.item( ))
```

代码中：pow( )函数为数学计算函数，用法为 a.pow(n)，表示求 a 的 n 次方；loss.item( )函数用于得到损失的标量值；t 表示训练次数。

7. 后向传播（梯度计算）

支撑计算 w1 和 w2 关于损失的梯度，先用预测的 y_pred 减去当前的 y，再乘以 2.0 得到预测值的梯度 grad_y_pred。然后，将预测值的梯度乘以 h_relu 转置后的值得到权重 w2 的梯度。至此则完成了梯度的计算。

将原 w2 转置后乘以 y 预测梯度 grad_y_pred 得到 h_relu 预测梯度 grad_h_relu，然后使用 clone( )函数将 grad_h_relu 复制到 grad_h 中，然后将 grad_h 中小于 0 的值赋为 0，再将 grad_h 乘以 x 的转置得到权重 w1 的预测梯度值。

```
#计算 w1 和 w2 相对于损耗的梯度
grad_y_pred = 2.0 * (y_pred - y)
grad_w2 = h_relu.t( ).mm(grad_y_pred)
grad_h_relu = grad_y_pred.mm(w2.t( ))
grad_h = grad_h_relu.clone( )
grad_h[h < 0] = 0
grad_w1 = x.t( ).mm(grad_h)
```

代码中：t( )函数就是将这个 Tensor 进行转置；clone( )函数返回一个张量的副本，其与原张量的尺寸和数据类型相同。

8. 更新权重

```
#使用梯度下降更新权重
w2 - = learning_rate * grad_w2
w1 - = learning_rate * grad_w1
```

用上面计算的权重梯度乘以之前设置的学习效率得到一个中间值，然后用当前的权重减去这个中间值得到新的权重。

w2 -= learning_rate * grad_w2 相当于 w2 = w2 - learning_rate * grad_w2，w1 则与 w2 相同。

至此，就完成了一个简单神经网络的搭建。

3.5.4 案例总结

本例展示了利用 PyTorch 训练模型的过程。

这里引入了 PyTorch 中张量的概念。PyTorch 中的张量（Tensor）是一个 n 维数组，PyTorch 提供很多函数支持张量运算。PyTorch 不仅能够作为通用的工具进行科学计算，还能够方便地对图像、梯度进行计算。

PyTorch 中的张量能够利用 GPU 加速计算。在 GPU 上操作 PyTorch 张量时候，需要简单地进行数据类型转换。

3.6 单元练习

一、判断题（判断下列说法的对错）

1. PyTorch 是开源的机器学习库，用于自然语言处理等应用程序，提供了强大的 GPU 加速张量的计算，且包含自动求导机制。（   ）
2. PyTorch 这个框架擅长处理数据分析，拥有众多模块，上手快、代码简洁灵活、文档规范等都是该框架的优点。（   ）
3. PyTorch 框架相对于其他框架而言更为简洁灵活、方便易用，在灵活的同时速度也很快，且提供了完整的文档和社区供开发者讨论学习。（   ）
4. PyTorch 内置了大量的函数，如加法操作函数、绝对值操作函数、随机生成数组函数等。（   ）

二、填空题

1. PyTorch 提供了_____、_____、_____、_____。
2. PyTorch 中的张量概念包括_____、_____和_____。
3. 张量可以用来表达_____，是可以记作标量的数组。

单元 4
PyTorch 编程基础

4.1 学习情境描述

深度学习算法的学习离不开编程软件,选择一款合适的编程软件有助于学习者提高编程效率及学习效率。PyTorch 不但是基于 Python 的科学计算包,更是适用于深度学习初学者的开发框架之一。由于 PyTorch 编程环境灵活、界面友好,PyTorch 成为初学者进行实验的理想选择。

通过 PyTorch 掌握深度学习的编程逻辑,为深度学习的后续学习打下基础。

4.2 任务陈述

掌握 PyTorch 编程基础,具体学习任务见表 4-1。

表 4-1 学习任务单

学习任务单		
学习路线	课前	1. 参考课程资源,自主学习"4.3 知识准备" 2. 检索有效信息,探究"4.4 任务实施"和"4.5 任务实施"
	课中	3. 遵从教师引导,学习新内容,解决所发现的问题,能够使用 PyTorch 编程、运行和分析 4. 小组交流完成4.4 节的任务,根据引导问题的顺序,逐步分析并梳理张量的概念、在 PyTorch 中的使用,按要求完成深度学习的简单编程,小组实践 PyTorch 的实验任务 5. 小组交流完成 4.5 节的任务,根据引导问题的顺序,逐步分析并梳理神经网络的使用方法及重点内容,按要求完成用四种方法搭建 PyTorch 神经网络及代码编写
	课后	6. 录制小组汇报视频并上交 7. 项目总结 8. 客观、公正地完成考核评价 9. 阅读理解"4.6 拓展案例"
学习任务		1. 理解张量的概念及其运算 2. 理解张量的求导机制及其代码实现 3. 掌握 PyTorch 中神经网络的使用方法 4. 利用 PyTorch 实现深度学习的简单编程

(续)

学习任务单	
学习建议	1. 不必纠结 PyTorch 的底层实现原理，侧重掌握应用步骤，为后续的应用打下基础 2. 提前预习知识点，将有疑问的地方圈出，上课时解惑讨论 3. 小组合作完成任务实施引导的学习内容
价值理念	1. 既不好高骛远，也不因循守旧，坚持稳中求进、循序渐进、持续推进 2. 以新的理论指导新的实践 3. 夯实理论基础，筑牢创新根基

4.3 知识准备

为了更好地实现深度学习算法，PyTorch 提供了两个十分强大的功能：具有强大的 GPU 加速的张量计算（如 NumPy）和动态的深度神经网络。张量能在 GPU 上运行，因此可以极大地提高运算速度，并且 PyTorch 提供了多样的张量程序，以满足不同的科学计算需求，如切片、索引、数学运算、线性代数等。另外，PyTorch 可以构造动态的深度神经网络结构，可以使得计算图在每次迭代过程中产生一些细微的变动，更容易控制每次迭代的步长。

4.3.1 张量的概念及应用

1. 张量的概念

"张量"（Tensor）是一种数据结构，一个可以运行在 GPU 上的多维数据类型，是专门针对 GPU 设计的，可以运行在 GPU 上来加快计算效率。Tensor 跟 NumPy 数组、向量、矩阵的格式基本一样，但 NumPy 数组等数据类型的数据只能运行在 CPU 上。PyTorch 中张量的常见属性包括数据、类型、大小、设备及求导相关属性，如图 4-1 所示。

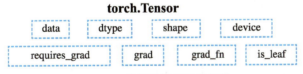

图 4-1 张量及其常见的属性

2. 张量的应用

在深度学习中，张量的常见应用有设备分配、张量创建、张量维度变换和张量转换成数值类型等方面的应用。

（1）设备分配　Torch.device（）表现了 torch.Tensor 被分配的设备类型的类，其中分为"cpu"和"cuda"两种类型。可以通过 torch.cuda.current_device（）返回当前设备标号，也可以通过 tensor.device（）来获取其属性。在 Python 终端/jupyter notebook 上逐行输入可以直接输出结果。

```
import torch # 导入包
torch.device('cuda:0')      # 设置当前设备为 0 号 CUDA
torch.device('cpu')         # 设置当前设备为 CPU
torch.device ('cuda')       # 使用当前的 CUDA 设备
```

执行代码，运行结果如下：

```
device(type='cuda', index=0)
device(type='cpu')
device(type='cuda')
```

可以利用字符或字符+序号的方式来分配设备，如果设备序号没有显示则表示此 Tensor 被分配到当前设备。

```
torch.device('cuda',0)      #设置当前设备为 0 号 CUDA
torch.device('cpu',0)       #设置当前设备为 0 号 CPU
```

执行代码，运行结果如下：

```
device(type='cuda', index=0)
device(type='cpu', index=0)
```

实际使用过程中，会使用通用代码自动分配设备。利用 if…else 三目运算符进行判别，如果 CUDA 可用就选用 CUDA，否则就用 CPU。

```
device = torch.device("cuda" if torch.cuda.is_available() else "cpu")    #通用
data = torch.Tensor([1])    #声明一个 Tensor
data.to(device)
```

如果选用 CUDA 设备，则显示为

```
tensor([1.], device='cuda:0')
```

如果选用 CPU 设备，则显示为

```
tensor([1.])
```

（2）张量创建　PyTorch 最基本的操作对象是张量，PyTorch 提供了直接创建和快速创建特殊张量的函数。

1）利用 torch.Tensor 函数直接创建一维、二维、三维张量。

```
import torch
a = torch.Tensor([1,2,3])
b = torch.Tensor([[1,2,3],[4,5,6]])
c = torch.Tensor([[[1,2,3],[4,5,6],[7,8,9]]])
print('一维张量:', a)
print('二维张量:', b)
print('三维张量:', c)
```

执行代码，运行结果如下：

```
一维张量: tensor([1.,2.,3.])
二维张量: tensor([[1.,2.,3.],
    [4.,5.,6.]])
三维张量: tensor([[[1.,2.,3.],
    [4.,5.,6.],
    [7.,8.,9.]]])
```

2）创建全 0/全 1 矩阵。torch.zeros（*sizes,out=None,…）/torch.ones（*sizes,out=None,…）返回大小为 sizes 的对应全 0/全 1 张量，其中 size 可以自定义。torch.zeros_like（input,…）/torch.ones_like（input,…）返回与 input 相同尺寸的对应全 0/全 1 张量。

```
input = torch.zeros(2)              #一维全0张量
print(input)
print(torch.zeros(2,3))             #2行3列的全0张量
print(torch.zeros_like(input))
print(torch.ones(2,3))              #2行3列的全1张量
print(torch.ones_like(input))       #输出与input相同大小的全1张量
```

执行代码，运行结果如下：

```
tensor([0.,0.])
tensor([[0.,0.,0.],
        [0.,0.,0.]])
tensor([0.,0.])
tensor([[1.,1.,1.],
        [1.,1.,1.]])
tensor([1.,1.])
```

3）创建全 x 张量。

函数 torch.full（size,fill_value,…）返回大小为 size、各元素值都为 fill_value 的张量。与全 0 张量类似，同样可以直接读取输入张量相同尺寸的全 x 矩阵，但需要指定各元素要填充的值。

```
print(torch.full((3,4),3.14))           #3行4列全3.14张量
print(torch.full_like(input,2.3))       #输出与input相同大小的全2.3矩阵
```

执行代码，运行结果如下：

```
tensor([[3.1400, 3.1400, 3.1400, 3.1400],
        [3.1400, 3.1400, 3.1400, 3.1400],
        [3.1400, 3.1400, 3.1400, 3.1400]])
tensor([2.3000, 2.3000])
```

4）创建等差/等比数列张量。创建等差数列张量有两种方式：一种是确定起始值、末值及单位步长，使用 torch.arange（start=0,end,step=1,…）函数，返回结果为[start,end)的张量；另一种方式是用 torch.linspace（start,end,steps=100）函数返回[start,end]的、间隔中的插值数目为 steps 的张量。

等比数列和等差数列类似，torch.logspace(start, end, steps = 100, base = 10)函数返回 steps 个从 base^{start} 到 base^{end} 的等比数列张量。

```
print(torch.arange(2,8))                          # 创建默认单位步长是 1 的等差数列张量
print(torch.linspace(2,10,steps=5))               # 创建步长为 2 的等差数列张量
print(torch.logspace(1,3,steps=3,base=10))        # 创建以 10 为公倍数的等比数列张量
```

执行代码，运行结果如下：

```
tensor([2,3,4,5,6,7])
tensor([2.,4.,6.,8.,10.])
tensor([10.,100.,1000.])
```

5）创建随机张量。PyTorch 中提供了多种生成随机张量的函数，随机张量满足的分布规律并不相同，在使用过程中要注意区分。

torch.rand(*size, out = None, dtype = None, …)返回[0,1]均匀分布的随机张量，形状大小由 size 决定。

torch.rand_like(input)可以控制生成的张量同输入相同，随机数满足[0,1]均匀分布。

torch.randint(low = 0, high, size, …)返回[low, high]均匀分布的整数随机张量。

torch.randn(*sizes, out = None, …)返回大小为 sizes、均值为 0、方差为 1 的标准正态分布的随机张量。

```
input = torch.eye(3)                     # 创建三维对角张量
print(torch.rand(2,2))                   # 创建 2 行 2 列的[0,1]均匀分布随机张量
print(torch.rand_like(input))            # 创建 3 行 3 列的[0,1]均匀分布随机张量
print(torch.randint(1,10,(2,2)))         # 创建 2 行 2 列的[1,10]均匀分布随机张量
print(torch.randn(2,2))                  # 创建 2 行 2 列的标准正态分布随机张量
```

执行代码，运行结果如下：

```
tensor([[0.8894, 0.5414],
        [0.4097, 0.3667]])
tensor([[0.7137, 0.0322, 0.2790],
        [0.9876, 0.1136, 0.6953],
        [0.2934, 0.3814, 0.5089]])
tensor([[5,3],
        [7,3]])
tensor([[-0.7901, 0.5898],
        [ 0.4773, 0.2630]])
```

(3) 张量维度变换

1）张量维度扩大。tensor.expand(*sizes)函数返回张量的一个新视图，单个维度扩大为更大的尺寸，也可以扩大为更高维。扩大张量不需要分配新内存，仅新建一个张量的视图，即不改变原张量的值。

```
x = torch.tensor([[1],[2],[3]])
print(x)
print(x.expand(3,4))        #维度扩大为3行4列
print(x.expand(-1,2))       #-1表示自动计算数值
print(x)
```

执行代码,发现原张量 x 的值并未改变,运行结果如下:

```
tensor([[1],[2],[3]])
tensor([[1,1,1,1],[2,2,2,2],[3,3,3,3]])
tensor([[1,1],[2,2],[3,3]])
tensor([[1],[2],[3]])
```

tensor.repeat( )沿着指定的维度重复 Tensor。与 tensor.expand( )不同的是,tensor.repeat( )函数复制的是 Tensor 中的数据。

```
x = torch.tensor([1,2,3])            #定义一个1*3张量
print(x.repeat(4,2))                 #复制x中的元素值使其变成4*6(1*4,2*3)张量
print(x)
print(x.repeat(4,2,1).size( ))       #复制x中的元素变成3个维度,即[4,2,3]
```

执行代码通过复制数据,扩大维度范围和增加一个维度,得到结果如下:

```
tensor([[1,2,3,1,2,3],
        [1,2,3,1,2,3],
        [1,2,3,1,2,3],
        [1,2,3,1,2,3]])
tensor([1,2,3])
torch.Size([4,2,3])
```

对于函数 torch.unsqueeze(input, dim, out = None),前面已经冲过 torch.squeeze( )函数,它的功能是压缩,去除 Tensor 的维度,而 torch.unsqueeze( )函数主要是进行扩展。其中参数 dim 为 0 时,数据是行方向扩展,为 1 时是列方向扩展。同样,还可写成 Tensor.unsqueeze (dim, out = None)。

```
x = torch.tensor([1,2,3,4])
print(torch.unsqueeze(x,0))          #向行方向扩展
print(x.unsqueeze(1))                #向列方向扩展
```

执行代码,从结果可以发现沿着行方向扩展的张量变成 1 行 4 列,而沿着列方向扩展的张量变成 4 行 1 列。

```
tensor([[1,2,3,4]])
tensor([[1],
        [2],
        [3],
        [4]])
```

2）改变维度。torch.reshape（input,shape）函数返回与输入相同的数据但具有指定形状的张量。常见的写法中，还包含 tensor.reshape（shape）的形式。

```
a = torch.arange(6)              # 生成 Tensor
b = torch.reshape(a,(3,2))       # 重新组合形状为 3*2
c = a.reshape(2,-1)              # 重新组合形状为 2*3
print(b)
print(c)
```

执行代码，运行结果如下：

```
tensor([[0,1],
        [2,3],
        [4,5]])
tensor([[0,1,2],
        [3,4,5]])
```

3）交换维度。torch.transpose(input,dim0,dim1)函数的功能是将张量按指定的两个维度交换位置，实现类似矩阵转置的操作。

```
x = torch.randint(1,10,(2,3))        # 生成 2 行 3 列[1,10]的随机整数张量
print(x)
print(torch.transpose(x,0,1))        # 将 0 维与 1 维调换位置
```

执行代码，由结果可以发现 x 从 2 行 3 列转换为 3 行 2 列。

```
tensor([[5,9,1],
        [1,1,3]])
tensor([[5,1],
        [9,1],
        [1,3]])
```

(4) 张量转换成数值类型　在提取损失值的时候，常会用到函数 tensor.item()，其返回值是一个 Python 数值。注意：tensor.item()只适用于 Tensor 只包含 1 个元素的时候。因为在大多数情况下损失值就只有一个元素，所以会经常用到 tensor.item()函数。如果想把包含多个元素的 Tensor 转换成 Python list 的话，要使用 tensor.tolist()函数。

```
x = torch.randn(1)               # 随机生成 1 个 1*1 的正态分布 Tensor
print(x)
y = x.item()                     # 使用 item()获取数值
print(y,type(y))                 # 输出类型
x = torch.randn([2,2])           # 随机生成 1 个 2*2 的正态分布 Tensor
y = x.tolist()                   # 使用 tolist()转换为 list
print(y)
```

执行代码，运行结果如下：

```
tensor([1.2256])
1.2256197929382324 <class'float'>
[[0.062391769140958786, 0.01504660677164793],
[1.1066542863845825, -0.3651980757713318]]
```

3. 张量求导机制

在 PyTorch 中，autograd 是所有神经网络的核心内容，为张量所有操作提供自动求导方法。其中，autograd.Variable 是 autograd 中最核心的类。它包装了一个 Tensor，并且支持几乎所有在其上定义的操作。

Variable 是一种可以不断变化的量，符合反向传播、参数更新的属性。PyTorch 的 Variable 是一个存放会变化值的地址，里面的值会不停变化。PyTorch 都是由 Tensor 计算的，而 Tensor 里面的参数是 Variable 形式的。完成运算之后，可以调用 backward() 函数自动计算出所有的梯度。

新版本中，torch.autograd.Variable 和 torch.Tensor 同属一类。Variable 封装仍旧可以像以前一样工作，但返回的对象类型是 torch.Tensor，这意味着代码不再需要变量封装器。requires_grad 是 Tensors 类的一个属性，表示是否需要求解梯度。grad 和 grad_fn 分别表示梯度值及待求解梯度的函数类型。

```
import torch                                                    # 导入包 torch
from torch.autograd import Variable                             # 导入包 autograd
x = Variable(torch.Tensor([5]), requires_grad = True)           # 创建变量 x, 并设置需要求导
y = 2 * x + 2                                                   # 线性运算
y.backward()                                                    # 反向传播
print('y 的打印结果为', y)
print('y 的类型是 ', y.type())                                    # 输出 y 的内容和类型
print('y 的函数类型为', y.grad_fn)                                 # 输出 y 的函数类型
print('y 关于 x 的梯度为', x.grad)                                 # 求解 x 的梯度
```

执行代码，运行结果如下：

```
y 的打印结果为 tensor([12.], grad_fn = <AddBackward0 >)
y 的类型是  torch.FloatTensor
y 的函数类型为 <AddBackward0 object at 0x0000020DABB70D30 >
y 关于 x 的梯度为 tensor([2.])
```

值得注意的是，backward() 函数的调用对象只能有 1 个元素，否则程序会报错。在实际应用时，backward() 函数常用于 loss.backward()，根据损失函数实现反向传播。

还有一个对 autograd 的实现非常重要的类——Function。Variable 和 Function 是相互关联的，常联合使用。

autograd 机制有一个计算图，可以将每个变量的计算流程以图结构表示出来，如图 4-2 所示。因为每个变量到损失需要经过哪些运算都非常清楚，所以 autograd 才能实现自主反向求导的过程。

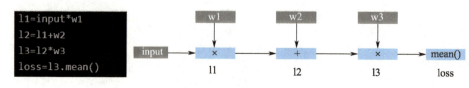

图4-2 张量计算图

当创建一个张量时，如果没有特殊指定，默认不需要求导。可以通过 tensor. requires_grad()来检查一个张量是否需要求导。

在张量的计算过程中，如果在所有输入中，有一个输入需要求导，那么输出一定会需要求导；相反，只有当所有输入都不需要求导的时候，输出才不需要求导。

1）所有的 Tensor 都有 requires_grad 属性，需要求导可以设置这个属性。

```
a = Variable(torch.rand(3,3))                     # 创建变量 a,不设置求导
b = Variable(torch.rand(3,3))                     # 创建变量 b,不设置求导
c = Variable(torch.rand(3,3), requires_grad = True)    # 创建变量 c,设置求导
x = a + b
print(x.requires_grad)          # 查看 x 是否需要求导
y = a + c
print(y.requires_grad)          # 查看 y 是否需要求导
```

执行代码，运行结果如下：

```
False
True
```

如果想改变这个属性，就调用 tensor. requires_grad_( )方法。

```
x.requires_grad_(True)
```

注意：要想使 x 支持求导，必须让 x 为浮点类型，PyTorch 中默认的数据类型就是浮点类型。

训练一个网络时，从训练集中读取出来的网络输入数据，默认是不需要求导的，网络的输出没有特意指明需要求导，Ground Truth（正确标注的数据）也没有特意设置求导。损失函数自动求导，主要原因是模型中所有参数默认是求导的，只要有一个参数需要求导，那么输出的网络结果必定也需要求导。

注意：不要把网络的输入和 Ground Truth 的 requires_grad 设置为 True，它需要额外计算网络的输入和 Ground Truth 的导数，增大了计算量和内存占用率。

```
input = torch.randn(8,3,50,100)     # 创建一个 Tensor
print(input.requires_grad)          # 查看是否需要求导
net = torch.nn.Sequential(          # 定义两个卷积操作,并通过函数 Sequential()连接
    torch.nn.Conv2d(3,16,3,1),
    torch.nn.Conv2d(16,32,3,1))
output = net(input)                 # 计算得到网络结构
print(output.requires_grad)         # 输出结果是否需要求导
```

执行代码,运行结果如下:

```
False
True
```

可以发现,虽然输入为设置可导,但是模型输出仍然是不可以求导的。

在训练的过程中冻结部分网络,让这些层的参数不再更新,观察输出的求导状态。

```
input = torch.randn(8, 3, 50, 100)
print(input.requires_grad)
net = torch.nn.Sequential(torch.nn.Conv2d(3, 16, 3, 1), torch.nn.Conv2d(16, 32, 3, 1))
for param in net.named_parameters( ):
    param[1].requires_grad = False    # 对模型中所有参数设置不求导
    print(param[0], param[1].requires_grad)    #输出参数信息及对应求导状态
output = net(input)
print(output.requires_grad)
```

执行代码,运行结果如下:

```
False
0.weight False
0.bias False
1.weight False
1.bias False
False
```

可以发现,当所有参数不可求导时,最终的输出也不可求导。这在迁移学习中很有用处。

2)在做模型评估时,不需要求导,将模型测试的代码包裹在"with torch.no_grad( ):"中,以达到暂时不追踪网络参数的导数的目的,这样可以减少计算和内存的消耗。在深度学习中,测试数据仅用于测试模型性能,不需要更新模型参数,因此常用torch.no_grad( )设置不自动求导。

```
x = torch.randn(3, requires_grad = True)    # 设置需要求导
print(x.requires_grad)
print((x * * 2).requires_grad)
with torch.no_grad( ):
    print((x * * 2).requires_grad)    # 使用不求导的函数则不会进行求导
```

执行代码,运行结果如下:

```
True
True
False
```

可以发现,"with torch.no_grad( ):"下的函数不会进行求导。

4.3.2 神经网络

PyTorch 提供了几个设计得非常好的模块和类，比如 torch.nn、torch.optim、Dataset 及 DataLoader，使用好它们有助于设计和训练神经网络。下面主要介绍 torch.nn。

1. torch.nn.Module 基类

torch.nn.Module 是从所有神经网络结构中抽象出来的基类，它实现了所有网络结构中共同的部分代码，在定义一个具体的网络模型时继承这个类，就相当于拷贝了共有部分的代码，这部分代码就不用自己再写了。实现一个包含两个卷积层的神经网络。

```python
import torch.nn as nn
import torch.nn.functional as F
class Model(nn.Module):
    def __init__(self):
        super(Model, self).__init__()
        self.conv1 = nn.Conv2d(1, 20, 5) # 卷积操作
        self.conv2 = nn.Conv2d(20, 20, 5)
    def forward(self, x):
        x = F.relu(self.conv1(x))
        return F.relu(self.conv2(x))
model = Model()    #实例化
print(model)
```

执行代码，运行结果如下：

```
Model(
  (conv1): Conv2d(1, 20, kernel_size = (5, 5), stride = (1, 1))
  (conv2): Conv2d(20, 20, kernel_size = (5, 5), stride = (1, 1))
)
```

2. torch.nn.Sequential() 方法

torch.nn.Sequential(*args) 是一个时序容器，modules 以它们传入的顺序添加到容器中。通过 Squential() 将网络层和激活函数结合起来。

```python
class Net(nn.Module):
    def __init__(self, in_dim, n_hidden_1, n_hidden_2, out_dim):
        super().__init__()
        self.layer = nn.Sequential(
            nn.Linear(in_dim, n_hidden_1),
            nn.ReLU(True),
            nn.Linear(n_hidden_1, n_hidden_2),
            nn.ReLU(True),
        )
    def forward(self, x):
        x = self.layer(x)
        return x
model = Net(20,10,5,1)
print(model)
```

执行代码，运行结果如下：

```
Net(
  (layer): Sequential(
    (0): Linear(in_features=20, out_features=10, bias=True)
    (1): ReLU(inplace=True)
    (2): Linear(in_features=10, out_features=5, bias=True)
    (3): ReLU(inplace=True)
  )
)
```

torch.nn.Sequential(*args) 的参数变量是一个指针，可以是多种形式的，如上面例子中的是子模型的每层的网络结构和激活函数，其参数可以是有序字典。

```
from collections import OrderedDict
class Net(nn.Module):
    def __init__(self):
        super().__init__()
        self.layer = nn.Sequential(OrderedDict([
                ('conv1', nn.Conv2d(1,20,5)),
                ('relu1', nn.ReLU()),
                ('conv2', nn.Conv2d(20,64,5)),
                ('relu2', nn.ReLU())
        ]))
    def forward(self, x):
        x = self.layer(x)
        return x
model = Net()
print(model)
```

执行代码，运行结果如下：

```
Net(
  (layer): Sequential(
    (conv1): Conv2d(1, 20, kernel_size=(5, 5), stride=(1, 1))
    (relu1): ReLU()
    (conv2): Conv2d(20, 64, kernel_size=(5, 5), stride=(1, 1))
    (relu2): ReLU()
  )
)
```

3. torch.nn.ModuleList() 方法

torch.nn.ModuleList(modules=None) 将子模块保存在一个列表中。ModuleList 可以像一般的 Python 列表（List）一样被索引。而且 ModuleList 中包含的 modules 已经被正确定义，对所有的 Module 方法均可见。

```python
class MyModule(nn.Module):
    def __init__(self):
        super(MyModule, self).__init__()
        self.linears = nn.ModuleList([nn.Linear(10, 10) for i in range(4)])
    def forward(self, x):
        for i, l in enumerate(self.linears):
            x = self.linears[i //2](x) + l(x)
        return x
model = MyModule()
print(model)
```

执行代码，运行结果如下：

```
MyModule(
  (linears): ModuleList(
    (0): Linear(in_features =10, out_features =10, bias = True)
    (1): Linear(in_features =10, out_features =10, bias = True)
    (2): Linear(in_features =10, out_features =10, bias = True)
    (3): Linear(in_features =10, out_features =10, bias = True)
  )
)
```

在 Torch 中，各层网络的计算结果保存在本层模型内，如图 4-3 所示由于各层网络模型是封装的，因而，其他模块调用需要先复制该模块再调用。PyTorch 重新设计了模型和中间变量的关系，如图 4-4 所示。在 PyTorch 中，各层的计算结果保存在本层模型之外，而整个结构通过称为计算图（Compute Graph）的结构来进行管理，所有模型都可以共享中间变量，这样就更容易实现数据重用。

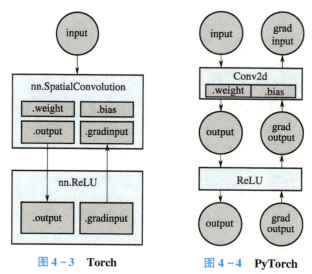

图 4-3 Torch   图 4-4 PyTorch

4. 卷积层方法

（1）卷积 二维卷积层格式：torch. nn. Conv2d(in_channels, out_channels, kernel_size, stride =1, padding =0, dilation =1, groups =1, bias = True)。

卷积层主要用于提取特征，寻找数据规律，参数含义见表 4-2。

表 4-2　二维卷积层参数表

参数	说明
in_channels（int）	输入信号的通道
out_channels（int）	卷积产生的通道
kerner_size（int or tuple）	卷积核的尺寸
stride（int or tuple, optional）	卷积步长
padding（int or tuple, optional）	输入的每一条边补充的层数
dilation（int or tuple, optional）	卷积核元素之间的间距
groups（int, optional）	从输入通道到输出通道的阻塞连接数
bias（bool, optional）	如果 bias = True，则添加偏置

Shape 输出的宽/高：

$$H\_out = \left[\frac{H_{in} + 2 \cdot padding - dilation \cdot (kernel\_size - 1) - kernel\_size}{stride} + 1\right]$$

$$W\_out = \left[\frac{W_{in} + 2 \cdot padding - dilation \cdot (kernel\_size - 1) - kernel\_size}{stride} + 1\right]$$

在现阶段的学习过程中，宽/高计算过程一般不做卷积核的膨胀，即 dilation = 0。上述公式可以进一步化简为

$$H\_out = \left[\frac{H_{in} + 2 \cdot padding - kernel\_size}{stride} + 1\right]$$

$$W\_out = \left[\frac{W_{in} + 2 \cdot padding - kernel\_size}{stride} + 1\right]$$

值得注意的是，PyTorch 中 dilation 默认不膨胀，但是数值为 1，如需代入公式计算，要进行减一处理。

```
import torch    # 导入 torch 包
import torch.nn as nn    # 导入神经网络模块
m = nn.Conv2d(5,5,3,padding = 0,stride = 2,dilation = 1) # 定义二维卷积层
input = torch.randn(5,5,3,3) # 生成 5 个 5 通道的 3 * 3 元素的 Tensor
print(m(input).shape) # 输出卷积层之后的结果
```

执行代码，运行结果如下：

```
torch.Size([5,5,1,1])
```

说明：torch.nn.Conv1d( ) 和 torch.nn.Conv3d( ) 分别为一维卷积和三维卷积，参数形式与 torch.nn.Conv2d( ) 相同。

（2）反卷积　格式：torch.nn.ConvTranspose2d(in_channels, out_channels, kernel_size, stride = 1, padding = 0, output_padding = 0, groups = 1, bias = True, dilation = 1)。

反卷积可以理解为卷积的逆运算，但是反卷积只能还原卷积之前的尺寸大小，数值并不一定相同，如图 4-5 所示。反卷积函数参数的含义见表 4-3。

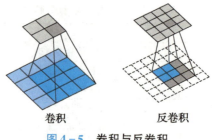

卷积　　　　　反卷积

图 4-5　卷积与反卷积

表 4-3　反卷积函数参数表

参数	说明
in_channels(int)	输入信号的通道数
out_channels(int)	卷积产生的通道
kernel_size(int or tuple)	卷积核的大小
stride（int or tuple, optional）	卷积步长
padding（int or tuple, optional）	输入的每一条边补充0的层数
output_padding（int or tuple, optional）	输出的每一条边补充0的层数
groups（int, optional）	从输入通道到输出通道的阻塞连接数
bias（bool, optional）	如果 bias = True，则添加偏置
dilation（int or tuple, optional）	卷积核元素之间的间距

反卷和示例如下：

```
x = m(input)
n = torch.nn.ConvTranspose2d(5, 5, 3, stride = 2,dilation = 1)
print(n(x).shape)
```

执行代码，运行结果如下：

```
torch.Size([5,5,3,3])
```

5. 池化方法

（1）最大池化方法　　格式：torch.nn.MaxPool2d(kernel_size, stride = None, padding = 0, dilation = 1, return_indices = False, ceil_mode = False)。

对于输入信号的输入通道，提供二维最大池化（Max Pooling）操作，参数含义见表 4-4：

表 4-4　池化操作参数表

参数	说明
kernel_size（int or tuple）	最大池化的窗口大小
stride(int or tuple, optional)	最大池化的窗口移动的步长，默认值是 kernel_size
padding(int or tuple, optional)	输入的每一条边补充0的层数
dilation(int or tuple, optional)	控制窗口中元素的步幅
return_indices	如果等于 True，则返回输出最大值的序号，对于上采样操作会有帮助
ceil_mode	如果等于 True，则计算输出信号大小的时候，会使用向上取整，代替默认地向下取整的操作

torch. nn. MaxUnpool2d(kernel_size, stride = None, padding = 0) 是最大池化的逆操作，但这个操作并不能完全还原池化前的数据，因为在最大池化过程中，一些非最大值的信息已经丢失，但如果记录了最大值位置，可以推测出非最大值的位置。

MaxUnpool2d 的输入是 MaxPool2d 的输出，包括最大值的索引，并计算所有 MaxPool2d 过程中非最大值的位置，并设置该位置处的数为 0。MaxUnpool2d 的参数含义与 MaxPool2d 的参数含义一致。torch. nn. MaxUnpool2d：输出的宽高计算同卷积操作，具体操作代码如下所示：

```
import torch # 导入 torch 包
import torch.autograd as autograd # 导入 autograd 包
from torch.autograd import Variable
pool = nn.MaxPool2d(2, stride = 2, return_indices = True) # 定义最大池化操作
unpool = nn.MaxUnpool2d(2, stride = 2) # 定义最大池化的逆过程
input = Variable(torch.Tensor([[[[1,2,3,4],[5,6,7,8],[9,10,11,12],[13,14,15,16]]]]))
output, indices = pool(input) # 池化
print(output)   # 输出查看池化之后的结果
print(unpool(output, indices)) # 输出查看反池化之后的结果
```

执行代码，运行结果如下：

```
tensor([[[[ 6.,  8.],
        [14., 16.]]]])
tensor([[[[ 0.,  0.,  0.,  0.],
         [ 0.,  6.,  0.,  8.],
         [ 0.,  0.,  0.,  0.],
         [ 0., 14.,  0., 16.]]]])
```

（2）平均池化方法　　格式：torch. nn. AvgPool2d(kernel_size, stride = None, padding = 0, ceil_mode = False, count_include_pad = True)。

对信号的输入通道提供二维的平均池化（Average Pooling），其参数含义见表 4-5。

表 4-5　平均池化参数表

参数	说明
kernel_size(int or tuple)	池化窗口大小
stride(int or tuple, optional)	池化的窗口移动的步长，默认值是 kernel_size
padding(int or tuple, optional)	输入图像边缘填充的量
ceil_mode	如果等于 True，则在计算输出信号大小的时候，会使用向上取整，代替默认的向下取整的操作
count_include_pad	如果等于 True，则在计算平均池化时，会包括 padding 填充的 0

torch. nn. AvgPool2d 的应用示例如下：

```
m0 = nn.AvgPool2d(3, stride = 2) # 定义平均池化操作(正方形模板)
m = nn.AvgPool2d((3,2), stride = (2,1)) # 定义平均池化操作(长方形模板)
input = autograd.Variable(torch.randn(5, 5, 3, 3)) # 生成 5 个 5 通道的 3*3 元素的 Tensor
print(m(input).shape) # 输出平均池化之后的形状
```

执行代码，运行结果如下：

```
torch.Size([5,5,1,2])
```

平均池化输出的宽/高计算同卷积操作，参见卷积操作前后图像大小关系式。像其他操作一样，nn.modual 也提供了一维和三维操作，使用方法相同。

（3）自适应池化方法　格式：torch.nn.AdaptiveMaxPool2d(output_size , return_indices = False)。

它提供二维的自适应最大池化操作对于任何大小的输入，可以将输出尺寸指定为 $H \times W$。也就是说，它可以自动计算池化模板、步长、边缘填充量的大小，但是输入和输出数据的通道数保持不变。

torch.nn.AdaptiveAvgPool2d(output_size) 的功能是提供二维的自适应平均池化。

torch.nn.AdaptiveMaxPool2d 和 torch.nn.AdaptiveAvgPool2d 的参数含义见表 4 - 6。

表 4 - 6　自适应池化参数表

参数	说明
output_size	输出的尺寸，可以用 (H,W) 表示 $H \times W$ 的输出
return_indices	如果设置为 True，则会返回输出的索引，对 nn.MaxUnpool2d 有用，默认值是 False

torch.nn.AdaptiveMaxPool2d 和 torch.nn.AdaptiveAvgPool2d 应用示例如下：

```
m = nn.AdaptiveMaxPool2d((6,8)) #设置自适应最大池化输出的尺寸
input = autograd.Variable(torch.randn(5,5,3,3))#随机生成5个5通道的宽高为3*3的Tensor
print(m(input).shape) #输出自适应最大池化后结果的尺寸
mA = nn.AdaptiveAvgPool2d((6,8)) #设置自适应平均池化输出的尺寸
print(mA(input).shape) #输出自适应平均池化后结果的尺寸
```

执行代码，运行结果如下：

```
torch.Size([5,5,6,8])
torch.Size([5,5,6,8])
```

6. 激活函数

激活函数（Activation Function）对于人工神经网络模型的学习和理解具有十分重要的作用。非线性激活函数有许多，例如 Sigmoid( )、ReLU( ) 和 Tanh( ) 等。激活函数不改变输入数据的维度尺度大小，但它能够提高神经网络的表达能力。

$$ReLU(x) = \max(0, x)$$

$$Tanh(x) = \frac{e^x - e^{-x}}{e^x + e^{-x}}$$

$$Sigmoid(x) = \frac{1}{1 + e^{-x}}$$

nn.modual 还提供了 ELU、PReLU、LeakyReLU、Hardtanh、LogSigmoid、Softplus、Softshrink、Softsign、Softmin、Softmax、LogSoftmax 等非线性激活函数。这些函数的使用方法类似，此处仅以 Sigmoid( )、ReLU( ) 和 Tanh( ) 为例进行讲解。

```
m = nn.ReLU( )            # 设置ReLU( )函数
n = nn.Tanh( )            # 设置Tanh( )函数
k = nn.Sigmoid( )         # 设置Sigmoid( )函数
input = autograd.Variable(torch.randn(2))
print(m(input))           # 输出ReLU( )函数的结果
print(n(input))           # 输出Tanh( )函数的结果
print(k(input))           # 输出Sigmoid( )函数的结果
```

执行代码,运行结果如下:

```
tensor([0.7192,0.0000])
tensor([ 0.6164, -0.6942])
tensor([0.6724,0.2982])
```

7. 标准化方法

格式:torch.nn.BatchNorm2d(num_features, eps = 1e - 05, momentum = 0.1, affine = True)。

该方法表示对小批量(mini-batch)3D数据组成的4D输入进行批标准化(Batch Normalization)操作,参数含义见表4-7。

表4-7 归一化参数表

参数	说明
num_features	输出的尺寸,可以用(**H**, **W**)表示 **H** × **W** 的输出
eps	为保证数值稳定性(分母不能趋近或取0),给分母加上的值,默认为1e-5
momentum	动态均值和动态方差所使用的动量,默认为0.1
affine	一个布尔值,当为True时,给该层添加可学习的仿射变换参数

在每一个小批量数据中,计算输入各个维度的均值和标准差,然后将其代入下式对输入数据进行标准化。标准化公式为

$$y = \frac{x - \text{meax}(x)}{\sqrt{\text{Var}(x) + \varepsilon}} \cdot \text{gamma} + \text{beta}$$

归一化的示例如下所示。

```
m = nn.BatchNorm2d(2, affine = False) # 设置归一化操作
input = autograd.Variable(torch.randn(2,2,3,3)) # 随机生成2个2通道的宽高为3*3的Tensor
print(m(input)) # 输出归一化结果
```

执行代码,运行结果如下:

```
tensor([[[[ 0.9198, -1.0043, -0.2238],
          [ -0.7218,  0.8496,  1.1721],
          [ -1.2521,  2.5403, -0.3116]],
         [[ -1.3303,  1.2310,  1.9056],
          [  0.5923, -0.3836, -0.7889],
          [  1.8322, -0.1569, -0.2850]]],
        [[[ -1.2255,  0.3213, -0.8269],
```

```
        [-0.8855, -0.3424,  0.6086],
         [ 1.1997, -0.5242, -0.2937]],
        [[-0.0546, -0.9435,  0.7395],
         [-0.4630, -0.1163, -0.4849],
         [ 0.6319,  0.1198, -2.0454]]])
```

4.4 任务实施：PyTorch 常见操作及函数的使用

4.4.1 任务书

为了更熟练地运用 PyTorch，本任务重点介绍 PyTorch 常见操作及函数的使用，主要包含以下内容：了解什么是张量；熟练使用与张量相关的函数；熟练使用与自动求导相关的函数。

4.4.2 任务分组

学生任务分配表					
班级		组号		指导老师	
组长		学号		成员数量	
组长任务				组长得分	
组员姓名	学号	任务分工			组员得分

4.4.3 获取信息

引导问题 1：自主学习，熟悉第三方库 PyTorch，掌握 PyTorch 的特点、常用的模块、基础结构等，并做好记录。

4.4.4 工作实施

引导问题 2：按照操作手册的步骤创建实验检测路径及文件。

步骤 1：在实验环境的桌面右击，选择"创建文件夹"命令，在弹出的窗口中输入文件夹名称"test4"。打开"test4"文件夹，会显示其路径为"/home/techuser/Desktop/test4"。

步骤 2：新建项目，再新建两个 Python 文件"topic1.py"和"topic2.py"分别编写两个步骤的代码，得到文件夹，如图 4-6 所示。

图 4-6 项目及文件的创建

引导问题 3：Tensor 实际上就是一个多维数组（Multi-dimensional Array），而 Tensor 的目的是能够创造更高维度的矩阵、向量。查阅资料，掌握 PyTorch 中张量的创建方法与常用的张量相关函数。

张量的创建方法（完成张量创建的代码）：

张量相关的函数：

函数格式	函数效果
torch.is_tensor(obj)	如果 obj 是一个 PyTorch 张量，则返回 True；反之返回 False
torch.is_storage(obj)	如果 obj 是一个 PyTorchstorage 对象，则返回 True
torch.numel(input)	返回 input 张量中的元素个数
torch.eye(n, m = None, out = None)	返回一个二维张量，对角线位置全 1，其他位置全 0
torch.from_NumPy(ndarray)	将 NumPy.ndarray 转换为 PyTorch 的 Tensor。返回的张量和 NumPy 的 ndarray 共享同一内存空间，修改一个会导致另外一个也被修改，返回的张量不能改变大小
torch.linspace(start, end, steps = 100, out = None)	返回一个一维张量，包含在区间 start 和 end 上均匀间隔的 steps 个点，输出张量的长度为 steps
torch.logspace(start, end, steps = 100, out = None)	返回一个一维张量，包含在区间 start 和 end 上以对数刻度均匀间隔的 steps 个点，输出一维张量的长度为 steps
torch.ones(*sizes, out = None)	返回一个全为 1 的张量，形状由可变参数 sizes 定义
torch.rand(*sizes, out = None)	返回一个张量，包含了从区间 [0, 1] 均匀分布中抽取的一组随机数，形状由可变参数 sizes 定义
torch.randn(*sizes, out = None)	返回一个张量，包含从标准正态分布（均值为 0、方差为 1，即高斯白噪声）中抽取一组随机数，形状由可变参数 sizes 定义

查阅资料并补充：

引导问题 4：autograd 这个类是一个计算导数的引擎（更精确地说是雅克比向量积）。它记录了梯度张量上所有操作的一个图，并创建了一个称为动态计算图的非循环图。这个图的叶子节点是输入张量，根节点是输出张量。梯度是通过跟踪从根到叶子的图形，并使用链式法则将每个梯度相乘来计算的。为了更好地掌握自动求导机制，需要掌握 autograd 的相关函数及用法并编写测试代码。

autograd 的常用函数及参数信息（仿照示例 1 添加）：

格式：torch.autograd.backward(tensors, grad_tensors = None, retain_graph = None, create_graph = False)。作用：用于自动求取梯度。

参数	说明
tensors	用于求导的张量
grad_tensors	多元的梯度权重，仅当 tensors 不是标量且需要求梯度的时候使用
retain_graph	如果为 False，则用于释放计算 grad 的图。请注意，在几乎所有情况下，没有必要将此选项设置为 True，通常可以以更有效的方式解决。默认值为 create_graph 的值
create_graph	如果为 True，则构造派生图，允许计算更高阶的派生产品。默认为 False

在程序中编写代码：

autograd 注意事项：
1. 梯度不自动清零。
2. 依赖于叶子结点的结点，requires_grad 默认为 True，简单来说，下层变量 requires_grad 设为 True 的话，用它来进行张量运算，requires_grad 的默认值也是 True。

4.4.5 评价与反馈

全面考核学生的专业能力和拓展能力，采用过程性评价和结果评价相结合，定性评价与定量评价相结合的考核方法。注重对学生的动手能力和在实践中分析问题、解决问题能力的考核，对在学习和应用上有创新的学生给予特别鼓励。小组总评成绩为"自评 + 互评 + 师评"按比例折算的成绩再加上附加分，自评、互评和师评所占比例可由教师根据具体情况自行拟定。

考核评价表

评价项目	评价内容	项目配分	自我评价	小组评价	教师评价
思政元素（10）	理解并清晰表述学习任务单中价值理念的意义	5			
	互评过程中，客观、公正地评价他人	5			
专业能力（45）	根据任务单，提前预习知识点、发现问题	5			
	分析张量的运算方法	5			
	编写代码实现张量的创建	10			
	编写 autograd 相关函数及其用法的测试代码	10			
	根据引导问题，检索、收集 PyTorch 的相关信息并深入分析	5			
	完成任务实施引导的学习内容	5			
	项目总结符合要求	5			
方法能力（25）	自主或寻求帮助来解决所发现的问题	5			
	能利用网络等查找有效信息	5			
	编写操作实现过程，厘清步骤思路	10			
	根据任务实施安排，制订学期学习计划和形式	5			
社会能力（15）	小组讨论中能认真倾听并积极提出较好的见解	5			
	配合小组成员完成任务实施引导的学习内容	5			
	参与成果展示汇报，仪态大方、表达清晰	5			
创新能力（5）	学习探究中能独立解决问题，提出特色做法	5			
各评价主体分值		100			
各评价主体分数小结		—			
总分 = 自我评价分数 ×_____% + 小组评价分数 ×_____% + 教师评价分数 ×_____%					
综合得分：				教师签名：	

项目总结

整体效果：效果好□　　效果一般□　　效果不好□
具体描述：

不足与改进：

4.5 任务实施：PyTorch 神经网络的搭建

4.5.1 任务书

人工神经网络（Artificial Neural Networks，ANNs）简称为神经网络（NNs）或称作连接模型（Connection Model），它是一种模仿动物神经网络行为特征，进行分布式并行信息处理的算法模型。这种网络依靠系统的复杂程度，通过调整内部大量节点之间相互连接的关系，从而达到处理信息的目的。

本任务初始化的神经网络模型为"卷积层→ReLU 层→池化层→全连接层→ReLU 层→全连接层"。本任务是要实现使用四种不同的方法构建神经网络并输出。

4.5.2 任务分组

学生任务分配表					
班级		组号		指导老师	
组长		学号		成员数量	
组长任务				组长得分	
组员姓名	学号		任务分工	组员得分	

4.5.3 获取信息

引导问题 1：神经网络是深度学习的核心知识，也是人工智能领域必不可少的学习环节。查阅资料，了解神经网络的起源、定义和理论基础。

神经网络的起源：

神经网络的定义：

神经网络的理论基础：

4.5.4 工作实施

引导问题 2：按照操作手册上的步骤创建实验检测路径及文件。

双击桌面上的"pycharm"启动图标，在桌面建立工程文件夹，命名为"test5"，要创建的 .py 文件就会保存在这个路径里面。接着在此文件夹下创建 Python 文件"Network.py"，代码编写在此文件中，该文件路径为"/home/techuser/Desktop/test5/Network.py"。

引导问题 3：查看相关资料，掌握创建神经网络的第一种方法。请详述并补充完整通用步骤，编写代码，记录出现的问题及解决的方法。

> 创建神经网络第一种方法的步骤如下（叙述方式参照步骤 1 和步骤 2）：
> 步骤 1：导入相关依赖包，如 torch 和 torch.nn.functional。
> 步骤 2：构建自定义神经网络时，需要继承 torch.nn.Module 类。定义 Net1 类并继承 torch.nn.Module。
>
>
>
>
> 出现的问题及解决方法：
>
>
>

引导问题 4：查看相关资料，掌握创建神经网络的第二种方法。基于创建神经网络的第一种方法，归纳第二种方法的核心步骤，并记录出现的问题及解决方法。

> 创建神经网络的第二种方法：
> 第二种方法同样是对 torch.nn.Module 类的继承，不过这种方法利用 torch.nn.Sequential( ) 容器进行快速搭建，模型的各层被顺序添加到容器中。缺点是每层的编号是默认的阿拉伯数字，不易区分。
> 核心步骤：
>
>
>
> 出现的问题及解决方法：
>
>
>

引导问题 5：查看相关资料，掌握创建神经网络的第三、第四种方法，完成核心步骤的代码编写，并记录出现的问题及解决方法。

创建神经网络的第三种方法：
第三种方法是对第二种方法的改进：通过 add_module( ) 添加每一层，并且为每一层增加了一个单独的名字，其他的方面与第二种方法一样。
核心代码：

创建神经网络的第四种方法：
第四种方法是第三种方法的另一种写法，通过字典的形式添加每一层，并且设置单独的层名称，使代码更具有可读性。
核心代码：

出现的问题及解决方法：

引导问题6：比较四种神经网络创建方法的异同，归纳优缺点，选择适合自己的一种创建方法。

比较四种神经网络创建方法的异同：

选择适合自己的一种创建方式：

4.5.5 评价与反馈

全面考核学生的专业能力和拓展能力，采用过程性评价和结果评价相结合，定性评价与定量评价相结合的考核方法。注重对学生的动手能力和在实践中分析问题、解决问题能力的考核，在对学习和应用上有创新的学生给予特别鼓励。小组总评成绩为"自评+互评+师评"按比例折算的成绩再加上附加分，自评、互评和师评所占比例可由教师根据具体情况自行拟定。

考核评价表

评价项目	评价内容	项目配分	自我评价	小组评价	教师评价
思政元素（10）	理解并清晰表述学习任务单中价值理念的意义	5			
	互评过程中，客观、公正地评价他人	5			
专业能力（45）	根据任务单，提前预习知识点、发现问题	5			
	分析 PyTorch 中的神经网络使用方法	5			
	根据引导问题，检索并收集神经网络相关资料，实践操作后总结经验	5			
	第一种搭建 PyTorch 神经网络的方法及代码编写	5			
	第二种搭建 PyTorch 神经网络的方法及代码编写	5			
	第三种搭建 PyTorch 神经网络的方法及代码编写	5			
	第四种搭建 PyTorch 神经网络的方法及代码编写	5			
	完成任务实施引导的学习内容	5			
	项目总结符合要求	5			
方法能力（25）	自主或寻求帮助来解决所发现的问题	5			
	能利用网络等查找有效信息	5			
	编写操作实现过程，厘清步骤思路	10			
	根据任务实施安排，制订学期学习计划和形式	5			
社会能力（15）	小组讨论中能认真倾听并积极提出较好的见解	5			
	配合小组成员完成任务实施引导的学习内容	5			
	参与成果展示汇报，仪态大方、表达清晰	5			
创新能力（5）	学习探究中能独立解决问题，提出特色做法	5			
各评价主体分值		100			
各评价主体分数小结		—			
总分 = 自我评价分数 × _____% + 小组评价分数 × _____% + 教师评价分数 × _____%					
综合得分：			教师签名：		

项目总结

整体效果：效果好□　　效果一般□　　效果不好□
具体描述：

不足与改进：

4.6 拓展案例：手写数字体识别

4.6.1 问题描述

MNIST 是机器学习领域中的一个经典问题。该问题是把 28×28 像素的灰度手写数字图片识别为相应的数字（其中，数字范围为 0~9）。

现要求根据 MNIST 数据集建立卷积神经网络。

4.6.2 思路描述

使用 Python + PyTorch 来处理 MNIST 数据集。

利用 PyTorch 来建立卷积神经网络对 MNIST 数据集进行深度分析。

先配置库，然后处理好数据，最后对 PyTorch 中的 nn.Module 类进行继承重载完成卷积神经网络的创建。

4.6.3 解决步骤

1. 配置库

```
import torch
from torch import nn,optim
from torch.autograd import Variable
from torch.utils.data import DataLoader
from torchvision import transforms
from torchvision import datasets
```

optim 是优化器模块，其中包括的具体优化算法可分为两大类：一大类方法是 SGD（Stochastic Gradient Descent）及其改进算法，SGD 根据一整个数据集随机一部分样本；另外一大类是逐参数适应学习率方法（Per-parameter Adaptive Learning Rate Method），包括 AdaGrad、RMSProp、Adam 等。

Variable 是对 tensor 的封装，用于放入计算图进行前向传播、反向传播和自动求导，是一个非常重要的基本对象。它包含三个重要属性：data、grad、creator。其中，data 表示 Tensor 本身；grad 表示传播方向的梯度；creator 是创建这个 Variable 的 Function 引用，该引用用于回溯整个创建链路。如果是用户创建的 Variable，则 creator 为 None，同时这种 Variable 被称为 Leaf Variable，autograd 只会给这种 Variable 分配梯度。

DataLoader 是 Dataset 的一个包装类，用来将数据包装为 Dataset 类。使用 DataLoader 这个类可以更加快捷地对数据进行操作。具体来说，就是将数据集包装成特定的格式，便于处理和引用。

torchvision.transforms 是 PyTorch 中的图像预处理模块，包含了很多对图像数据进行变换的函数，这些都是在进行图像数据读入步骤中必不可少的。

datasets 顾名思义，是一系列数据集，可以通过相应的命令加载诸如 MNIST 等的数据集。

2. 配置参数

```
torch.manual_seed(1)
batch_size = 128      #批处理大小
learning_rate = 1e-2
num_epocher = 10      #训练次数
```

torch.manual_seed()用于设置随机数，保证程序数字的可重复性，便于测试等。

batch_size是批处理大小（批尺寸），即每次处理的数据量。迭代次数 = 样本总数/批尺寸。在一定范围内，批尺寸越大，跑完一次全数据集（一个epoch）需要的迭代次数越少，处理数据速度也越快。但盲目增大会导致达到一定精度所需时间更大。

learning_rate为学习率。学习率越小，每次梯度下降的步伐就越小，要达到目标精度所需训练次数也就更多。但学习率过大会导致梯度下降不收敛，达不到学习的目的。

num_epocher是数据集训练次数，即跑几遍数据集。

3. 加载数据集

加载datasets中的MNIST手写数字数据集，可以加载本地下载好的。

格式：

MNIST(root, train = True, transform = None, target_transform = None, download = False)

参数说明：

root：下载数据集存放的文件夹路径。

train：如果为True，则指定为训练集；如果为False，则指定为测试集。

transform：指定对输入数据需要执行的预处理操作。

target_transform：指定对目标对象数据需要执行的预处理操作，比如对标签进行数据类型变换。

download：如果为True，则从互联网上下载数据集，并把数据集放在root目录下；如果数据集之前下载过，则将处理过的数据（minist.py中有相关函数）放在processed文件夹下。为 [0, 1.0] 的 Tensor，归一化能够提高梯度下降算法的收敛速度；download代表是否需要在线下载数据集，若本地没有则应为True。

加载测试集，测试集的参数设置与训练集的类似。DataLoader如前所说，用于包装数据，并提供对数据的快捷处理，其中shuffle参数为是否打乱顺序，训练集必须打乱数据的次序，防止过拟合。

```
# 实例化MNIST数据集对象
train_data = datasets.MNIST('./dataset', train = True, transform = transforms.ToTensor( ), download = True)
test_data = datasets.MNIST('./dataset', train = False, transform = transforms.ToTensor( ), download = True)
#'./dataset'是数据集存储的位置,相对于当前工程目录的路径,如果数据集已经存在则不会执行下载
train_loader = DataLoader(train_data, batch_size, shuffle = True)
# train_loader:以batch_size大小的样本组为单位的可迭代对象
test_loader = DataLoader(test_data)
```

4. 定义卷积网络结构模型

```
class Cnn(nn.Module):
    def __init__(self,in_dim,n_class):
        super(Cnn,self).__init__()
        self.conv = nn.Sequential(
            nn.Conv2d(in_dim,6,3,stride = 1,padding = 1), #28*28
            nn.ReLU(True),
            nn.MaxPool2d(2,2), #14*14,池化层减小尺寸
            nn.Conv2d(6,16,5,stride = 1,padding = 0), #10*10*16
            nn.ReLU(True),
            nn.MaxPool2d(2,2)    #5*5*16
        )
        self.fc = nn.Sequential(
            nn.Linear(400,120),#400 = 5*5*16
            nn.Linear(120,84),
            nn.Linear(84,n_class)
        )
    def forward(self,x):
        out = self.conv(x)
        out = out.view(out.size(0),400)
        out = self.fc(out)
        return out
model = Cnn(1,10)    #图片大小为28*28,10为数据种类
#输出模型
print(model)
```

nn.Module 是十分重要的类,包含网络各层的定义,以及 forword 函数的定义。自定义的网络结构模型都需要继承 Module 类。

super 类的作用是继承的时候调用含 super 的各个基类的__init__函数。如果不使用 super,就不会调用这些类的__init__函数,除非显式声明。而且使用 super 可以避免基类被重复调用。

这里使用 nn.sequential()容器来创建卷积神经网络模型。

nn.Conv2d 是卷积神经网络的卷积层函数,其默认格式为 nn.Conv2d(self, in_channels, out_channels, kernel_size, stride = 1, padding = 0, dilation = 1, groups = 1, bias = True)。

卷积层函数的参数含义详见表4-8。

表4-8 卷积层函数的参数表

参数	说明
in_channels	输入数据通道数,RGB 图片通道数为3,黑白图片的通道数为1。MNIST 数据集中是黑白图像,故此参数值为1
out_channels	输出数据通道数,也称为卷积核数量,和提取的特征数量相关,这里取6
kennel_size	步长,默认为1
padding	填充数量,为保持输出尺寸不变,这里取1

图像卷积后,图像的大小 N 的计算公式为

$$N = \frac{W + 2P - F}{\text{step}} + 1$$

式中，W 为输入图片大小，此处取 28；P 为填充的像素数（即 padding），此处取 1；F 为卷积核大小（即 kennel_size），此处取 3；step 为步长（即 stride），此处取 1。根据计算公式，$1 \times 28 \times 28$ 的输入经过卷积后，输出为 $6 \times 28 \times 28$（6 为输出通道数（即 out_channel）即深度）。

nn.ReLU()是激活函数，具有减少计算量、缓解过拟合的作用。ReLU()函数是分段线性函数，把所有的负值都变为 0，而正值不变，这种操作被称为单侧抑制。也就是说，在输入是负值的情况下，它会输出 0，那么神经元就不会被激活。这意味着同一时间只有部分神经元会被激活，从而使得网络稀疏，这对计算来说是非常有效率的。ReLU()函数的表达式如下所示，函数图像如图 4-7 所示。

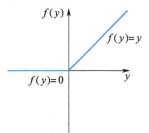

$$\text{ReLU}(x) = \begin{cases} x, & x > 0 \\ 0, & x \leq 0 \end{cases}$$

图 4-7 **ReLU( )函数图像**

nn.MaxPool2d 是卷积神经网络的池化层，具有降低采样、减少计算量的功能。这里采用的是最大池化层，卷积核大小为 2×2、步长为 2。池化层输出尺寸计算方法为

$$W = (W - F)/S + 1$$
$$H = (H - F)/S + 1$$

式中，W 为图像的宽；H 为图像的高；F 为卷积核的宽高；S 为步长。输出的图像通道数（深度）不变。

图像经过池化层后，尺寸为 $6 \times 14 \times 14$，可见减少了计量。常见的池化操作有最大池化和平均池化，如图 4-8 所示。其中最大池化输出局部区域中的最大值，平均池化输出局部区域中的平均值。

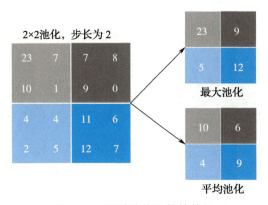

图 4-8 两种池化函数的效果

经过两次卷积和池化操作后，图片最终输出为 $16 \times 5 \times 5$ 的三维数组。紧接着利用全连接层（nn.liner）将三维结构的特征数据综合起来。全连接层的每一个结点都与上一层的所有结点相连，用来把前边提取到的特征综合起来。由于其全相连的特性，一般全连接层的参数也是最多的。

由于前面传递过来了共 $16 \times 5 \times 5$ 个节点，故其输入为400；由于手写数字需要分为10类，故最终输出节点数为10。

5. 模型训练和测试

```python
criterion = nn.CrossEntropyLoss()
optimizer = optim.SGD(model.parameters(), lr = learning_rate)

for epoch in range(num_epoch):
    running_acc = 0.0
    running_loss = 0.0
    for i, data in enumerate(train_loader, 1):    # train_loader:以 batch_size
                                                   # 大小的样本组为单位的可迭代对象
        img, label = data
        img = Variable(img)
        label = Variable(label)
        if isGPU:
            img = img.cuda()
            label = label.cuda()
        # forward
        out = model(img)    # 得到网络的输出
        loss = criterion(out, label)
        # backward
        optimizer.zero_grad()    # 梯度值归0
        loss.backward()
        optimizer.step()
        _, pred = torch.max(out, dim = 1)    # 按维度 dim 返回最大值及索引
        running_loss += loss.item() * label.size(0)
        current_num = (pred == label).sum()    # 每个 batch 预测正确的个数，
                                                # 类型为 Variable
        acc = (pred == label).float().mean()    # 每个 batch 预测正确率，类型为
                                                 # Variable
        running_acc += current_num.item()
        if i % 100 == 0:    # 每100 个 batch 输出一次结果
            print("epoch:{}/{}, loss:{:.6f}, running_acc:{:.6f}"
                .format(epoch + 1, num_epoch, loss.item(), acc.item()))
        # loss 是 Variable 类型,调用 item() 方法得到数值
    print("epoch:{}, loss:{:.6f}, accuracy:{:.6f}".format(epoch + 1, running_
        loss, running_acc / len(train_data)))
model.eval()    # 测试模式
current_num = 0
for i, data in enumerate(test_loader, 1):
    img, label = data
    if isGPU:
        img = img.cuda()
        label = label.cuda()
    with torch.no_grad():    # 测试的时候不需要计算梯度
        img = Variable(img)
        label = Variable(label)
```

```
    out = model(img)
    _, pred = torch.max(out, 1)
    current_num + = (pred == label).sum().item()
print("Test result: accuracy: {:.6f}".format(float(current_num/len(test_data))))
torch.save(model.state_dict(),'./cnn.pth') # 保存模型
```

执行代码，运行结果如下：

```
Test result: accuracy: 0.982500
```

4.6.4 案例总结

通过本案例了解了比较基础的卷积神经网络的建立方法。在 PyTorch 中卷积神经网络的建立依赖于 nn.Module 类的继承。对于建立卷积神经网络结构的方法来说，除了本文给出的一种方式，还有很多别的方式。

建立卷积神经网络，为下一步的模型训练打好了基础。

4.7 单元练习

判断下列说法的对错。

1. torch.mm 是做矩阵中元素相乘，torch.mul 是做矩阵乘法。　　　　　　　　（　　）
2. $x+y$ 不能使用 torch.sum(x, y)，而是应使用 torch.add(x, y)。　　　　（　　）
3. 只有相同环境下的变量才能一起运算，如果一个变量在 CPU 上，而另一个变量在 GPU 上，它们是不允许做任何运算的。　　　　　　　　　　　　　　　　　（　　）
4. 归一化的目的是减少内部协变量偏移问题，让输入数据的分布一致，比如都归一化到标准正态分布上。　　　　　　　　　　　　　　　　　　　　　　　　　　　（　　）
5. 全连接层的操作类似于传统的神经网络的操作。　　　　　　　　　　　　（　　）

单元 5
用 PyTorch 实现深度网络

5.1 学习情境描述

人工智能的目的在于更好地为人类服务，创造出更大价值，我们已经搭建了 PyTorch 神经网络，如何能够用 PyTorch 实现深度学习模型并将模型应用到生产生活中去提升我们的工作效率是本单元的学习重点。

5.2 任务陈述

PyTorch 实现深度网络具体学习任务见表 5-1。

表 5-1 学习任务单

学习任务单		
学习路线	课前	1. 参考课程资源，自主学习"5.3 知识准备" 2. 检索有效信息，探究"5.4 任务实施"
	课中	3. 遵从教师引导，学习新内容，解决发现的问题，分析模型 4. 小组交流完成任务，根据引导问题的顺序，逐步分析并梳理数据集的预处理和读取，以及手势识别项目，按要求完成用 PyTorch 实现深度学习模型的操作和模型评估
	课后	5. 录制小组汇报视频并上交 6. 项目总结 7. 客观、公正地完成考核评价 8. 阅读理解"5.5 拓展案例"
学习任务		1. 掌握 PyTorch 实现深度学习模型步骤 2. 理解数据集的预处理和读取 3. 理解模型定义的步骤 4. 掌握模型的评估与保存
学习建议		1. 不必纠结某个概念或公式的研究，侧重学习相关操作步骤，为后续的具体应用打下基础 2. 提前预习知识点，将有疑问的地方圈出，上课时解惑讨论 3. 小组合作完成任务实施引导的学习内容
价值理念		1. 推进文化自信自强，铸就社会主义文化新辉煌 2. 必须坚持系统性观念、前瞻性思考、全局性谋划、整体性推进 3. 人工智能与传统文化相结合，科技和文化相互融合、相互促进

5.3 知识准备

深度学习任务是复杂的,通过 PyTorch 可以方便地实现整个过程。PyTorch 内置了深度学习程序的共同部分,给使用者留出可调用的接口,同时保证了程序代码结构的逻辑完整性,使代码的可读性强且容易理解。

5.3.1 使用 PyTorch 实现深度学习模型的基本流程

1. 基本步骤

PyTorch 框架把深度学习中的三大核心任务"数据、模型和算法"分成了四个模块:第一个模块是数据处理模块,一般用于对数据集进行下载、预处理,并加载进加载器中;第二个模块是模型构建,常用于对神经网络模型进行创建,需要设计初始化方法及前向传播方法;第三个模块常用于定义优化方法,包括代价函数和优化器,PyTorch 官方提供了许多常见代价函数和优化方法;第四个模块为模型训练,通过反向传播机制更新网络模型参数,计算代价函数值并显示输出。

深度学习模型训练流程如图 5-1 所示。

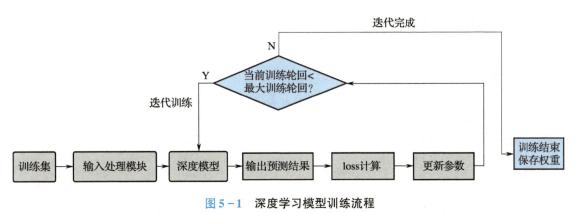

图 5-1 深度学习模型训练流程

深度学习模型训练的代码可以分成四步。

1)准备数据集,包括数据集的读取和数据集的预处理。代码中此处定义了两个张量,分别表示训练数据和对应的结果数据。

2)设计网络模型并定义网络结构,此处定义了一个逻辑回归模型,需要注意的是必须继承 torch.nn.Module 父类。

3)定义模型损失函数与优化器,代码采用了二分类交叉熵损失函数和随机梯度下降算法。

4)定义训练循环过程(包括前向传播、反向传播和更新网络参数)。

下面通过一个例子进行详细说明,对输入数据进行逻辑回归分析。设计逻辑回归模型,对其他数据进行预测。预测值表示通过的概率;输入数据 x_data 表示每日的学习时间;标签数据 y_data 表示是否通过,0 表示未通过,1 表示通过。

```python
import torch
import torch.nn.functional as F
#数据准备
x_data = torch.Tensor([[1.0],[2.0],[3.0]])
y_data = torch.Tensor([[0],[0],[1]])
#逻辑回归模型定义
class LogisticRegressionModel(torch.nn.Module):
    def __init__(self):
        super(LogisticRegressionModel, self).__init__()
        self.linear = torch.nn.Linear(1, 1)
    def forward(self, x):
        y_pred = torch.sigmoid(self.linear(x))
        return y_pred
model = LogisticRegressionModel()
#定义优化器和损失函数
criterion = torch.nn.BCELoss(reduction = 'sum')
optimizer = torch.optim.SGD(model.parameters(), lr = 0.01)
#模型训练
for epoch in range(1000):
    y_pred = model(x_data)
    loss = criterion(y_pred, y_data)
    print(epoch, loss.item())
    optimizer.zero_grad()
    loss.backward()
    optimizer.step()
#结果输出
print('w =',model.linear.weight.item())
print('b =',model.linear.bias.item())
x_test = torch.Tensor([[4.0]])
y_test = model(x_test)
print('y_pred =',y_test.data)
```

每个深度模型都离不开数据处理、模型构建、优化方法和模型训练这四步，要深入理解每一步具体内容。为了更好地观察结果，还可以将结果绘制成图表。

```python
import numpy as np
import matplotlib.pyplot as plt
x = np.linspace(0, 10, 200)
x_t = torch.Tensor(x).view((200, 1))
y_t = model(x_t)
y = y_t.data.numpy()
plt.plot(x, y)
plt.plot([0, 10], [0.5, 0.5], c = 'r')
plt.xlabel('Hours')
plt.ylabel('Probability of Pass')
plt.grid()
plt.show()
```

执行代码,运行结果如图 5-2 所示:

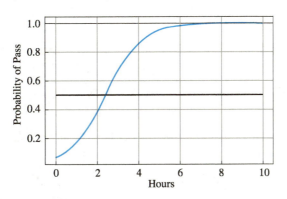

图 5-2　逻辑回归模型结果示意图

2. 第一个模块:数据处理

第一个模块为数据处理,即数据集的准备。实际应用中,深度学习处理的数据集多种多样,包括文本数据集、图像数据集、视频数据集、语音数据集等。不同类型数据的处理方式也是不同的。常用的数据预处理方法包含三种。

(1) 归一化　数据归一化又称最大值-最小值标准化,核心要义是将原始指标缩放到 0~1,其公式为 $EX=(x-\min)/(\max-\min)$。相当于对原变量做了一次线性变化。归一化对后续处理十分重要,因为很多默认参数(如 PCA-白化中的 epsilon)都假定数据已被缩放到合理区间。

(2) 逐样本均值消减　数据每一个维度的统计都服从相同分布,则称数据是平稳的。可以考虑在每个样本上减去数据的统计平均值(逐样本计算)。从本质上讲,均值消减就是去掉信号中的直流分量,相对放大携带更大信息量的交流成分。

在图像处理领域,通常关注的是图像的内容而非其照度。为了调整图像的亮度,归一化方法被广泛采用,这种方法通过移除每个数据点的像素均值来实现。这种操作对于灰度图像是合适的,因为灰度图像通常展现出平稳的特性。然而,对于彩色图像,这种方法并不适用,因为彩色图像的不同色彩通道中的像素并不都具有灰度图像那样的平稳特性。

(3) 特征标准化　特征标准化是使数据具有零均值和单位方差的过程。在深度学习中,特征标准化根据对象的不同,分为批标准化(Batch Normalization)、层标准化(Layer Normalization)、实例标准化(Instance Normalization)和组标准化(Group Normalization)四类,如图 5-3 所示。

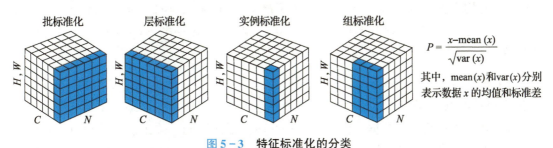

图 5-3　特征标准化的分类

3. 第二个模块：模型构建

不同学习问题选择的网络模型也不同。

（1）监督学习问题　常见的网络模型有深度神经网络、循环神经网络和卷积神经网络。

深度神经网络（DNN）：DNN 在本质上是全连接的前馈深度神经网络，应用性不是很强，主要应用场景是分类（Classification）任务，如数字识别等。

循环神经网络（RNN）：RNN 主要用于处理有序的问题，分析数据之间存在的前后依赖关系。RNN 具有"记忆"能力，可以"模拟"数据间的依赖关系。RNN 最著名的变形是 LSTM，它可以应用于语音分析、文字分析、时间序列分析。

卷积神经网络（CNN）：CNN 占据深度学习的半壁江山，CNN 的精髓是在多个空间位置上共享参数，模拟人的视觉系统。它主要适用于处理图片和视频等大部分格状结构化数据。

（2）无监督学习问题　常见的网络模型有自编码器和生成对抗网络。

自编码器（Auto-encoder）：它主要由两部分组成，即编码器（Encoder）和解码器（Decoder）。输入数据，通过编码器与解码器，得到重构的结果。自编码器的重点是低维的压缩表示，主要用于降维和去除噪声等领域。

生成对抗网络（GAN）：GAN 由两个网络组成，一个是生成网络，用于生成图片使其与训练数据相似，另一个是判别式网络，用于判别图片是训练数据还是伪装的数据。GAN 主要应用于图像领域，并慢慢地推广到语音、视频等领域。图 5-4 所示为使用 GAN 复制舞蹈。

图 5-4　使用生成对抗网络复制舞蹈

4. 第三个模块：代价函数和优化器

为了区分损失函数和代价函数，PyTorch 中常以 Loss 结尾表示代价函数。PyTorch 中常见的代价函数有均方差损失（MSELoss）、交叉熵损失（CrossEntropyLoss）、三元组损失（TripletLoss）等。优化器有随机梯度下降算法（SGD）、早停法（Early Stopping）、自适应梯度下降（Adagrad）等。

5. 第四个模块：模型训练与评估

模型训练和测试是深度学习和人工智能的核心步骤之一。模型训练是使用标记数据进行模型参数更新，能够预测新数据。模型测试是评估模型的性能，确定模型是否可以用于实际应用。通过充分的模型训练和测试，才能获得高质量的模型，并在实践中产生良好的结果。

5.3.2 数据集的预处理

数据预处理是深度学习中的重要步骤之一。其中，图像预处理操作是数据预处理中的重要组成部分，可以利用 Torchvision.transforms 实现，包括图像的裁剪、翻转、旋转、缩放等。

1. 图像大小的设置

利用 transforms.Resize( )函数，将输入图像变换为指定大小。

```
from torchvision import transforms
from PIL import Image
import matplotlib.pyplot as plt
img = Image.open('./img/cat.jpg')
resize = transforms.Resize((256,256))    #操作定义
resize_img = resize(img)          #利用__call__函数进行调用
#画图
plt.figure( )
plt.subplot(121)
plt.imshow(img)
plt.title('src')
plt.subplot(122)
plt.imshow(resize_img)
plt.title('Resize')
plt.show( )
```

执行代码，运行结果如图 5-5 所示。

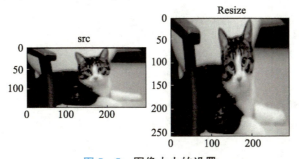

图 5-5 图像大小的设置

在 PyTorch 深度学习框架下，torchvision.transforms 的调用方法只需要在定义下载器时传入定义的数据处理方法，PyTorch 深度学习框架会自动执行操作。用 transforms.Compose( )方法对所有需要的预处理操作建立列表，在实例化 Dataset 类时加载预处理操作列表，利用 DataLoader 加载数据 Dataset 时会自动依次执行预处理操作。

```
def download_data(data_dir):
    MyTransform = transforms.Compose([
        transforms.ToTensor( ),
        transforms.Normalize((0.130,),(0.3081,))
        ])
    return MNIST(data_dir,train = True,download = True,transform = MyTransform)
```

2. 图像标准化

模型训练前都会对图像进行标准化处理。图像归一化处理是将特征值大小调整到相近的范围。图像不进行标准化处理时，如果特征值较大，梯度值也会较大，特征值较小，梯度值也会较小。模型反向传播时，梯度值更新与学习率一样，学习率较小，梯度值也较小，会导致更新缓慢；学习率较大，梯度值也较大，会导致模型不易收敛。为了确保模型训练收敛平稳，要对图像进行标准化操作，把不同维度的特征值调整到相近范围，采用统一的学习率加速模型训练。

格式：torchvision.transforms.Normalize(mean, std, inplace = False)。

用均值和标准差对张量进行标准化，此操作将标准化每个通道的输入张量，需要给定 n 通道的平均值（mean[1], …, mean[n]）和标准差（std[1], …, std[n]）。

参数说明：

mean：列表中每个值对应每个通道的平均值。

std：列表中每个值对应每个通道的标准差。

inplace：默认为 False，为 True 表示指定就地操作。

操作计算：output[channel] = (input[channel] − mean[channel]) / std[channel]。

transforms.Compose( ) 可以组合多个预处理操作。下面通过一个例子进行详细说明，将原图先转换为张量，然后使用 Normalize 标准化数据，最后利用 ToPILImage( ) 转换为 PIL 图像数据。

```
import torchvision.transforms as transforms
from PIL import Image
import numpy as np
img = Image.open('./img/lena.jpg')
img.show( )
transform = transforms.Compose([
    transforms.ToTensor( ),
    transforms.Normalize((0.5,0.5,0.5),(0.5,0.5,0.5)), #图像标准化
    transforms.ToPILImage( )
    ])
new_img = transform(img)
new_img.show( )
```

执行代码，运行效果如图 5-6 所示。

原图　　　　　　标准化后的图像

图 5-6　图像标准化前后效果

3. 数据集的读取

数据集的读取方式包括读 PyTorch 自带数据、ImageFolder 和 Dataset 等方式。

(1) 读 PyTorch 自带数据　torchvision.datasets 中包含了 MNIST、COCO、Imagenet-12、STL10、CIFAR10 和 CIFAR100 等数据集。加载 MNIST 数据集的方法在单元 4 中已介绍过，这里仅回顾一下其使用格式，详细的参数说明不再赘述。

格式：MNIST (root, train = True, transform = None, target_transform = None, download = False)。

(2) ImageFolder　torchvision.datasets.ImageFolder 是一个通用的图像数据加载器，要求所有相同类别的图片位于同一个文件夹下，并且不同类别的文件夹要在同一根目录下。train 根目录下的图片分类如图 5-7 所示。

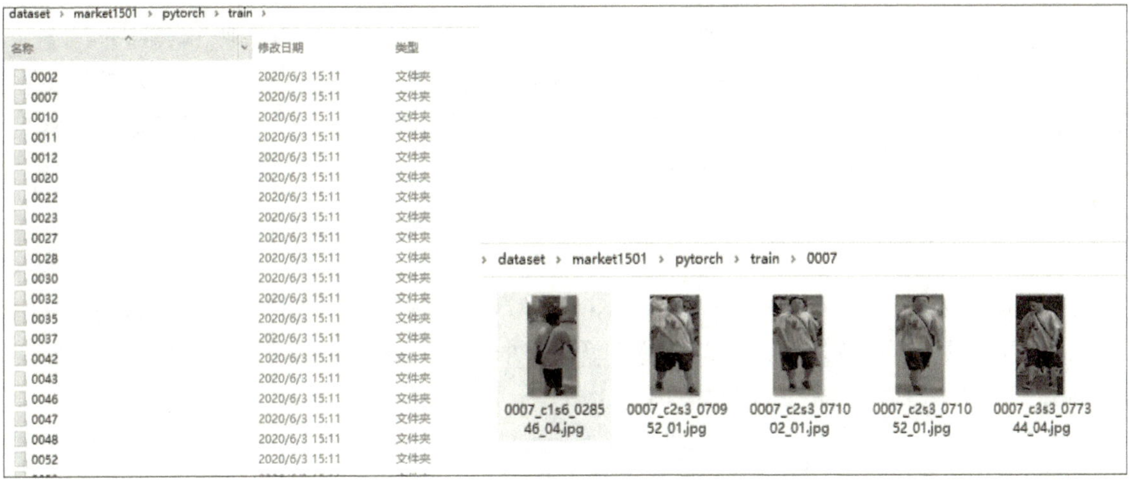

图 5-7　train 根目录下的图片分类

格式：ImageFolder（root = "rootfolderpath"，[transform，target_transform]）。

参数说明：

root：下载数据集所存放的文件夹路径。

transform：指定对输入数据需要执行的预处理操作。

target_transform：指定对目标对象数据需要执行的预处理操作。

返回值说明：

self.classes:用一个列表保存类别名称。

self.class_to_idx：保存(索引号,类别)形式的列表。

self.imgs:保存(img-path,类别)形式的列表。

(3) Dataset　torch.utils.data.Dataset 是自定义数据集方法的抽象类。通过继承这个抽象类，定义自己的数据类，定义__len__( )和__getitem__( )两个方法即可。虽然通过继承 torch.utils.data.Dataset 这个抽象类，可以定义自己的数据类，但很难实现批量多线程读取数据。PyTorch 提供了 torch.utils.data.DataLoader 类定义一个新的迭代器，用来将自定义的数据或者 PyTorch 自带的数据按照每批的数据量封装成 Tensor，后续再包装成 Variable 即可作为模型的输入。

读取数据集时，一般会用到 Python 抽象类的三个方法。

__iter__(self)：初始化数据集，设定数据集的参数，比如文件路径、数据转换方式等。

__getitem__(self,index)：定义获取容器中指定元素的行为，即允许类对象可以有索引操作。

__len__(self)：定义当被len()函数调用时的行为（返回容器中元素的个数）。

数据集加载DataLoader，组合数据集和采样器，在数据集上提供单进程或多进程迭代器。

格式：torch.utils.data.DataLoader(dataset, batch_size = 1, shuffle = False, sampler = None, num_workers = 0)。

参数说明：

dataset(Dataset)：加载数据的数据集。

batch_size(int, optional)：设置每个batch（批次）加载多少个样本，默认值为1。

shuffle(bool, optional)：设置为True时，会在每个epoch（轮次）重新打乱数据的顺序，默认值为False。

sampler(Sampler, optional)：定义从数据集中提取样本的策略，如果指定则忽略shuffle参数。

num_workers(int, optional)：表示用多少个子进程加载数据，默认值为0，表示数据将在主进程中加载。由于Windows和Linux操作系统的多线程机制不同，会产生报错提醒，常见的解决办法是添加if判断，如if __name__ == '__main__'。

5.3.3 模型定义

torchvision.models包中包含AlexNet、VGG、ResNet、SqueezeNet、DenseNet等常用的网络结构，并且提供了预训练模型，可以通过简单调用来读取网络结构和预训练模型。使用随机初始化的权重创建模型，并可以查看网络结构。

```
import torchvision.models as models
resnet18 = models.resnet18()
alexnet = models.alexnet()
squeezenet = models.squeezenet1_0()
densenet = models.densenet161()
print(resnet18)
```

执行代码，运行结果如图5-8所示，显示torchvision.models中包含resnet18部分网络结构。

```
ResNet(
  (conv1): Conv2d(3, 64, kernel_size=(7, 7), stride=(2, 2), padding=(3, 3), bias=False)
  (bn1): BatchNorm2d(64, eps=1e-05, momentum=0.1, affine=True, track_running_stats=True)
  (relu): ReLU(inplace=True)
  (maxpool): MaxPool2d(kernel_size=3, stride=2, padding=1, dilation=1, ceil_mode=False)
  (layer1): Sequential(
    (0): BasicBlock(
      (conv1): Conv2d(64, 64, kernel_size=(3, 3), stride=(1, 1), padding=(1, 1), bias=False)
      (bn1): BatchNorm2d(64, eps=1e-05, momentum=0.1, affine=True, track_running_stats=True)
      (relu): ReLU(inplace=True)
      (conv2): Conv2d(64, 64, kernel_size=(3, 3), stride=(1, 1), padding=(1, 1), bias=False)
      (bn2): BatchNorm2d(64, eps=1e-05, momentum=0.1, affine=True, track_running_stats=True)
    )
    (1): BasicBlock(
      (conv1): Conv2d(64, 64, kernel_size=(3, 3), stride=(1, 1), padding=(1, 1), bias=False)
      (bn1): BatchNorm2d(64, eps=1e-05, momentum=0.1, affine=True, track_running_stats=True)
      (relu): ReLU(inplace=True)
      (conv2): Conv2d(64, 64, kernel_size=(3, 3), stride=(1, 1), padding=(1, 1), bias=False)
      (bn2): BatchNorm2d(64, eps=1e-05, momentum=0.1, affine=True, track_running_stats=True)
    )
```

图5-8 models.resnet18部分网络结构

值得注意的是，models.resnet18()生成的残差神经网络是未经过训练的，随机初始化。也可以使用经过预训练的模型，需要增加 pretrained 参数，如 resnet18 = models.resnet18(pretrained = True)。

为了能应用更加丰富的场景，PyTorch 不但提供了许多经典网络模型，也支持自定义网络模型。自定义神经网络时，要继承 nn.Module 类，并重新实现构造方法 __init__() 和前向传播方法 forward()。构造方法常用于定义网络结构、各层参数及传入指定的参数等。前向传播方法是实现模型功能、连接各个网络结构的核心，可以像拼接积木一样搭建网络结构模型。下面是继承 nn.Module 父类实现自定义网络模型的例子。

```
import torch.nn as nn
class ConvNet(nn.Module):
    def __init__(self):
        super(ConvNet, self).__init__()
        self.conv1 = nn.Conv2d(1, 3, kernel_size = 3)
        self.fc = nn.Linear(192, 10)
    def forward(self, x):
        x = F.relu(F.max_pool2d(self.conv1(x), 3))
        x = x.view(-1, 192)
        x = self.fc(x)
returnF.log_softmax(x, dim = 1)
```

5.3.4 模型的优化与评估

1. 损失函数与优化算法

损失函数与优化算法在深度学习模型中具有举足轻重的作用。损失函数用来计算预测值与真实值之间的误差。优化算法帮助训练模型更加稳定、易收敛，帮助模型跳出局部极值或鞍点，寻找全局最小值。PyTorch 的 torch.nn 和 torch.optim 中提供了常见的损失函数与优化算法。

（1）损失函数　torch.nn 提供了许多常见的损失函数，见表 5-2。

表 5-2　常见的损失函数

函数	名称	说明
torch.nn.NLLLoss (weight = None, size_average = True, reduction = None)	负对数似然 损失函数	常用于多分类任务。weight 为手动指定的每个类别的权重，是一维张量，如果给定长度则必须为类别数。当训练集样本不均衡时，需要使用这个参数。size_average 指定是否取平均，在新版 PyTorch 中被 reduction ='mean'代替
torch.nn.CrossEntropyLoss (weight = None, size_average = True)	交叉熵 损失函数	训练多类分类器，衡量模型预测结果与实际结果之间的差距，交叉熵的值越小，模型预测效果越好。PyTorch 的交叉熵损失函数实际等价于 LogSoftmax + NLLLoss
torch.nn.L1Loss (size_average = True)	绝对误差 损失函数	计算 output 和 target 之差的绝对值。可选返回同维度的张量或者一个标量。size_average 为 False 时，求绝对值的和不会除以样本个数，为 True 时则会对绝对值和求平均
torch.nn.MSELoss (size_average = True)	均方误差 损失函数	计算 output 和 target 之差的平方。可选返回同维度的张量或者一个标量。size_average 为 False 时，返回的平方和将不除以样本个数，为 True 时则会对平方和求平均

(续)

函数	名称	说明
torch.nn.BCELoss (weight = None, size_average = True)	二进制交叉熵 损失函数	二分类任务时的交叉熵计算函数,用于计算 Auto-encoder 重构误差。默认情况输出结果会基于样本数平均,size_average 为 False 时,损失值会被累加
torch.nn.KLDivLoss (weight = None, size_average = True)	KL 散度损失函数	计算 input 和 target 之间的 KL 散度,描述两个分布的距离,用于在输出分布的空间上执行直接回归任务
nn.SmoothL1Loss (reduction = None)	平滑绝对 误差损失函数	计算平滑 L1 损失,对于异常点的敏感性不如 MSELoss,在某些情况下防止了梯度爆炸

下面通过一个案例,分析负对数似然损失函数和交叉熵损失函数的具体应用。

class torch.nn.NLLLoss2d(weight = None, size_average = True)表示负对数似然损失函数,示例操作代码如下所示。

```
torch.nn.NLLLoss(weight=None,size_average=True,reduction=None)
m = nn.Conv2d(16,32,(3,3)).float()
loss = nn.NLLLoss2d()
input = autograd.Variable(torch.randn(3,16,10,10))
target = autograd.Variable(torch.LongTensor(3,8,8).random_(0,4))
output = loss(m(input),target)
output.backward()
```

交叉熵损失函数的示例操作代码如下所示。

```
import torch
y = torch.LongTensor([0])
z = torch.Tensor([[0.2, 0.1, -0.1]])
criterion = torch.nn.CrossEntropyLoss()
loss = criterion(z, y)
print(loss)
```

(2)优化算法 torch.nn 也提供了许多常见的优化算法,见表 5-3。

表 5-3 常见的优化算法

函数	名称	说明
torch.optim.Optimizer (params, defaults)	优化器算法	梯度下降法是基础算法,即将所有的数据集都载入,计算它们所有的梯度,然后沿着梯度相反的方向更新权重
torch.optim.SGD (params, lr = , momentum = 0, dampening = 0, weight_decay = 0, nesterov = False)	随机梯度 下降算法	实现批量梯度下降,即用小批量样本梯度的均值更新可学习参数。每次从训练集中随机选择一个样本来进行学习
torch.optim.Adadelta (params, lr = 1.0, rho = 0.9, eps = 1e - 06, weight_decay = 0)	自适应 学习率算法	基于梯度下降算法,能够随时间跟踪平方梯度并自动适应每个参数的学习率

(续)

函数	名称	说明
torch.optim.Adagrad(params, lr=0.01, lr_decay=0, weight_decay=0)	自适应梯度算法	随着学习的进行，使学习率逐渐减小
torch.optim.Adam(params, lr=0.001, betas=(0.9, 0.999), eps=1e-08, weight_decay=0)	Adam优化器	随机梯度下降法的扩展算法，主要用于基于深度学习的计算机视觉和自然语言处理
torch.optim.Adamax(params, lr=0.002, betas=(0.9, 0.999), eps=1e-08, weight_decay=0)	Adamax优化器	对学习率的上限提供了简单的范围，是Adam的一种变体。在Adam中，单个权重的更新规则是将其梯度与当前和过去梯度的L2范数（标量）成反比例缩放
torch.optim.RMSprop(params, lr=0.01, alpha=0.99, eps=1e-08, weight_decay=0, momentum=0, centered=False)	RMSprop算法	是AdaGrad算法的一种改进，加了一个衰减系数来控制历史信息的影响
torch.optim.Rprop(params, lr=0.01, etas=(0.5, 1.2), step_sizes=(1e-06, 50))	弹性反向传播算法	具有收敛速度快、不容易陷入局部极小值、自适应能力强等特点
torch.optim.ASGD(params, lr=0.01, lambd=0.0001, alpha=0.75, t0=1000000.0, weight_decay=0)	平均随机梯度下降算法	在内存中为每一个样本都维护一个旧的梯度，随机选择第 i 个样本来更新此样本的梯度，其他样本的梯度保持不变，然后求得所有梯度的平均值，进而更新参数

2. 模型的评估

模型评估是对模型的泛化能力（性能）进行评估。通常模型的好坏不仅取决于算法和数据，还取决于任务需求，因此不同任务会对应不同的评价指标。比如在一场跑步比赛中，每位选手全程的用时就是评估指标，但是跳水比赛的评估指标不能与跑步比赛的评估指标相同。在深度学习中，训练集、验证集和测试集的划分非常重要，它们将影响模型的评估。训练学习好的模型，通过客观地评估模型性能，可以更好地应用决策。下面通过一个案例详细进行分析。

一个判断患者的深度学习模型，如果判断结果为阳性，表示此样本为患病者，如果结果为阴性，则样本为健康者。假定有200个患病者和200个健康者参与测试，测试结果见表5-4。

表5-4 患者结果测试表

	患病者	健康者	测试总数
测试结果为阳性	190	30	220
测试结果为阴性	10	170	180
真实总数	200	200	400

混淆矩阵是一个误差矩阵,常用来可视化地评估监督学习算法的性能,如图 5-9 所示。

混淆矩阵		真实值	
(Confusion Matrix)		正样本(Position)	负样本(Negative)
预测值	正样本(Position)	TP(True Position)	FP(False Position)
	负样本(Negative)	FN(False Negative)	TN(True Negative)

图 5-9 混淆矩阵

在本案例中,TP 表示预测为真阳性的患病者,有 190 人;FN 表示预测为假阴性的患病者,有 10 人;TN 表示预测为真阴性的健康者,有 170 人;FP 表示预测为假阳性的患病者,有 30 人。

(1) 模型的评估 深度学习中常用准确率、精确率、召回率和 F1 分数对模型进行评估。

准确率(Accuracy)是预测正确的结果占总样本的百分比。对于给定的测试数据集,准确率 = 分类模型中所有预测正确的样本数/总观测值的样本数。

精确率(Precision)是所有被预测为正样本中实际为正样本的概率,用于衡量检测系统的查准率。精确率 = 在模型预测正确为正样本的个数/模型预测为正样本的个数。

召回率(Recall)也称为灵敏度(Sensitivity),是正样本中被预测为正样本的概率,用于衡量检测系统的查全率。召回率 = 模型预测正确的正样本的个数/实际数据中正样本的个数。

F1 分数表示精确度和召回率之间的关系。

本案例的具体模型评估值:

Accuracy = (TP + TN)/(TP + TN + FP + FN) = 360/400 = 0.9

Precision = TP/(TP + FP) = 190/220 = 0.864

Recall = TP/(TP + FN) = 190/200 = 0.95

F1 分数 = (2 × Precision × Recall)/(Precision + Recall) = 1.64/1.81 = 0.905

(2) 模型评估可视化 为了更直观地看清模型评估结果,可对模型评估进行可视化。

ROC 曲线即接收者操作特性曲线,以假阳性率(FPR)为横坐标,以真阳性率(TPR)为纵坐标,根据分类结果计算得到 ROC 空间中相应的点,连接这些点形成 ROC 曲线。

AUC 为 ROC 曲线下的面积(ROC 的积分),通常大于 0.5 且小于 1。AUC 值越大的分类器,性能越好。随机挑选一个正样本及一个负样本,分类器判定正样本的值高于负样本的概率就是 AUC 值。

PR 曲线即精确率(P)召回率(R)曲线,其横坐标是精确率,纵坐标是召回率。它的评价标准和 ROC 曲线一样,先看平滑不平滑,当 P 和 R 的值接近时,F1 值最大。

3. 模型的保存与读取

模型的保存和加载,通过 torch.save() 和 torch.load() 函数实现。模型保存有以下两种方式。

(1) 保存和加载模型参数 这种方式的优点是速度快、占内存少。需要先定义一个实例化的模型对象,再加载模型参数。具体步骤如下:

1) 定义实例化模型,the_model = TheModelClass(*args, **kwargs)。

2）通过 torch.save( ) 函数实现保存模型，torch.save(the_model.state_dict( )，PATH)，其中 PATH 为保存的路径。

3）通过 torch.load( ) 函数实现加载模型，state_dict = torch.load(PATH)，返回一个 OrderedDict。

4）通过 load_state_dict( ) 函数将模型参数加载到实例化对象中 the_model.load_state_dict(state_dict)，其中 state_dict 是 Python 字典对象，它将模型的每一层映射到其参数张量中。

通过 torch.save( ) 和 torch.load( ) 函数实现模型的保存和加载，具体操作代码如下所示。

```
import torch
import torch.nn as nn
class neuralModel(nn.Module):
    def __init__(self,device):
        super(neuralModel,self).__init__( ) #初始化函数
        self.device = device
    def dump(self,filename):    #保存模型参数
        torch.save(self.state_dict( ),filename)
    def load(self,filename):
        state_dict = torch.load(open(filename,'rb'),map_location = self.device)
        self.load_state_dict(state_dict,strict = True)
```

（2）保存和加载整个模型　这种方式可以完整地保存图像信息，但会将序列化的数据绑定到特定的类和固定的目录结构，当在其他项目中使用时，许多函数会被重构而出现各种问题。

保存和加载模型仍然采用 torch.save( ) 和 torch.load( ) 函数，只是参数设置有所不同，具体操作代码如下所示。

```
torch.save(the_model,PATH)
the_model = torch.load(PATH)
```

综上，深度学习训练、测试的整个算法流程如图 5-10 所示。

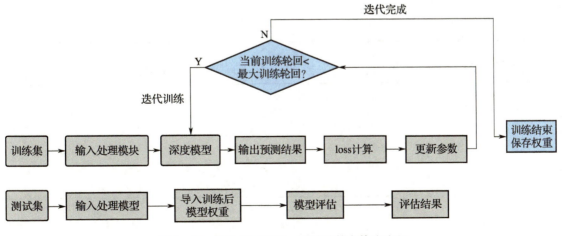

图 5-10　深度学习训练、测试的整个算法流程

5.4 任务实施：手势识别

5.4.1 任务书

使用 PyTorch 完成手势识别任务，主要包含：读取数据，并对数据进行处理；将数据分成训练集和测试集，并将它们都转化为 DataLoader；构建 CNN 网络；通过分类得到的训练集数据训练卷积神经网络模型；使用测试集数据测试模型，同时记录准确率，当准确率达到 0.975，则记录模型参数；继续训练，当准确率达到 0.983，则停止训练。

5.4.2 任务分组

学生任务分配表					
班级		组号		指导老师	
组长		学号		成员数量	
组长任务				组长得分	
组员姓名	学号	任务分工			组员得分

5.4.3 获取信息

引导问题1：自主学习，总结基于 PyTorch 环境完成深度学习任务的基本流程。

引导问题2：查阅相关资料，分析手势识别项目的背景，明确目标与意义。

5.4.4 工作实施

引导问题3：完成手势识别所需环境的搭建。

1）创建实验检测路径。在实验环境的桌面右击，选择"创建文件夹"命令，在弹出的窗口中输入文件夹名称"test"，如图 5-11 所示。

图 5-11　创建实验检测路径

2）创建实验检测文件。打开"test"文件夹，显示路径为"/home/techuser/Desktop/test"，在该路径下创建一个 Python 文件"test6.py"，如图 5-12 所示。

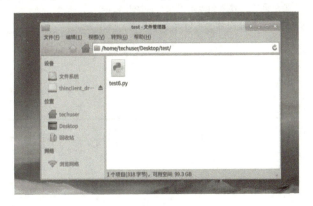

图 5-12　创建实验检测文件

引导问题 4：完成数据的下载和观察，分析手势识别数据集结构特点。

数据集下载地址为 https://www.kaggle.com/datamunge/sign-language-mnist，该网址是公网地址。下载后将该数据集放到"/home/techuser/Desktop/test/"路径下，如图 5-13 所示。

图 5-13　将数据集存放到指定位置

下载的手势识别数据集如图 5 - 14 所示。

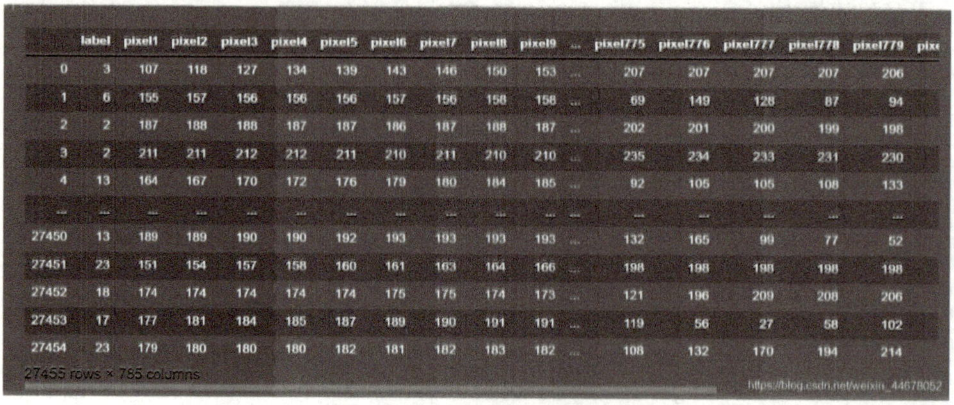

	label	pixel1	pixel2	pixel3	pixel4	pixel5	pixel6	pixel7	pixel8	pixel9	...	pixel775	pixel776	pixel777	pixel778	pixel779	pixe
0	3	107	118	127	134	139	143	146	150	153	...	207	207	207	207	206	
1	6	155	157	156	156	156	157	156	158	158	...	69	149	128	87	94	
2	2	187	188	188	187	187	186	187	188	187	...	202	201	200	199	198	
3	2	211	211	212	212	211	210	211	210	210	...	235	234	233	231	230	
4	13	164	167	170	172	176	179	180	184	185	...	92	105	105	108	133	
...	...	...	...	...	...	...	...	...	...	...	...	...	...	...	...	...	
27450	13	189	189	190	190	192	193	193	193	193	...	132	165	99	77	52	
27451	23	151	154	157	158	160	161	163	164	166	...	198	198	198	198	198	
27452	18	174	174	174	174	174	175	175	174	173	...	121	196	209	208	206	
27453	17	177	181	184	185	187	189	190	191	191	...	119	56	27	58	102	
27454	23	179	180	180	180	182	181	182	183	182	...	108	132	170	194	214	

27455 rows × 785 columns

https://blog.csdn.net/weixin_44678052

图 5 - 14　手势识别数据集

手势识别数据集结构特点：

1. 数据是 . csv 格式的，第一列是标签，其余列表示像素，即图片数据。

2. 图形大小为 28 ×28，与 MNIST 数据集图片大小一致。

引导问题 5： 查阅资料了解 sklearn 库的基本概念和特点。利用国内镜像源完成 sklearn 库的安装。

sklearn 库的特点：

sklearn 库的安装步骤：

步骤 1：打开终端。在桌面右击，选择"OpenTerminalHere"命令。

步骤 2：激活实验环境。输入命令"conda activate Course"。

步骤 3：通过 pip 命令安装 sklearn。pip 命令为"pip install sklearn - i https://pypi. tuna. tsinghua. edu. cn/simple"。

步骤 4：观察结果。

引导问题 6： 补充完整导入手势识别需要的第三方库，查阅资料并分析导入的第三方库的基本功能。

列出需要的第三方库：
import torch
import torch.optim
Import torch.nnasnn

第三方库的基本作用：
1. torch 包包含了多维张量的数据结构及基于其上的多种数学操作。另外，它也提供了多种工具，其中一些可以有效地对张量和任意类型进行序列化。
2. torch.optim 是一个实现了各种优化算法的库。支持大部分常用的方法，并且接口具备足够的通用性，这使其未来能够集成更加复杂的方法。
3.

引导问题 7：从 .csv 文件中加载数据集到程序中，列出相应的步骤并完成代码编写，记录代码编写中出现的问题及解决方法。

加载数据集的步骤：
步骤 1：通过 pandas 读取 .csv 文件。
步骤 2：将训练数据中的 label 赋予 y。
步骤 3：将训练数据中除去 label 中的数据归一化后赋予 x。
步骤 4：将数据按照比例分为训练数据和测试数据。
步骤 5：转换成 Longtensor，交叉熵损失函数的 label 需要 long 型数据。
步骤 6：利用 TensorDataset( ) 函数将 Tensor 数据变成 TensorDataset 数据，也就是将数据变成 PyTorch 可以分批次加载的数据。

代码：

出现的问题及解决方法：

引导问题 8：根据模型结构说明，完成神经网络模型的构建和实例化，记录代码编写中出现的问题及解决方法。

模型结构说明：

整体：模型整体分为五层，每一层利用 nn.Sequential 进行组合。

第一层：卷积操作（输入通道为1，输出通道为16，3×3的卷积核，步长为1，填充1层）、归一化处理、ReLU 激活。

第二层：卷积操作（输入通道为16，输出通道为32，3×3的卷积核，步长为1，填充1层）、归一化处理、ReLU 激活、最大池化（2×2的池化核，步长为2）。

第三层：卷积操作（输入通道为32，输出通道为64，3×3的卷积核，步长为1，填充1层）、归一化处理、ReLU 激活、最大池化（2×2的池化核，步长为2）。

第四层：卷积操作（输入通道为64，输出通道为128，3×3的卷积核，步长为1，填充1层）、归一化处理、ReLU 激活。

第五层：全连接层，线性变换（输入维度7×7×128，输出维度1024）、ReLU 激活、线性变换（输入维度1024，输出维度100）、ReLU 激活、线性变换（输入维度100，输出维度26）

代码：

出现的问题及解决方法：

引导问题9：选择手势识别的损失函数和优化器，设置学习率等参数，完成代码编写。

损失函数选择：

优化器选择：

引导问题10：使用训练数据训练神经网络模型，使用测试数据测试模型。根据准确率对模型进行评估，当准确率达到0.975，记录模型参数；继续训练，当准确率达到0.983，停止训练。记录模型训练和测试的步骤，完成代码的编写，记录出现的问题及解决方法。

代码：

出现的问题及解决方法：

引导问题11：开始运行，运行后该路径下会生成一个"abcd.pth"文件，如图5-15所示，它是用来存储模型各种参数的。运行大概需要5min，请耐心等待。

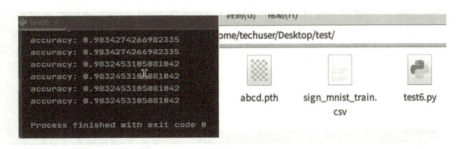

图 5-15　运行结果

5.4.5　评价与反馈

全面考核学生的专业能力和拓展能力，采用过程性评价和结果评价相结合，定性评价与定量评价相结合的考核方法。注重对学生动手能力和在实践中分析问题、解决问题能力的考核，对在学习和应用上有创新的学生给予特别鼓励。小组总评成绩为"自评+互评+师评"按比例折算的成绩再加上附加分，自评、互评和师评所占比例可由教师根据具体情况自行拟定。

考核评价表					
评价项目	评价内容	项目配分	自我评价	小组评价	教师评价
思政元素（10）	理解并清晰表述学习任务单中价值理念的意义	5			
	互评过程中，客观、公正地评价他人	5			
专业能力（50）	根据任务单，提前预习知识点、发现问题	5			
	PyTorch实现深度学习模型的步骤	5			
	根据引导问题，检索并收集手势识别项目的目标等	5			
	读取数据并进行预处理	5			
	数据分类加载为训练集和测试集	5			
	构建卷积神经网络（CNN）	5			
	利用训练集数据训练卷积神经网络模型	5			
	使用测试集数据测试模型，完成模型优化与评估	5			
	完成任务实施引导的学习内容	5			
	项目总结符合要求	5			
方法能力（20）	自主或寻求帮助来解决所发现的问题	5			
	能利用网络等查找有效信息	5			
	编写操作实现过程，厘清步骤思路	5			
	根据任务实施安排，制订学期学习计划和形式	5			
社会能力（15）	小组讨论中能认真倾听并积极提出较好的见解	5			
	配合小组成员完成任务实施引导的学习内容	5			
	参与成果展示汇报，仪态大方、表达清晰	5			
创新能力（5）	学习探究中能独立解决问题，提出特色做法	5			

(续)

考核评价表					
评价项目	评价内容	项目配分	自我评价	小组评价	教师评价
各评价主体分值		100			
各评价主体分数小结		—			
总分 = 自我评价分数 × _____% + 小组评价分数 × _____% + 教师评价分数 × _____%					
综合得分：			教师签名：		

项目总结
整体效果：效果好□　　效果一般□　　效果不好□ 具体描述：   不足与改进：

5.5　拓展案例：书法字体识别

5.5.1　问题描述

书法是中华民族的瑰宝，是丰富灿烂的中国文化的一个重要组成部分，同时也是世界文化艺术宝库的一朵奇葩。在中国文明史上，书法是最为独特的一种艺术形式，它充分体现了中华文明的博大精深，也最能体现中国文人的精神境界。书法字体的演变顺序是甲骨文、金文、大篆、小篆、隶书、草书、楷书、行书。书法字体作为一种特殊的手写体，由于存在不同字体风格，以及不同人所写书法存在个体差异，书法字体识别具有极大的挑战。手写汉字书法字体识别的研究，不仅为智能字符识别提供了一种新的解决方案，而且对于弘扬中华传统文化，为广大书法爱好者学习、欣赏和传承书法艺术提供极大的帮助，具有重要的理论价值和社会意义。

基本目标：本拓展案例致力于编写卷积神经网络，实现对行楷和隶书两种字体的风格识别。

进阶目标：能够采集各类书法数据图片，完成预处理任务；构建神经网络模型，根据自己掌握的神经网络模型进行尝试；模型训练并测试，输出模型的识别率；对于书法图片数据进行预测。

5.5.2 实际应用

书法艺术作为中国文化的重要组成部分，受到越来越多人的关注。书法字体识别技术则是将传统文化与现代科技相结合的一种尝试，为从事书法研究的人员提供了数字化服务。

1）为设计师提供字体识别和搜索的服务，帮助他们找到合适的字体或可参考的书法作品。

2）为书法爱好者提供学习和鉴赏平台，帮助他们识别书法作品中的字体风格和字形，提高他们的书法水平和审美能力。

3）为书法研究者提供数据分析和辅助工具，帮助他们对书法作品进行风格分类和内容解读，促进其学术研究和创新。

4）帮助考古人员快速识别古代遗物上的书法字体，了解其历史背景和文化内涵，帮助考古人员恢复和重建古代书法作品，保护和传承中华文化遗产。

5.5.3 解决步骤

1. 导入包

```python
import torch    #核心库
import torchvision    #核心库
import torch.nn as nn    #神经网络模块
import torch.optim as optim    #优化器
import torch.nn.functional as F    #神经网络相关函数,ReLU、Tanh、Sigmoid
from torchvision.datasets import ImageFolder    #数据准备
from torch.utils.data import DataLoader    #数据加载
from torchvision import transforms    #数据预处理
import os
import numpy as np
from PIL import Image
import matplotlib.pyplot as plt    #画图
```

2. 数据加载及预处理

```python
#定义超参数
batch_size = 64
device = torch.device("cuda" if torch.cuda.is_available() else "cpu")
transform = transforms.Compose([
    transforms.Resize(128),
    transforms.RandomHorizontalFlip(p=0.5),
    transforms.ToTensor(),
    transforms.Normalize(mean=[0.5, 0.5, 0.5], std=[0.5, 0.5, 0.5]),
])
#设置类别名称和对应的索引
class_names = ['隶书', '行楷']
class_to_idx = {class_name: i for i, class_name in enumerate(class_names)}
#加载数据集,使用 ImageFolder 找到文件夹中的类别,并使用 transform 变换数据预处理
```

```
train_dataset = ImageFolder('./ChineseStyle/train', transform = transform)
test_dataset = ImageFolder('./ChineseStyle/test', transform = transform)
train_dataset.class_to_idx = class_to_idx   # 设置 class_to_idx 映射
test_dataset.class_to_idx = class_to_idx    # 设置 class_to_idx 映射
# 定义数据加载器 – 每次从数据集中加载指定的批次数目(batch_size)
train_loader = DataLoader(train_dataset, batch_size = batch_size, shuffle = True)
test_loader = DataLoader(test_dataset, batch_size = batch_size, shuffle = False)
```

3. 构建卷积神经网络

```
class CNN(nn.Module):
    def __init__(self, num_classes):
        super(CNN, self).__init__()
        self.conv1 = nn.Sequential(
            nn.Conv2d(3, 32, kernel_size = 3, stride = 1, padding = 1),
            nn.ReLU(inplace = True),
            nn.MaxPool2d(kernel_size = 2, stride = 2),
        )
        self.conv2 = nn.Sequential(
            nn.Conv2d(32, 64, kernel_size = 3, stride = 1, padding = 1),
            nn.ReLU(inplace = True),
            nn.MaxPool2d(kernel_size = 2, stride = 2),
        )
        self.conv3 = nn.Sequential(
            nn.Conv2d(64, 128, kernel_size = 3, stride = 1, padding = 1),
            nn.ReLU(inplace = True),
            nn.MaxPool2d(kernel_size = 2, stride = 2),
        )
        self.classifier = nn.Sequential(
            nn.Linear(128 * 16 * 16, 512),   # 修改线性层的输入大小
            nn.ReLU(inplace = True),
            nn.Linear(512, 256),
            nn.Linear(256, num_classes),
        )
    def forward(self, x):
        x = self.conv1(x)
        x = self.conv2(x)
        x = self.conv3(x)
        x = x.view(x.size(0), 128 * 16 * 16)   # 修改维度
        x = self.classifier(x)
        return x
CNN = CNN(num_classes = 2)
```

上述代码是自己构建卷积神经网络，使用了三组"卷积+激活+池化"构建神经网络的层结构，再通过全连接层作为分类器。除此以外，还可以使用 torchvision 中经过预训练的深度模型来代替自己构建的卷积神经网络，如下展示了 VGG19 模型的代码。

```
vgg19 = torchvision.models.vgg19(pretrained = True)
```

4. 初始化模型、损失函数和优化器

```
# 初始化模型、损失函数和优化器
num_epochs = 10
learning_rate = 0.001
model = CNN.to(device)    # 若使用 VGG19 则改为 model = vgg.to(device)
criterion = nn.CrossEntropyLoss( )
optimizer = optim.Adam(model.parameters( ), lr = learning_rate)
```

5. 模型训练与测试

```
# 模型训练
for epoch in range(num_epochs):
    model.train( ) # 设置模型为训练模式 0.001
    for i, (images, labels) in enumerate(train_loader):
        images = images.to(device)
        labels = labels.to(device)
        # 正向传播 – 计算模型预测输出和损失
        outputs = model(images)
        loss = criterion(outputs, labels)
        # 反向传播 – 计算梯度并更新参数
        optimizer.zero_grad( )
        loss.backward( )
        optimizer.step( )
        # 输出训练过程中的损失
        if i % 25 = = 0:
            print('epoch [{}/{}], Step [{}/{}], Loss: {:.4f}'.format(epoch + 1,
                num_epochs,i + 1,len(train_loader),loss.item( )))

# 模型测试
with torch.no_grad( ):
    total_correct = 0
    total_samples = 0
    model.eval( ) # 设置模型为评估模式
    for images, labels in test_loader:
        images = images.to(device)
        labels = labels.to(device)
        # 计算前向输出
        outputs = model(images)
        _, predicted = torch.max(outputs, 1)
        # 统计准确率
        total_samples + = labels.size(0)
        total_correct + = (predicted = = labels).sum( ).item( )
    # 输出测试结果
    accuracy = total_correct /total_samples
    print('Accuracy of the network on the {} test images: {:.2%}'.format(to-
        tal_samples, accuracy))
```

经过 10 轮训练，自构建卷积神经网络模型的识别率可达 99.29%，结果如图 5-16 所示。

```
Epoch [10/10], Step [1/125], Loss: 0.0000
Epoch [10/10], Step [26/125], Loss: 0.0230
Epoch [10/10], Step [51/125], Loss: 0.0003
Epoch [10/10], Step [76/125], Loss: 0.0013
Epoch [10/10], Step [101/125], Loss: 0.0003
Accuracy of the network on the 5526 test images: 99.29%
```

图 5-16　自构建卷积神经网络模型的识别率

经过 10 轮训练，VGG19 模型在这个案例中的识别率可以达到 99.33%，结果如图 5-17 所示。

```
Epoch [10/10], Step [1/125], Loss: 0.0009
Epoch [10/10], Step [26/125], Loss: 0.0040
Epoch [10/10], Step [51/125], Loss: 0.0086
Epoch [10/10], Step [76/125], Loss: 0.0077
Epoch [10/10], Step [101/125], Loss: 0.0141
Accuracy of the network on the 5526 test images: 99.33%
```

图 5-17　VGG19 模型的识别率

从结果上来看，本次二分类任务仅经过 10 轮训练，两种模型的识别率没有特别大的区别。

6. 模型预测

```
image = Image.open('./ChineseStyle/test/lishu/lishu_1881.jpg')
transform_pred = transforms.Compose([
    transforms.Resize(128),
    transforms.ToTensor(),
    transforms.Normalize(mean =[0.5,0.5,0.5], std =[0.5,0.5,0.5]),
])
image = transform_pred(image)
plt.imshow(image.permute(1,2,0))
plt.show()
# 将图像升维,增加 batch_size 维度
img = torch.unsqueeze(image, dim =0)
# 获取预测结果
pred = class_names[model(img).argmax(axis =1).item()]
print('【预测结果分类】:% s'% pred)
```

以隶书中的一张图作为待预测的图片，卷积神经网络模型和 VGG 模型的预测结果一致，如图 5-18 所示，预测结果与真实值一致，都为隶书。

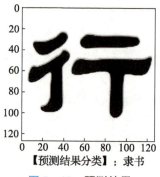

图 5-18　预测结果

5.5.4 案例总结

在本案例中，使用卷积神经网络和 VGG 模型成功完成了隶书和行楷两种字体的识别任务，并实现了识别率达到 99.29%。本案例只使用了隶书与行楷两种字体，读者可以探索更多的书法字体数据集，并对其进行标注和清洗，以提高模型的泛化能力和准确率。本案例仍有许多挑战和发展空间，在模型进一步优化与改进过程中，可以尝试采用其他更深层、更复杂的神经网络模型，或者结合其他深度学习技术，如注意力机制、迁移学习等。

5.6 单元练习

判断下列说法的对错。

1. PyTorch 的数据加载器有两种，分别是 torch.utils.Dataset 和 torchvision.datasets.ImageFolder，其中 torchvision.datasets.ImageFolder 对数据集文件夹分布有要求，而 torch.utils.Dataset 没有。（　　）

2. 用 PyTorch 实现深度学习有四步：输入处理模块、模型构建模块、定义代价函数和优化器模块、构建训练过程。（　　）

3. 采样器 torch.utils.dataloader 是对加载器 torch.utils.Dataset 和 torchvision.datasets.ImageFolder 的再次封装，torch.utils.dataloader 定义采样的策略、采样样本的数量等信息。（　　）

4. transforms.ToTensor( ) 是深度学习图像处理必不可少的预处理方式，它是将 PIL 图像转为张量，从而让计算机进行图像张量的计算。（　　）

5. 数据集的预处理是非常重要的一个环节，它有数据增强、提高精度、加速模型学习等作用。（　　）

6. state_dict 表示参数权重字典，在进行测试阶段时，必须使用 model.eval( ) 将模型设置为测试阶段。（　　）

单元 6
基于 CNN 的服装图像分类

6.1 学习情境描述

经过前面的学习,我们已经具备了一定的深度学习知识基础及 PyTorch 编程基础。为了进一步提高应用能力,从本单元开始将进入实战训练环节,在实践中检验已学过的知识,做到知识的迁移使用。此外,掌握实战中遇到的新知识,直观了解新知识的具体用法,提高实操能力。本单元将基于卷积神经网络(CNN)对服装图像进行分类,掌握深度学习的具体应用过程,以提高对深度学习的理解。

6.2 任务陈述

理论与实践相结合,本单元学习任务见表 6-1。

表 6-1 学习任务单

学习任务单		
学习路线	课前	1. 参考课程资源,自主学习"6.3 知识准备" 2. 检索有效信息,探究"6.4 任务实施"
	课中	3. 遵从教师引导,学习新内容,解决发现的问题,分析 CNN 的结构原理和改进方法,以个人形式完成基于 CNN 的图像分类实战应用 4. 小组交流完成任务,根据引导问题的顺序,逐步分析并梳理 Fashion-MNIST 数据集内容,以小组形式完成 CNN 的 Fashion-MNIST 分类实战
	课后	5. 录制小组汇报视频并上交 6. 项目总结 7. 客观、公正地完成考核评价 8. 阅读理解"6.5 拓展案例"
学习任务		1. 理解 CNN 的结构原理 2. 了解 CNN 的改进方法 3. 理解 Fashion-MNIST 数据集的概念和应用 4. 掌握基于 CNN 的图像分类实战应用
学习建议		1. 不要求完全掌握代码底层逻辑实现,注重代码的具体应用及实际效果 2. 提前预习知识点,将有疑问的地方圈出,上课时解惑讨论 3. 搜索招聘网站,分析企业对深度学习工程师在深度学习框架方面的要求 4. 小组合作完成任务实施引导的学习内容

(续)

学习任务单	
价值理念	1. 拓展眼界，深刻洞察发展进步潮流 2. 培养高端化、智能化、绿色化发展意识 3. 加强理想信念教育，传承中华文明，促进物的全面丰富和人的全面发展

6.3 知识准备

卷积神经网络（CNN）是目前深度学习技术领域中非常具有代表性的神经网络之一，在图像分析和处理领域取得了众多突破性的进展。在学术界常用的标准图像标注集 ImageNet 上，基于卷积神经网络取得了很多成就，包括图像特征提取分类、场景识别等。卷积神经网络相较于传统的图像处理算法的优势之一在于避免了对图像进行复杂的前期预处理过程，尤其是人工参与图像预处理过程，卷积神经网络可以直接输入原始图像进行一系列工作。现在，CNN 已经广泛应用于各类图像相关的应用中。

6.3.1 CNN 概述

1. CNN 的结构

1962 年，生物学家 Hubel 和 Wiesel 通过对猫脑视皮层的研究，发现在视皮层中存在一系列复杂构造的细胞，这些细胞对视觉输入空间的局部区域很敏感，被称为"感受野"。感受野以某种方式覆盖整个视觉域，它在输入空间中起局部作用，因而能够更好地挖掘出存在于自然图像中强烈的局部空间相关性。感受野的细胞分为简单细胞和复杂细胞两种类型。

1980 年，Fukushima 根据 Hubel 和 Wiesel 的层级模型提出了结构与之类似的神经认知机（Neocognitron）。神经认知机由简单细胞层（S 层）和复杂细胞层（C 层）交替组成。其中，S 层与 Hubel-Wiesel 层级模型中的简单细胞层或者低阶超复杂细胞层相对应，C 层对应于复杂细胞层或者高阶超复杂细胞层。

随后，LeCun 等人基于 Fukushima 的研究使用 BP 算法设计并训练了 CNN（该模型称为 LeNet-5），如图 6-1 所示。从图中可以发现，LeNet-5 模型同样具有简单细胞层（S）层和复杂细胞层（C）层交替组成的结构，最后通过全连接层（F）层进行组合。LeNet-5 模型是经典的 CNN 结构，后续有许多研究基于此进行改进，它在一些模式识别领域中取得了良好的分类效果。

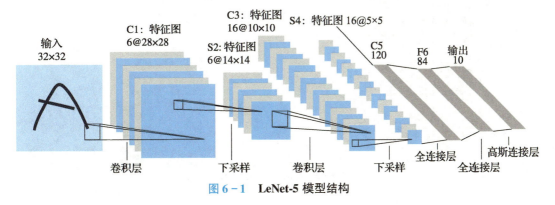

图 6-1 LeNet-5 模型结构

（1）卷积层　卷积层的神经元被组织到各层网络中，每个神经元通过一组权值被连接到上一层特征面的局部区域，即卷积层中的神经元与其输入层中的特征面进行局部连接。然后，将该局部加权和传递给一个非线性函数（如 ReLU( )函数）即可获得卷积层中每个神经元的输出值。卷积计算中的第一次和第二次加权平均和如图 6-2 所示。

在传统的 CNN 中，激励函数一般使用饱和非线性函数，如 Sigmoid( )函数、Tanh( )函数等。相较于饱和非线性函数，不饱和非线性函数能够解决梯度爆炸/梯度消失问题，同时，也能够加快收敛速度。因此，在目前的 CNN 中常用不饱和非线性函数作为卷积层的激励函数，如 ReLU( )函数。

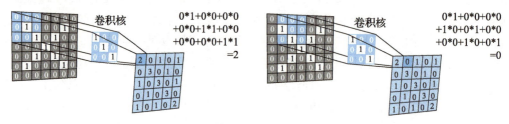

图 6-2　第一次与第二次卷积过程

CNN 的最大特点在于局部连接和权值共享。在同一个输入特征面和同一个输出特征面中，CNN 的权值共享如图 6-3 所示。

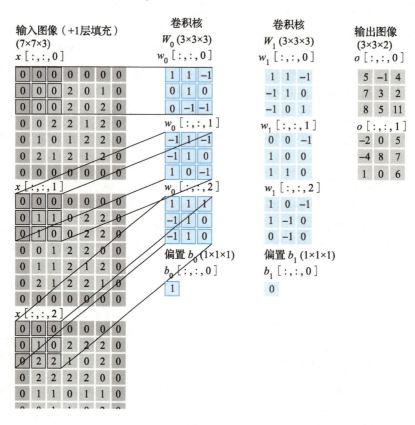

图 6-3　卷积层的权值共享

(2) 池化层　池化层紧跟在卷积层之后,卷积层是池化层的输入层。池化层由多组池化核得到多个特征面,它的每一个特征面唯一对应于其上一层的一个特征面,不会改变特征面的个数。池化层的神经元也与其输入层的局部接收域相连,不同神经元局部接收域不重叠。

池化层旨在通过降低特征面的分辨率来获得具有空间不变性的特征。池化层起到二次提取特征的作用,它的每个神经元对局部接收域进行池化操作。池化层在上一层滑动的窗口也称为池化核。事实上,CNN 中的卷积核与池化核相当于 Hubel-Wiesel 模型中感受野在工程上的实现,卷积层用来模拟 Hubel-Wiesel 理论的简单细胞,池化层模拟该理论的复杂细胞。

常用的池化方法有最大池化、均值池化、随机池化。其中,最大池化适用于分离非常稀疏的特征,而且,最大池化比均值池化能够获得一个更好的分类性能,因而,使用局部区域内所有的采样点去执行池化操作也许不是最佳选择。

随机池化方法是对局部接收域采样点按照其值大小赋予概率值,再根据概率值大小随机选择,该池化方法确保了特征面中不是最大激励的神经元也能够被利用到。随机池化具有最大池化的优点,同时由于随机性它能够避免过拟合。此外,还有混合池化、空间金字塔池化、频谱池化等池化方法。

最大池化、均值池化、随机池化的计算过程如图 6-4 所示。

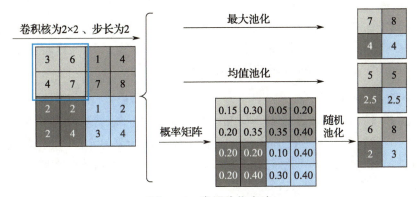

图 6-4　常见池化方法

(3) 全连接层　在 CNN 结构中,经过多个卷积层和池化层后,连接着 1 个或 1 个以上的全连接层,如图 6-5 所示。与 MLP 类似,全连接层中的每个神经元与其前一层的所有神经元进行连接。全连接层可以整合卷积层或者池化层中具有类别区分性的局部信息。

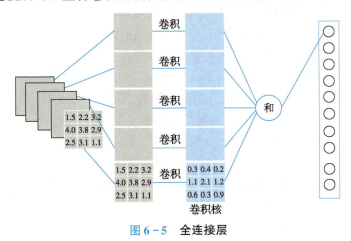

图 6-5　全连接层

2. 性能影响因素

影响 CNN 性能的 3 个因素：网络层数、卷积核的数量、网络组织结构。

2015 年，ResNet 的提出者何恺明，通过实验证明网络深度比卷积核大小更重要。当时间复杂度大致相同时，具有更小卷积核且深度更深的 CNN 结构比具有更大卷积核同时深度更浅的 CNN 结构能够获得更好的实验结果。2016 年，斯坦福大学的 Xu Chen 认为：增加网络的深度能够提升准确率；增加卷积核的数量也可以提升准确率；增加一个卷积层比增加一个全连接层对提升准确率更有效。

在 CNN 结构中，深度越深、卷积核数目越多，则网络能够表示的特征空间也就越大、网络学习能力也越强，然而这也会使网络的计算更复杂，极易出现过拟合的现象。

3. LeNet-5 网络模型的优缺点

（1）LeNet-5 网络模型的优点　CNN 中卷积层的权值共享使网络中可训练的参数变少，降低了网络模型的复杂度，减少过拟合，从而获得一个更好的泛化能力；在 CNN 结构中使用池化操作使模型中的神经元个数大大减少，对输入空间的平移不变性也更具有鲁棒性；CNN 结构的可拓展性很强，它可以采用很深的层数。深度模型具有更强的表达能力，它能够处理更复杂的分类问题。

（2）LeNet-5 网络模型的缺点　难以寻找到合适的大型训练集对网络进行训练以适应更为复杂的应用需求；过拟合问题使得 LeNet-5 的泛化能力较弱；网络的训练开销非常大，硬件性能支持不足使得网络结构的研究非常困难。

4. CNN 的改进和应用

（1）AlexNet　该模型包含 5 个卷积层和 2 个全连接层。与传统 CNN 相比，在 AlexNet 中采用 ReLU( )代替饱和非线性函数 Tanh( )，降低了模型的计算复杂度，模型的训练速度也提升了几倍。通过 dropout 技术在训练过程中将中间层的一些神经元随机设置为 0，使模型更具有鲁棒性，也减少了全连接层的过拟合。

AlexNet 有 5 层卷积网络、约 65 万个神经元及 6000 万个可训练参数，从网络规模上来说大大超越了 LeNet-5。AlexNet 在 ImageNet 的 2012 年图像分类竞赛中夺得冠军，并且相比于第二名的方法在准确度上取得了高出 11% 的巨大优势。AlexNet 的成功使得卷积神经网络的研究再次引起了学术界的关注。

（2）GoogLeNet　相比于 AlexNet，GoogLeNet 大大增加了 CNN 的深度。GoogLeNet 采用 3 种类型的卷积操作（1×1、3×3、5×5），该结构的主要特点是提升了计算资源的利用率，它的参数比 AlexNet 少。然而，GoogLeNet 的准确率更高，在 LSVRC-14 竞赛中获得了图像分类"指定数据"组的第 1 名。GoogLeNet 模型如图 6-6 所示。

（3）VGG　Simonyan 等人通过在现有的网络结构中不断增加具有（3×3）卷积核的卷积层来加深网络的深度。实验表明，当权值层数达到 16~19 时，模型的性能能够得到有效提升（称为 VGG 模型）。VGG 模型用具有小卷积核的多个卷积层替换一个具有较大卷积核的卷积层（如用具有大小均为（3×3）的卷积核的 3 层卷积层代替具有（7×7）卷积核的单层卷积层），这种替换方式减少了参数的数量，而且也能够使决策函数更具有判别性。VGG 模型在 LS-VRC-14 竞赛中，得到了图像分类"指定数据"组的第 2 名。但由于 VGG 与 GoogLeNet 的深度都比较深，所以网络结构比较复杂，训练时间长，且 VGG 还需要多次微调网络的参数。

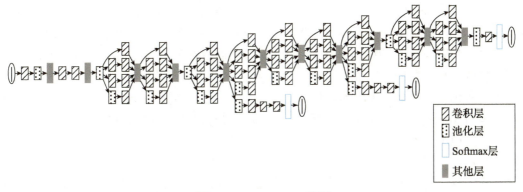

图 6-6　GoogLeNet 模型

（4）ResNet　为解决退化问题，ResNet 采用跨层连接技术。它通过引入短路连接技术将输入跨层传递，并与卷积的结果相加。在 ResNet 中只有一个池化层，它连接在最后一个卷积层的后面。ResNet 的底层网络能够得到充分训练，准确率也随着深度的加深而得到显著提升。深度为 152 层的 ResNet 在 LSVRC-15 图像分类比赛中，获得了第 1 名。ResNet 模型如图 6-7 所示。

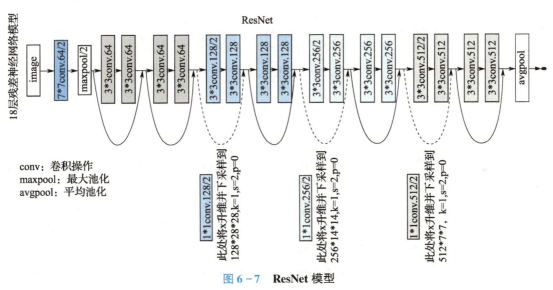

图 6-7　ResNet 模型

（5）DeepFace　DeepFace 首先对图像进行 3D 人脸对齐，再将其输入深度神经网络中。池化层能够使得网络对微小偏移更具有鲁棒性，但是为了减少信息丢失，DeepFace 的池化层只有 1 层，紧跟在第 1 个卷积层的后面。由于在对齐的人脸图像中不同的区域有不同的局部统计特征，采用不共享的卷积核可减少信息丢失。

DeepFace 具有 2 个全连接层，全连接层可用来捕获人脸图像不同位置的特征之间（如人眼的位置与形状、嘴巴的位置与形状）的相关性。将该模型应用于户外人脸检测数据库（LFW）中，DeepFace 取得的人脸识别准确率为 97.35%，接近人眼辨识准确率 97.53%，所用方法克服了以往方法的缺点和局限性。然而 DeepFace 的参数个数多达 1.2 亿，其中 95% 的参数来自 3 个局部连接层及 2 个全连接层，因此 DeepFace 对有标注样本的数量要求较高，它需要一个大的有标注数据集。

（6）DeepID　Sun 等人相继提出了 DeepID2＋、DeepID3。DeepID2＋继承了 DeepID2 的结构，它也包含 4 个卷积层，且每个卷积层后均紧随着一个池化层，并做了 3 个方面的改进，使得 DeepID2＋在 LFW 上的准确率高达 99.47%，因而受到了极大的关注。其具体改进如下：加大网络结构，每个卷积层的特征面个数增加到了 128 个，最终的特征表示也增加到了 512 维；一个具有 512 维的全连接层均与每一个池化层进行全连接，且每一池化层都添加监督信号（由人脸辨识信号和人脸确认信号组成），使用监督信号既能够增加类间变化又能够减少类内变化；增加了训练数据。

（7）FaceNet　FaceNet 是由 Google 公司提出的一种人脸识别模型，它直接学习从人脸图像到紧致欧氏空间的一个映射，使欧氏距离直接关联人脸相似度的一个度量。FaceNet 是一个端对端的学习方法，它通过引入三元组损失函数进行人脸验证、识别和聚类。FaceNet 模型如图 6－8 所示。

FaceNet 直接优化与任务相关的三元组损失函数，在训练过程中该损失不仅用在最后一层，也用于多个层中。然而，如果选择不合适的三元组损失函数，那么将会影响模型的性能，同时也会使收敛速度变慢，因此，三元组损失函数的选取对于 FaceNet 性能的提升很重要。经 LFW 数据库和 YouTube 人脸数据库测试，FaceNet 得到的识别准确率分别为 99.63% 和 95.12%。

图 6－8　FaceNet 模型

6.3.2　基于 CNN 的图像分类

1. Fashion-MNIST 数据集

Fashion-MNIST 是 2017 年提出来的，用于机器学习算法的新型图像数据集。它旨在替代 MNIST，是更具有挑战性的机器学习算法基准数据集，Fashion-MNIST 的分类任务比简单的 MNIST 手写数字集分类更具有挑战性，后者已有训练模型获得 99.7% 以上的准确率。Fashion-MNIST 与 MNIST 有着相同的图像大小、数据格式，以及训练和测试数据占比，因此，具备 MNIST 数据集的体积小、编码简单、易获得性等优点。

Fashion-MNIST 图片来源于德国电子商务 Zalando 网站商品分类图片，它包含与 MNIST 一样的 10 个类别（T 恤、裤子、套衫、裙子、外套、凉鞋、衬衫、运动鞋、包、短靴）的 70000 张时尚产品的 28×28 灰度图像，每个类别 7000 张图像。训练集共有 60000 张图像，测试集共有 10000 张图像。

Fashion-MNIST 图片大小为 28×28 像素。注意：图像点是从 0 开始编号的，标签的编号也是从 0 开始的。例如，像素点（3，1）是指左起第 4 列从上向下第 2 行。图 6－9 所示为 Fashion-MNIST 数据集的可视化展示。

Fashion-MNIST 数据集的原始图像为 762×1000 像素的 JPEG 格式图像，具有浅灰色背景，为了有效服务于前端组件，原始图片以多种分辨率重新采样，具有大、中、小和微小等不同尺寸。原始图像经过下列步骤后得到 Fashion-MNIST 图像，如图 6－10 所示。

步骤 1：将输入转换为 PNG 图像。
步骤 2：修剪接近角点像素颜色的所有边缘。

步骤 3：通过对像素进行二次采样将图像的最长边缘调整为 28。
步骤 4：使用高斯滤波。
步骤 5：将最短边缘延伸到 28，然后将图像放置在画布的中心。
步骤 6：弱化图像的亮度。
步骤 7：将图像转为 8 位的灰度图。

标签号	描述	示例
0	T恤	
1	裤子	
2	套衫	
3	裙子	
4	外套	
5	凉鞋	
6	衬衫	
7	运动鞋	
8	包	
9	短靴	

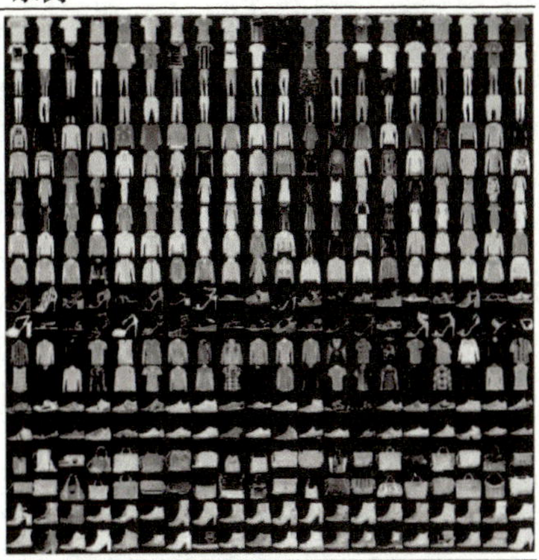

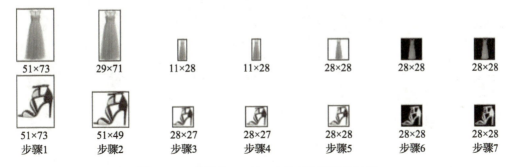

图 6-9　Fashion-MNIST 数据集的可视化展示

图 6-10　转换为 Fashion-MNIST 图像的过程

Fashion-MNIST 有 4 个文件夹分别包含训练集的图片与标签，以及测试集的图片与标签。Fashion-MNIST 与 MNIST 数据集一样非常小，非常适合开展机器学习的基准实验。Fashion-MNIST 数据集信息见表 6-2。

表 6-2　Fashion-MNIST 数据集信息

名称	内容	数量	大小
Train-images-idx3-ubyte. gz	训练图片	60000	26MB
Train-labels-idx1-ubyte. gz	训练标签	60000	29KB
T10k-images-idx3-ubyte. gz	测试图片	10000	4. 3MB
T10k-labels-idx1-ubyte. gz	测试标签	10000	5. 1KB

2. 用 PyTorch 实现 Fashion-MNIST 数据集分类

深度学习的实现代码包括 4 个功能模块：数据处理、模型构建、定义优化方法、定义训练和测试模型函数。下面用 PyTorch 实现 Fashion-MNIST 数据集的分类。

(1) 数据处理　模型构建是通过继承 nn.Module 这个抽象类来完成的。为使用 nn.Module，要先导入包含 nn.Module 的包 torch.nn，用 as nn 给 torch.nn 取别名为 nn，以简化代码。因为在实现前向传播 forward( ) 函数时，需要用到 torch 提供的激活函数，所以，还要导入包 torch.nn.functional，同样为简化代码，为其取别名为 F。

```python
import torch
import torch.nn as nn
import torch.nn.functional as F
from torch.utils.data import DataLoader
import torch.optim as optim
from torchvision import datasets, transforms
```

加载训练数据。

```python
#如果有 GPU 则运行于 GPU,否则用 CPU 运行
device = torch.device('cuda' if torch.cuda.is_available( ) else 'cpu')
batch_size = 128    #一批次蕴含的数据大小
#将数据转换成张量,并进行归一化和标准化
transform = transforms.Compose([
transforms.ToTensor( ),
transforms.Normalize((0.1307,),(0.3081,))   #标准化
])
train_data = datasets.FashionMNIST('./dataset/F_MNIST/', train = True, download = True, transform = transform)    #下载训练集数据,如果已下载可设 download = False
test_data = datasets.FashionMNIST('./dataset/F_MNIST/', train = False, download = True, transform = transform)    #下载测试集数据,如果已下载可设 download = False
#定义训练集数据加载器
train_loader = DataLoader(train_data, batch_size = batch_size, shuffle = True)
#定义测试集数据加载器
test_loader = DataLoader(test_data, batch_size = batch_size, shuffle = False)
```

(2) 模型构建　基于 CNN 模型，模型包含 2 个卷积层、1 个全连接层，使用 Softmax 函数进行分类输出。激活函数选择饱和非线性函数 ReLU 函数，增加模型的泛化能力。

```python
class Net(nn.Module):
    def __init__(self):
        super(Net, self).__init__( ) #初始化
self.conv1 = nn.Conv2d(1,20,5,1)    #第一层卷积
self.conv2 = nn.Conv2d(20,50,5,1)    #第二层卷积
self.fc1 = nn.Linear(50 * 4 * 4, 500) #全连接
self.fc2 = nn.Linear(500, 10)
    def forward(self,x):    #前向传播函数 x: N×1×28×28,N 表示 batch
        x = F.relu(self.conv1(x))    #第一次卷积后 x: N×20×24×24 (24 = 28 − 5 + 1)
        x = F.max_pool2d(x, 2, 2)    #最大池化,也可调用 nn.MaxPool2d( ), x: N×20×12×12
        x = F.relu(self.conv2(x))    #第二次卷积后 x: N×50×8×8
        x = F.max_pool2d(x, 2, 2)    #x: N×50×4×4
        #(batch,50,4,4) − − >(batch, 800)
```

```
        x = x.view(-1, 50*4*4)         #维度转换
        x = F.relu(self.fc1(x))
        x = self.fc2(x)
        return F.log_softmax(x, dim=1)    #利用 log_softmax 函数做输出
model = Net( )#实例化
model.to(device) #放置到 GPU,使用 CPU 的话忽略这一步
```

这里需要注意的是,如果是全连接层要计算输入样本的数据量大小。比如输入为灰度图,数据量就是单张图像的像素总数,也就是 $H\times W$。如果是彩色图,因为有 3 通道,所以,总数为 $3\times H\times W$。更一般的情况,如果通道数为 C,则数据量为 $C\times H\times W$。

如果全连接层是输出层,则输出结果有多少个数一般由分类的数量决定。如果有 10 类,则全连接的输出为 10 个数。

如果是卷积层的话,则不用在其构造函数中指明每张图像的大小,只需要指明每个样本有多少张图就可以了,比如一张彩色图就包括 3 张图,常称为 3 通道(Channel 或者 Plane)。但是,如果其后面连接了全连接层,就要计算每层的数据量大小。

(3)定义优化方法 定义优化方法为 SGD,选择负对数似然损失函数 nll_loss( )。

```
lr = 0.05 #学习率
momentum = 0.5 #冲量
nll_loss = nn.NLLLoss( )   #负对数似然损失
optim = torch.optim.SGD(model.parameters( ), lr=lr, momentum=momentum) #SGD
优化方法
```

实际上,nll_loss + log + Softmax 的组合方式就是交叉熵损失函数,因此也可以直接调用 CrossEntropyLoss( )函数。但是,在使用过程中,由于 CrossEntropyLoss( )函数包含了 Softmax ( )函数,因此在模型构建中返回 self.fc2(x)即可。

(4)定义训练和测试模型函数

1)定义训练函数

```
def train(model, device, train_loader, optimzer, epoch):
    running_loss = 0.
    for idx, (data, target) in enumerate(train_loader):
        data, target = data.to(device), target.to(device)
        pred = model(data)      #前向传播
        loss = nll_loss(pred, target)    #定义损失函数
        running_loss += loss.item( )#记录损失数据
        optimzer.zero_grad( ) #注意在反向传播误差前,需要将先前的梯度清零
        loss.backward( )#反向传播计算
        optimzer.step( )#更新梯度
        if idx % 50 == 49:       #每 50 批次输出一次数据
            print('Train Epoch: {} [{}/{} ({:.0f}%)]\tLoss: {:.6f}'.format(
                (epoch+1), (idx+1) * len(data), len(train_loader.dataset),
                100. * idx /len(train_loader), running_loss/10))
            running_loss = 0         #输出完置 0
```

2）定义测试函数。

```
def test(model, device, test_loader):
    total_loss = 0.0
    correct = 0.
    with torch.no_grad():                       #测试函数验证模型效果,不更新梯度
        for idx,(data, label) in enumerate(test_loader):
            data, label = data.to(device), label.to(device)
            output = model(data)                     #计算模型输出
            total_loss += nll_loss(output, label).item() #计算损失函数并转换成标量
            pred = output.argmax(dim = 1)            #求每行最大值的下标
            #计算模型输出结果与真实值一致的数量
            correct += pred.eq(label.view_as(pred)).sum().item()
            total_loss /= len(test_loader.dataset)    #平均误差
            acc = correct/len(test_loader.dataset) *100   #转换成百分数
            print('\nTest set: Average loss: {:.4f}, Accuracy: {}/{} ({:.0f}%)\n'.format(
                total_loss, correct, len(test_loader.dataset),acc))
```

（5）主函数

```
for epoch in range(10):
    train(model, device, train_loader, optim, epoch)
    test(model, device,test_loader)
torch.save(model.state_dict(),'Fashion_mnist_cnn.pt')   #保存模型参数
```

输出结果如图 6-11 所示,循环 10 次,准确率达 94%。增加循环次数可以进一步提高准确率。

```
Train Epoch: 10 [6400/60000 (10%)]   Loss: 0.825619
Train Epoch: 10 [12800/60000 (21%)]  Loss: 0.912097
Train Epoch: 10 [19200/60000 (32%)]  Loss: 0.872549
Train Epoch: 10 [25600/60000 (42%)]  Loss: 0.954601
Train Epoch: 10 [32000/60000 (53%)]  Loss: 0.900163
Train Epoch: 10 [38400/60000 (64%)]  Loss: 0.845246
Train Epoch: 10 [44800/60000 (74%)]  Loss: 0.934016
Train Epoch: 10 [51200/60000 (85%)]  Loss: 0.922317
Train Epoch: 10 [57600/60000 (96%)]  Loss: 0.924233
Test set: Average loss: 0.0013, Accuracy: 56342.0/60000 (94%)
```

图 6-11　测试结果

（6）小结　根据上述代码,用 PyTorch 实现深度学习的关键步骤可以总结为如下 4 个步骤。

步骤 1：通过继承 nn. Module 类来完成模型的定义。

步骤 2：通过 torch. utils. data. DataLoader 来实现数据加载。

步骤 3：在定义训练函数和测试函数的过程中定义优化方法。

步骤 4：通过 for 语句完成模型参数的迭代优化。

注意：如果要使用自己编写的数据集,需要定义一个新类,该类继承 Dataset,并需要重写 __init__( )、__len__( )、__getitem__( )三个函数。

请结合所学知识,修改网络结构,选择其他 CNN 网络结构,再次在 Fashion-MNIST 数据

集上训练，并分析准确率。

6.4 任务实施：CNN 的 Fashion-MINIST 分类实战

6.4.1 任务书

掌握基于卷积神经网络的 Fashion-MINIST 分类方法，主要包含以下任务：PyTorch 中提供了这个数据集的下载接口，掌握下载数据的方法，学会对数据进行预处理；建立 CNN；利用算法对神经网络进行训练；对网络模型进行测试；输出测试结果及准确率。

6.4.2 任务分组

学生任务分配表					
班级		组号		指导老师	
组长		学号		成员数量	
组长任务				组长得分	
组员姓名	学号	任务分工		组员得分	

6.4.3 获取信息

引导问题 1：查阅资料，了解 MINIST 和 Fashion-MNIST 的基础知识，并记录两者的特点。

MINIST（查阅资料继续补充）：

1. MNIST 是深度学习领域基本的数据集之一，是由 CNN 鼻祖杨立昆（YannLeCun）建立的一个手写字符数据集，包含 60000 张训练图像和 10000 张测试图像，包含数字 0~9 共 10 个类别。

2.

Fashion-MNIST（查阅资料继续补充）：

1. 由于 MNIST 数据集太简单，简单的网络就可以达到 99.7% 的准确率。也就是说，在这个数据集上表现较好的网络，在别的任务上表现不一定好。因此，Zalando 的工作人员建立了 Fashion-MNIST 数据集，该数据集由衣服、鞋子等服饰组成，包含 70000 张图像，其中 60000 张训练图像和 10000 张测试图像，图像大小为 28×28 像素。单通道，共分 10 个类，每 2 行表示一个类。

2.

6.4.4 工作实施

引导问题 2：实验前准备，创建实验检测路径及文件。

1）在实验环境的桌面右击，选择"创建文件夹"命令，在弹出的窗口中输入文件夹名称"test6"。打开"test6"文件夹，会显示其路径为"/home/techuser/Desktop/test6"，在该路径下新建一个名为 fashionmnist_data 的文件夹，将需要的数据复制并解压在"/home/techuser/Desktop/test6/fashionmnist_data"路径下。

2）实验环境说明。

该实验需要 torch 1.16 版本，所以需要重新安装一个虚拟环境进行实验。先打开终端，输入命令"conda create – n test python =3.8"，如图 6 – 12 所示。

图 6 – 12　创建 Python 环境

输入"y"，完成创建，如图 6 – 13 所示。

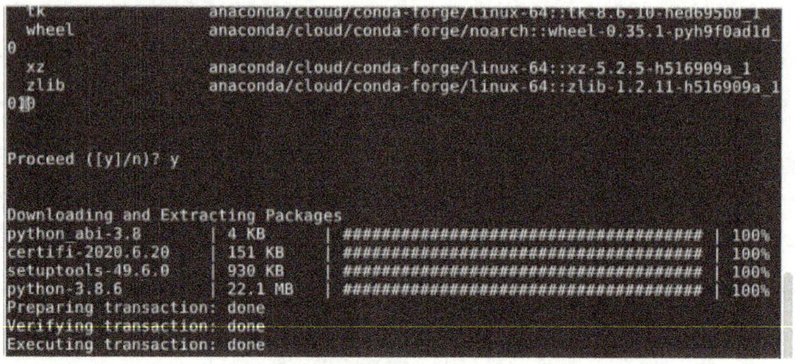

图 6 – 13　完成 Python 环境的创建

下载 torchvision 和 torch 安装包，下载路径分别为

http://file.ictedu.com/file/2764/torchvision – 0.7.0cpu – cp38 – cp38 – linux_x86_64.whl

http://file.ictedu.com/file/2764/torch – 1.6.0 + cpu – cp38 – cp38 – linux_x86_64.whl

下载完毕后，打开文件所在路径，在该路径下打开终端。输入命令"conda activate test"，激活实验环境。然后复制代码"pip install torch – 1.6.0 + cpu – cp38 – cp38 – linux_x86_64.whl – i https://pypi.tuna.tsinghua.edu.cn/simple"，完成 torch 的安装，如图 6 – 14 所示。

图 6 – 14　安装 torch

安装 torchvision，复制代码“pip install torchvision -0. 7. 0 + cpu - cp38 - cp38 - linux_x86_64. whl - i https://pypi. tuna. tsinghua. edu. cn/simple”，如图 6 - 15 所示。

```
(test) techuser@3940949-12012-dev:~/Downloads$ pip install torchvision-0.7.0+cpu
-cp38-cp38-linux_x86_64.whl -i https://pypi.tuna.tsinghua.edu.cn/simple
Looking in indexes: https://pypi.tuna.tsinghua.edu.cn/simple
Processing ./torchvision-0.7.0+cpu-cp38-cp38-linux_x86_64.whl
Collecting pillow>=4.1.1
  Downloading https://pypi.tuna.tsinghua.edu.cn/packages/59/81/bbfea1564aadaca95
8fceaf107c499af7c7f247747493cbf248ae28d5b2e/Pillow-8.0.0-cp38-cp38-manylinux1_x8
6_64.whl (2.2 MB)
     |████████████████████████████████| 2.2 MB 12.1 MB/s
Requirement already satisfied: numpy in /home/techuser/anaconda3/envs/test/lib/p
ython3.8/site-packages (from torchvision==0.7.0+cpu) (1.19.2)
Requirement already satisfied: torch==1.6.0 in /home/techuser/anaconda3/envs/tes
t/lib/python3.8/site-packages (from torchvision==0.7.0+cpu) (1.6.0+cpu)
Requirement already satisfied: future in /home/techuser/anaconda3/envs/test/lib/
python3.8/site-packages (from torch==1.6.0->torchvision==0.7.0+cpu) (0.18.2)
Installing collected packages: pillow, torchvision
Successfully installed pillow-8.0.0 torchvision-0.7.0+cpu
```

图 6 - 15　安装 torchvision

引导问题 3： 导入相关依赖包，以便后续函数可正常使用。查阅资料，对不理解的依赖包加以补充填写。

<table>
<tr><td>导入所需要的包，包括加载 PyTorch 官方提供的 dataset、argparse、torch 等，完善如下代码：
from __future__ import print_function
import argparse
import torch. nn. functional as F # 引用神经网络常用函数包，不具有可学习的参数。
from torchvisionimport datasets，transforms
Import …</td></tr>
<tr><td>说明（查阅资料，对不理解的依赖包加以补充）：
argparse 是 Python 内置的一个用于命令项选择与参数解析的模块，通过在程序中定义好需要的参数，argparse 将会从 sys. argv 中解析出这些参数，并自动生成帮助和使用信息。</td></tr>
</table>

引导问题 4： 掌握创建 CNN 的实现过程，结合神经网络的理论基础，把握内在逻辑。根据步骤说明，编写代码，完成神经网络的创建并记录出现的问题及解决方法。

<table>
<tr><td>创建神经网络的方法是对 nn. Module 进行继承重写。
步骤 1：重写__init__( )方法，使用 CNN 神经网络，构建 2 层全连接层及 2 层卷积层，完成代码。

步骤 2：重写 forward( )方法，构建池化层及 ReLU 层，完成代码。</td></tr>
<tr><td>出现的问题及解决方法：</td></tr>
</table>

引导问题 5：模型训练是神经网络的核心步骤之一，掌握模型训练是学会神经网络的重要一步。完成神经网络模型的训练步骤和代码并记录出现的问题及解决的方法。

模型训练步骤（叙述方式如步骤1和步骤2）：

步骤1：训练时先声明使用cuda也就是GPU来运行代码。

步骤2：梯度清零，避免计算图的累加。

步骤3：

代码：

出现的问题及解决方法：

引导问题 6：当模型训练完，需要通过模型测试来检验所训练的模型是否能解决想解决的问题，此时就需要引入测试代码。根据步骤，完成测试代码的编写并记录出现的问题及解决方法。

测试代码的编写步骤（叙述方式如步骤1和步骤2）：

步骤1：初始化参数，测试误差 test_loss 和准确率 correct 置0。

步骤2：利用测试数据得到训练值，与之前的训练值进行比对。

步骤3：求出每一次训练损失值的平均值。

步骤4：输出结果。

通过代码可以发现，测试的方法比之训练的方法要简单一点，测试主要是计算训练的准确率。

出现的问题及解决方法：

引导问题 7：根据上述内容，请详述并补充完整主函数的编写过程，并记录出现的问题及解决方法。

完成主函数的编写，具体步骤如下（叙述方式如步骤 1 和步骤 2）：   步骤 1：定义主函数，并设置训练环境。   步骤 2：在主函数中首先声明一个数据加载器 args，里面包含很多训练及测试的参数，且随后声明好 device，用于优先使用 cuda 即 GPU 来运行程序。   步骤 3：根据下载的数据集及 args 来定义训练及测试所需的 train_loader 和 test_loader。
出现的问题及解决方法：

6.4.5 评价与反馈

全面考核学生的专业能力和拓展能力，采用过程性评价和结果评价相结合，定性评价与定量评价相结合的考核方法。注重对学生的动手能力和在实践中分析问题、解决问题能力的考核，对在学习和应用上有创新的学生给予特别鼓励。小组总评成绩为"自评 + 互评 + 师评"按比例折算的成绩再加上附加分，自评、互评和师评所占比例可由教师根据具体情况自行拟定。

考核评价表					
评价项目	评价内容	项目配分	自我评价	小组评价	教师评价
思政元素 （10）	理解并清晰表述学习任务单中价值理念的意义	5			
	互评过程中，客观、公正地评价他人	5			
专业能力 （45）	根据任务单，提前预习知识点、发现问题	5			
	分析 CNN 的结构原理	5			
	根据引导问题，检索、收集 MINIST 和 Fashion-MNIST 的基础知识，并做深入分析	5			
	下载 PyTorch 中的数据，对数据进行预处理	5			
	构建卷积神经网络	5			
	利用算法对神经网络进行训练	5			
	输出测试结果和准确率	5			
	完成任务实施引导的学习内容	5			
	项目总结符合要求	5			

(续)

考核评价表					
评价项目	评价内容	项目配分	自我评价	小组评价	教师评价
方法能力 (25)	自主或寻求帮助来解决所发现的问题	5			
	能利用网络等查找有效信息	5			
	编写操作实现过程,厘清步骤思路	10			
	根据任务实施安排,制订学期学习计划和形式	5			
社会能力 (15)	小组讨论中能认真倾听并积极提出较好的见解	5			
	配合小组成员完成任务实施引导的学习内容	5			
	参与成果展示汇报,仪态大方、表达清晰	5			
创新能力 (5)	学习探究中能独立解决问题,提出特色做法	5			
各评价主体分值		100			
各评价主体分数小结		—			
总分 = 自我评价分数 × _____% + 小组评价分数 × _____% + 教师评价分数 × _____%					
综合得分:				教师签名:	

项目总结
整体效果:效果好□   效果一般□   效果不好□ 具体描述:
不足与改进:

6.5 拓展案例:基于卷积神经网络的面部表情识别

6.5.1 问题描述

给定数据集 train.csv,要求使用卷积神经网络,根据每个样本的面部图片判断出其表情。在本案例中,表情共分 7 类,分别为:生气(0)、厌恶(1)、恐惧(2)、高兴(3)、难过(4)、惊讶(5)和中立(6)(即面无表情,无法归为前六类)。所以,本案例实质上是一个 7 分类问题。

6.5.2 基础理论

使用 Python + PyTorch 来实现面部表情识别。
导入并处理数据集后,建立 CNN,然后进行训练并测试。

6.5.3 解决步骤

1. 数据集介绍

1) CSV 文件，大小为 28710 行 2305 列。

2) 在 28710 行中，其中第一行为描述信息，即"label"和"feature"两个单词，其余每行含有一个样本信息，即共有 28709 个样本。

3) 在 2305 列中，其中第一列为该样本对应的标签（label），取值范围为 0~6。其余 2304 列为包含着每个样本大小为 48×48 的人脸图片的像素数据（2304 = 48×48），每个像素数据取值范围为 0~255，如图 6-16 所示。

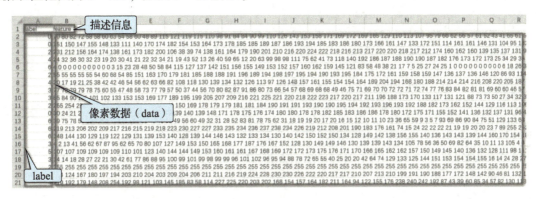

图 6-16　数据集

2. 数据可视化

给定的数据集是 CSV 格式的，考虑到图片分类问题的常规做法，决定先将其全部可视化，还原为图片文件再送入模型进行处理。借助深度学习框架 PyTorch，搭建模型，由于需用到是自己的数据集，因此需要重写其中的数据加载部分，其余用现成的 API 即可。

(1) 标签分离　在原文件中，label 和人脸像素数据是集中在一起的。为了方便操作，决定利用 pandas 库进行数据分离，即将所有 label 读出后，写入新创建的文件 label.csv，将所有的像素数据读出后，写入新创建的文件 data.csv。

```
# cnn_feature_label.py 将 label 和像素数据分离
import pandas as pd
path = 'cnn_train.csv'# 原数据路径
df = pd.read_csv(path)# 读取数据
df_y = df[['label']]# 提取 label 数据
df_x = df[['feature']]# 提取 feature(即像素)数据
df_y.to_csv('cnn_label.csv', index = False, header = False)# 将 label 数据写入 label.csv
df_x.to_csv('cnn_data.csv', index = False, header = False)# 将 feature 数据写入 data.csv
```

执行之后生成结果文件。

(2) 数据可视化　将数据分离后，人脸像素数据全部存储在 data.csv 文件中，其中每行数据就是一张人脸。按行读取数据，利用 OpenCV 将每行的 2304 个数据恢复为一张 48×48

的人脸图片，并保存为.jpg格式。在保存这些图片时，将第一行数据恢复出的人脸命名为0.jpg，将第二行的人脸命名为1.jpg，……，以方便与label［0］、label［1］等一一对应。

```
#face_view.py 数据可视化
import cv2
import NumPy as np
import os
path ='.//face'# 指定存放图片的路径
if os.path.exists(path) is False:
    os.mkdir(path)
data = np.loadtxt('cnn_data.csv')# 按行读取像素数据
for i in range(data.shape[0]):
    face_array = data[i, :].reshape((48,48))# 维度重塑
    cv2.imwrite(path + '//'+'{}.jpg'.format(i), face_array)# 写入图片
```

这段代码将写入28709张图片，执行需要一小段时间。

（3）创建data-label对照表 在PyTorch中，有一个类（torch.utils.data.Dataset）是专门用来加载数据的，可以通过继承这个类型来定制自己的数据集和加载方法。

首先，需要划分一下训练集和测试集。在本案例中，共有28709张图片，取前24000张图片作为测试集，其他图片作为测试集。新建文件夹train和val，将0.jpg~23999.jpg存入文件夹train，将其他图片存入文件夹val。

其次，在继承torch.utils.data.Dataset类定制自己的数据集时，由于在数据加载过程中需要同时加载一个样本的数据及其对应的label，因此最好能建立一个data-label对照表，其中记录着data和label的对应关系。建立data-label对照表的基本思路是：指定文件夹（train或val），遍历该文件夹下的所有文件，如果该文件是.jpg格式的图片，就将其图片名写入一个列表，同时通过图片名索引出其label，将其label写入另一个列表。

最后，利用pandas库将这两个列表写入同一个CSV文件。

```
import os
import pandas as pd
def data_label(path):
    #创建文件夹
    if os.path.exists(path) is False:
        os.mkdir(path)
    # 读取label文件
    df_label = pd.read_csv('./dataset/label.csv', header = None)
    # 查看该文件夹下的所有文件
    files_dir = os.listdir(path)
    # 用于存放图片名
    path_list = []
    # 用于存放图片对应的label
    label_list = []
    # 遍历该文件夹下的所有文件
    for file_dir in files_dir:
```

```
        # 如果某文件是图片,则将其文件名及对应的 label 取出,分别放入 path_list 和
        # label_list 这两个列表中
        if os.path.splitext(file_dir)[1] == ".jpg":
                path_list.append(file_dir)
                index = int(os.path.splitext(file_dir)[0])
                label_list.append(df_label.iat[index, 0])
    # 将两个列表写进 dataset.csv 文件
    path_s = pd.Series(path_list, dtype='float64')
    label_s = pd.Series(label_list, dtype='float64')
    df = pd.DataFrame()
    df['path'] = path_s
    df['label'] = label_s
    df.to_csv(path +'/dataset.csv', index=False, header=False)
def main():
    # 指定文件夹路径
    train_path = './train'
    val_path = './val'
    data_label(train_path)
    data_label(val_path)
if __name__ == "__main__":
    main()
```

3. 面部表情识别

（1）重写 Dataset 类　Dataset 类是 PyTorch 中图像数据集中最为重要的一个类，也是 PyTorch 中所有数据集加载类中应该继承的父类。其中父类中的两个私有成员函数__getitem__()和__len__()必须被重载，否则将会触发错误。__getitem__()可以通过索引获取数据，__len__()可以获取数据集的大小。

重写 Dataset 类首先要做的是类的初始化。前面 data-label 对照表已经创建完毕，在加载数据时需用到其中的信息。因此在初始化过程中，需要完成对 data-label 对照表中数据的读取。

通过 pandas 库读取数据，随后将读取到的数据存入 list 或 NumPy 中，方便后期索引。接下来是重写__getitem__()函数了，该函数的功能是加载数据。在前面的初始化部分，已经获取了所有图片的地址，在这个函数中，只要通过地址来读取数据即可。

由于是读取图片数据，因此仍然用到 openCV 库。需要注意的是，之前可视化数据部分将像素值恢复为人脸图片并保存，得到的是三通道的灰色图（每个通道都完全一样），而在这里只需要用到单通道，因此在图片读取过程中，即使原图本来就是灰色的，还是要在函数 cv2.COLOR_BGR2GARY 加入参数，保证读出来的数据是单通道的。读取出来之后，可以考虑进行一些基本的图像处理操作，如通过高斯模糊降噪、直方图均衡化增强图像等。读出的数据是 48×48 的，而后续卷积神经网络中 nn.Conv2d() API 接收的数据格式是（batch_size, channel, width, higth），本次图片通道为 1，因此要利用 reshape 函数将数据从 48×48 重塑为 1×48×48。

最后是重写__len__()函数获取数据集大小。self.path 中存储着所有的图片名，获取 self.path 第一维的大小，即为数据集的大小。

```python
import torch
import torch.utils.data as data
import torch.nn as nn
import torch.optim as optim
import NumPy as np
import pandas as pd
import cv2
class FaceDataset(data.Dataset):
    # 初始化
    def __init__(self, root):
        super(FaceDataset, self).__init__()
        self.root = root
        df_path = pd.read_csv(root + '\\dataset.csv', header = None, usecols = [0])
        df_label = pd.read_csv(root + '\\dataset.csv', header = None, usecols = [1])
        self.path = np.array(df_path)[:, 0]
        self.label = np.array(df_label)[:, 0]
    def __getitem__(self, item):
        # 图像数据用于训练,应为 Tensor 类型,label 存入 NumPy 或 list 均可
        face = cv2.imread(self.root + '\\' + self.path[item])
        # 读取单通道灰度图
        face_gray = cv2.cvtColor(face, cv2.COLOR_BGR2GRAY)
        # 高斯模糊
        # face_Gus = cv2.GaussianBlur(face_gray, (3,3), 0)
        # 直方图均衡化
        face_hist = cv2.equalizeHist(face_gray)
        # 像素值标准化
        face_normalized = face_hist.reshape(1, 48, 48) / 255.0
        face_tensor = torch.from_NumPy(face_normalized)
        face_tensor = face_tensor.type('torch.FloatTensor')
        label = self.label[item]
        return face_tensor, label
    # 获取数据集样本个数
    def __len__(self):
        return self.path.shape[0]
```

(2) 搭建网络模型 图 6-17 所示的是 GitHub 上面部表情识别的一个开源项目的模型结构,使用 RReLU(随机修正线性单元)作为激活函数。

解析:

输入通道数为 in_channels,输出通道数(即卷积核的通道数)为 out_channels。

卷积核大小为 kernel_size,步长为 stride,对称填 0 的行列数为 padding。

第一层卷积:input(bitch_size, 1, 48, 48),output(bitch_size, 64, 24, 24)。

第二层卷积:input(bitch_size, 64, 24, 24),output(bitch_size, 128, 12, 12)。

第三层卷积:input(bitch_size, 128, 12, 12),output(bitch_size, 256, 6, 6)。

可以看出,在 Model B 的卷积部分,输入图像的形状为 48×48×1,经过一个 3×3×64 卷积核的卷积操作,再进行一次 2×2 的池化,得到一个 24×24×64 的 feature map 1(特征图 1)(以上卷积和池化操作的步长均为 1,每次卷积前的 padding 为 1,下同)。将 feature map 1 经过一个 3×3×128 卷积核的卷积操作,再进行一次 2×2 的池化,得到一个 12×12×128 的

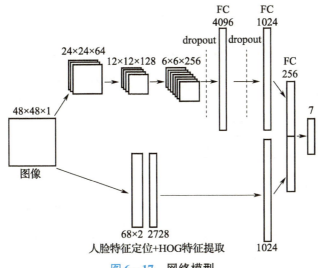

图 6-17 网络模型

feature map 2。将 feature map 2 经过一个 3×3×256 卷积核的卷积操作,再进行一次 2×2 的池化,得到一个 6×6×256 的 feature map 3。卷积完毕,数据即将进入全连接层。进入全连接层之前,要进行数据扁平化处理,将 feature map 3 拉成一个长度为 6×6×256 = 9216 的一维张量。随后数据经过 dropout 后被送进一层含有 4096 个神经元的全连接层(FC),再次经过 dropout 后被送进一层含有 1024 个神经元的全连接层,之后经过一层含 256 个神经元的全连接层,最终经过含有 7 个神经元的输出层。一般在输出层后都会加上 Softmax 层,取概率最高的类别为分类结果。

可以通过继承 nn.Module 来定义自己的模型类。

```
# 参数初始化
def gaussian_weights_init(m):
classname = m.__class__.__name__
    # 字符串查找,找不到返回 -1,不等于 -1 即字符串中含有该字符
    if classname.find('Conv') ! = -1:
        m.weight.data.normal_(0.0, 0.04)

class FaceCNN(nn.Module):
    # 初始化网络结构
    def __init__(self):

        super(FaceCNN, self).__init__()
        # 第一次卷积、池化
        self.conv1 = nn.Sequential(
        # 输入(bitch_size,1,48,48),输出(bitch_size,64,48,48),(48 -3 +2 *1)/1 +1 =48
            nn.Conv2d(in_channels =1, out_channels =64, kernel_size =3, stride =1,
            padding =1),
            nn.BatchNorm2d(num_features =64), # 归一化
            nn.RReLU(inplace =True), # 激活函数
            # 输出(bitch_size, 64, 24, 24)
            nn.MaxPool2d(kernel_size =2, stride =2), # 最大值池化
        )
```

```python
# 第二次卷积、池化
self.conv2 = nn.Sequential(
# 输入(bitch_size, 64, 24, 24),输出(bitch_size, 128, 24, 24), (24 - 3 + 2*1)/1 + 1 = 24
    nn.Conv2d(in_channels=64, out_channels=128, kernel_size=3, stride=1,
    padding=1),
    nn.BatchNorm2d(num_features=128),
    nn.RReLU(inplace=True),
    # 输出(bitch_size, 128, 12, 12)
    nn.MaxPool2d(kernel_size=2, stride=2),
)
# 第三次卷积、池化
self.conv3 = nn.Sequential(
# 输入(bitch_size, 128, 12, 12),输出(bitch_size, 256, 12, 12), (12 - 3 + 2*1)/1 + 1 = 12
    nn.Conv2d(in_channels=128, out_channels=256, kernel_size=3,
    stride=1, padding=1),
    nn.BatchNorm2d(num_features=256),
    nn.RReLU(inplace=True),
    # 输出(bitch_size, 256, 6, 6)
    nn.MaxPool2d(kernel_size=2, stride=2),
)
# 参数初始化
self.conv1.apply(gaussian_weights_init)
self.conv2.apply(gaussian_weights_init)
self.conv3.apply(gaussian_weights_init)
# 全连接层
self.fc = nn.Sequential(
    nn.Dropout(p=0.2), nn.Linear(in_features=256*6*6, out_features=4096),
    nn.RReLU(inplace=True),
    nn.Dropout(p=0.5),
    nn.Linear(in_features=4096, out_features=1024),
    nn.RReLU(inplace=True),
    nn.Linear(in_features=1024, out_features=256),
    nn.RReLU(inplace=True),
    nn.Linear(in_features=256, out_features=7),
)

# 前向传播
def forward(self, x):
    x = self.conv1(x)
    x = self.conv2(x)
    x = self.conv3(x)
    # 数据扁平化
    x = x.view(x.shape[0], -1)
    y = self.fc(x)
    return y
```

需要注意的是，在代码中，数据经过最后含 7 个神经元的线性层后就直接输出了，并没有经过 Softmax 层。这是为什么呢？其实这和 PyTorch 在这一块的设计机制有关。

因为在实际应用中，Softmax 层常和交叉熵这种损失函数联合使用，因此 PyTorch 在设计时，就将 Softmax 运算集成到了交叉熵损失函数 CrossEntropyLoss( ) 内部，如果使用交叉熵作为损失函数，就默认在计算损失函数前自动进行了 Softmax 操作，不需要额外加 Softmax 层。TensorFlow 也有类似的机制。

（3）训练模型　有了模型，就可以通过数据的前向传播和误差的反向传播来训练模型了。在此之前，还需要指定优化器（即学习率更新的方式）、损失函数，以及训练轮数、学习率等超参数。

在本案例中，采用的优化器是 SGD，即随机梯度下降，其中参数 weight_decay 为正则项系数。损失函数采用的是交叉熵。可以考虑使用学习率衰减。

```python
# 验证模型在验证集上的正确率
def validate(model, dataset, batch_size):
    val_loader = data.DataLoader(dataset, batch_size)
    result, num = 0.0, 0
    for images, labels in val_loader:
        pred = model.forward(images)
        pred = np.argmax(pred.data.NumPy( ), axis = 1)
        labels = labels.data.NumPy( )
        result + = np.sum((pred = = labels))
        num + = len(images)
    acc = result / num
    return acc
def train(train_dataset, val_dataset, batch_size, epochs, learning_rate, wt_decay):
    train_loader = data.DataLoader(train_dataset, batch_size) # 载入数据并分割 batch
    model = FaceCNN( ) # 构建模型
    loss_function = nn.CrossEntropyLoss( ) # 损失函数
    # 优化器
    optimizer = optim.SGD(model.parameters( ),lr = learning_rate,weight_decay = wt_decay)
    # 逐轮训练
    for epoch in range(epochs):
        # 记录损失值
        loss_rate = 0
        model.train( ) # 模型训练
        for images, labels in train_loader:
            optimizer.zero_grad( ) # 梯度清零
            output = model.forward(images) # 前向传播
            loss_rate = loss_function(output, labels) # 误差计算
            loss_rate.backward( ) # 误差的反向传播
            optimizer.step( ) # 更新参数
        # 输出每轮的损失
        print('After{}epochs,the loss_rate is:'.format(epoch +1),loss_rate.item( ))
        if epoch % 5 = = 0:
            model.eval( ) # 模型评估
            acc_train = validate(model, train_dataset, batch_size)
            acc_val = validate(model, val_dataset, batch_size)
```

```
            print('After{}epochs, the acc_train is:'.format(epoch+1), acc_train)
            print('After{}epochs, the acc_val is:'.format(epoch+1), acc_val)

    return model
```

(4) 完成主函数

```
def main( ):
    # 数据集实例化(创建数据集)
    train_dataset = FaceDataset(root = './train')
    val_dataset = FaceDataset(root = './val')
    # 超参数可自行指定
    model = train(train_dataset, val_dataset, batch_size = 128, epochs = 100,
        learning_rate = 0.1, wt_decay = 0)
    # 保存模型
    torch.save(model,'model_net1.pkl')
if __name__ == "__main__":
    main( )
```

6.5.4 案例总结

通过本案例进一步了解了比较基础的卷积神经网络的建立。在 PyTorch 中，卷积神经网络的建立依赖于 nn.Module 类的继承，对于建立卷积神经网络结构的方法，除了本书给出的一种方式，还有很多别的方式。

在创建 CNN 之后，就是对所创建的神经网络进行训练及测试。训练依赖于所创建的神经网络，并且测试后得到的准确率也和之前创建的神经网络有关联。所以，创建合理的神经网络是至关重要的。

本案例的准确率并没有达到理想的目标，可以进一步尝试调整参数从而提高模型的性能。

6.6 单元练习

判断以下说法的对错。

1. 在 CNN 出现之前，人工智能对图像研究存在着三大问题：图像数据处理的数据量非常大；图像数字化过程很难保留原有特征；早期方法获取信息丰富，特征难度大。　　　　（　　）

2. CNN 主要用于图像分类、图像检索、目标定位检测、目标分割、时序预测、目标识别等领域。　　　　　　　　　　　　　　　　　　　　　　　　　　　　　　　　　　　（　　）

3. 卷积操作中，可分卷积比较常用，深度可分卷积不太常用。　　　　　　　　（　　）

4. Fashion-MNIST 是 2017 年提出来的，用于基本机器学习算法的新型图像数据集。它旨在替代 MNIST，是更具有挑战性的基本机器学习算法数据集。　　　　　　　　　（　　）

5. num_workers 允许使用多个线程来加速读取数据，但是需要注意的是，Windows 系统暂不支持这个超参数，只允许使用一个线程。　　　　　　　　　　　　　　　　　　（　　）

6. 构造模型时，必须继承 torch.Module 这个父类 PyTorch 才能识别出自定义的模型，并自动进行反向传播机制。　　　　　　　　　　　　　　　　　　　　　　　　　　　（　　）

单元 7
图像数据处理

7.1 学习情境描述

图像数据处理已经成为深度学习的重要组成部分之一，图像数据处理的成熟大大提高了深度学习的应用范围。一方面，深度学习应用凭借在识别应用中超高的预测准确率，受到了图像处理领域的极大关注；另一方面，良好的图像数据能够有效提高深度学习模型训练的泛化能力。深度学习和图像数据处理两者相辅相成，两者的结合可使人工智能的识别领域发展到一个新的高度。

7.2 任务陈述

具体学习任务见表 7-1。

表 7-1 学习任务单

学习任务单		
学习路线	课前	1. 参考课程资源，自主学习 "7.3 知识准备" 2. 检索有效信息，探究 "7.4 任务实施"
	课中	3. 遵从教师引导，学习新内容，解决发现的问题，分析数字图像的特点 4. 小组交流完成任务，根据引导问题的顺序，逐步分析并梳理图像数据处理的内容，按要求实现图像的大小、翻转、色彩调整、编/解码、标准化处理和添加标注框等操作
	课后	5. 录制小组汇报视频并上交 6. 项目总结 7. 客观、公正地完成考核评价 8. 阅读理解 "7.5 拓展案例"
学习任务		1. 理解数字图像 2. 掌握图像的大小、翻转、色彩调整等操作 3. 掌握图像的编/解码、标准化处理和添加标注框等操作 4. 实践基于神经网络的图像风格迁移
学习建议		1. 不必纠结于数字图像处理过程中的函数，能够在操作实践过程中通过检索函数功能实现应用即可 2. 提前预习知识点，将有疑问的地方圈出，上课时解惑讨论 3. 小组合作完成任务实施引导的学习内容

学习任务单	
价值理念	1. 促进人与自然和谐共生，推动构建人类命运共同体，创造人类文明新形态 2. 增强文化自信，激发全民族文化创新创造活力，增强实现中华民族伟大复兴的精神力量 3. 不断丰富和发展人类文明新形态

（续）

7.3 知识准备

图像数据处理最早出现于 20 世纪 50 年代，当时的电子计算机已经发展到一定水平，人们开始利用计算机来处理图形和图像信息。早期的图像数据处理的目的是改善图像的质量，它以人为对象，以改善人的视觉效果为目的。图像数据处理中，输入的是质量低的图像，输出的是改善质量后的图像。常用的图像数据处理方法有图像增强、复原、编码、压缩等。时至今日，图像数据处理与深度学习有着密不可分的联系，利用 PyTorch 或者 Matplotlib 都可以实现图像数据处理，并在此基础上实现人工智能图像识别。

7.3.1 数字图像的概念和图像处理方法

1. 数字图像理解

一般的图像（模拟图像）不能直接用计算机进行处理，必须先将其转化为数字图像，如图 7-1 所示。利用图像数字化，把模拟图像分割成一个个称为像素的小区域，用整数表示每个像素的亮度值。

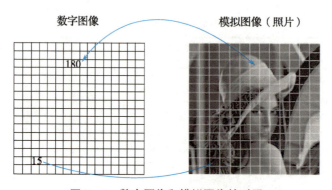

图 7-1 数字图像和模拟图像的对照

1）图像分为黑白图像、灰度图像、彩色图像。在数字图像处理过程中，一般可以用矩阵表示图像。一幅黑白图像或者灰度图像只需用一个矩阵来表示，通常称其为单通道数据；而一幅彩色图像需用三个矩阵来表示，通常称其为三通道数据。

黑白图像，指图像的每个像素只能是黑或白，没有中间的过渡，故又称为二值图像。二值图像的像素值只能为 0 或 1，如图 7-2 所示。

灰度图像，指每个像素由一个量化的灰度值来描述的图像，不包含彩色信息，如图 7-3 所示。

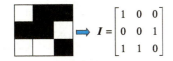
图 7-2　黑白图像的表示

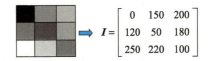
图 7-3　灰度图像的表示

彩色图像，指每个像素由 R、G、B 三基色像素构成的图像，其中 R、G、B 分别用不同的灰度级来描述，如图 7-4 所示。彩色图像有不同的描述方式：对人的眼睛来说，更习惯通过色调、饱和度和亮度来定义颜色；对于显示设备来说，可以用红、绿、蓝发光体的发光量来描述颜色；对于打印设备来说，可以使用青色、品红、黄色和黑色颜料的用量来指定颜色。

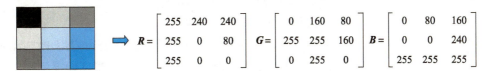
图 7-4　彩色图像的表示

2）图像和图形。图像和图形区别的详见表 7-2。

表 7-2　图像与图形的区别

区别	图像	图形
形成方式	客观自然	主观人为（抽象概念）
描述对象	实物、实景	非实物
描述方式	像素矩阵	数学模型
编辑单位	像素	几何元素
处理方法	基于统计规律的变换为主	几何计算
应用场景	真实景物，如照片	几何对象，如机械工程图、建筑设计图、测绘地图
存储格式	位图（BMP、GIF、JPG）	矢量图（DWG、DXF）

3）数字图像处理一般可以分为三个层次：低级处理、中级处理和高级处理。

低级处理涉及初级操作，如降低噪声的图像预处理、对比度增强和图像锐化，其特征是输入、输出都是图像。

中级处理涉及诸多任务，如把一幅图像分为不同区域或目标的分割任务，减少这些目标物的描述，以使其更适合计算机处理，以及对不同目标进行分类识别。其特征是输入为图像，但输出是从这些图像中提取的特征（如边缘、轮廓及各物体的标识等）。

高级处理涉及图像理解，就是对图像的语义理解。它是以图像为对象、知识为核心，研究图像中有什么目标、目标之间的相互关系、图像是什么场景及如何应用场景的一门学科。

4）图像理解是一门交叉学科，涉及统计学、光学、人工智能、脑科学等学科，以及其他领域知识。图像理解的处理信息分为视觉数据信息和人类知识信息两部分，两者相辅相成。对于视觉数据信息，图像理解的理论基础是计算机视觉，侧重原始获取的数据信息以何种结构存储在计算机中。对于人类知识信息，图像理解的理论基础是人工智能，侧重知识的表述如何指导计算机的理解过程。图像理解既是对计算机视觉研究的延伸和拓展，又是人类智能的新研究领域，渗透着人工智能的研究进程。由于图像本身的歧义性，存在理解困难，例如图7-5究竟是鸭子还是兔子？

随着人工智能、计算机视觉和深度学习的不断发展，图像理解也被广泛应用在不同领域，比如字符识别、公共安全、智能交通和生物医疗等。其中，在字符识别领域，图像理解用于历史文字和图片档案的修复和管理，以及文字的自动识别；在公共安全领域，图像理解用于军事目标的侦察、制导，以及警戒系统、防御系统及其反伪装，还用于公安部门对现场照片、指纹、手迹、印章、人像等的分析和识别；在智能交通领域，具有图像理解的实时车辆跟踪系统可应用到交通管理，可以实时提供车流量和车速；在生物医疗领域，图像理解可应用于细胞的分类、染色体分类和放射图像的分析中，如从CT图像中识别各种器官、从CT图像检测癌细胞等。

图7-5　鸭兔图

2. 图像处理

（1）图像边缘填充

格式：torchvision.transforms.Pad(padding, fill = 0, padding_mode = 'constant')。

参数说明：padding 指要填充多少像素；fill 指明用什么值填充，可以是数值，也可以是（R，G，B）值；padding_mode 表示填充方式，默认是恒定。

图像边缘填充示例操作代码如下所示。

```python
from torchvision import transforms
from PIL import Image
import NumPy as np
import matplotlib.pyplot as plt
padding = transforms.Pad(padding = 30, fill = 0)    # 用亮度0来填充边缘
img = Image.open('./img/lena.jpg')                  # 载入 lena.jpg 图像
print('原图像大小:', img.size)                       # 输出原始图像大小
padded_img = padding(img)                           # 调用 Pad 中的__call__函数,即填充操作
print('变换后图像大小:', padded_img.size)            # 输出填充后的图像大小
#绘制图像
plt.figure()
plt.subplot(121)
plt.imshow(img)
plt.title('原图')
plt.subplot(122)
plt.imshow(padded_img)
plt.title('边缘填充')
plt.show()
```

执行边缘填充代码，运行结果如下。对比效果如图7-6所示。

原图像大小：(537,536)
变换后图像大小：(597,596)

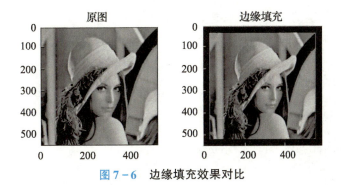

图 7-6　边缘填充效果对比

（2）改变大小

格式：torchvision.transforms.Resize（size，interpolation＝2）。

功能说明：输入 PIL（Python Image Library，Python 的第三方图像处理库）图像的大小调整为给定大小。

具体参数含义见表 7-3。

表 7-3　transforms.Resize( )函数参数表

参数	说明
size	表示期望输出大小。若为（h，w），表示输出图像高为 h、宽为 w；若为 int，则表示图像短边等于 size，长宽比不变
interpolation	表示插值方法。共有 4 种插值方法：PIL.Image.BICUBIC、PIL.Image.LANCZOS、PIL.Image.BILINEAR 和 PIL.Image.NEAREST。默认是 PIL.Image.BILINEAR

注意：PIL.Image 对象的 size 属性返回的是(w,h)，而 Resize 的参数顺序是(h,w)。

改变图像大小示例操作代码如下所示。

```
resize = transforms.Resize(800)              #定义变换后的短边大小,固定长宽比
resize2 = transforms.Resize((600,900))       #自定义变换后的宽和高,注意参数顺序
img = Image.open('./img/lena.jpg')
print('原图像大小:', img.size)
resize_img = resize(img)                     #改变图像大小
resize_img2 = resize2(img)                   #改变图像大小
print('固定短边:', resize_img.size)
print('自定义宽、高:', resize_img2.size)       #注意参数顺序
```

执行代码，运行结果如下：

```
原图像大小:(537,536)
固定短边:(801,800)
自定义宽、高:(900,600)
```

（3）图像裁剪

1）中心裁剪。

格式：torchvision.transforms.CenterCrop(size)。

功能说明：根据给定的 size 从中心进行裁剪。

参数说明：size 可以是 sequence 或者 int，若为 sequence，则为（h，w），若为 int，则为（size，size）。

中心裁剪示例操作代码如下所示。

```
centerCrop = transforms.CenterCrop((128,128))   #中心裁剪定义
img = Image.open('./img/lena.jpg')
Crop_img = centerCrop(img)    #中心裁剪
plt.figure( )
plt.subplot(121)
plt.imshow(img);plt.title('原图')
plt.subplot(122)
plt.imshow(Crop_img);plt.title('中心裁剪')
plt.show( )
```

执行代码，运行结果如图 7-7 所示。

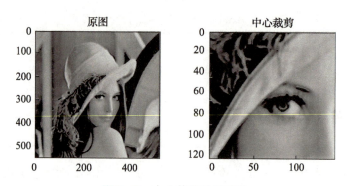

图 7-7　中心裁剪效果对比

2）随机裁剪。

格式：torchvision.transforms.RandomCrop(size，padding = None，pad_if_needed = False，fill = 0，padding_mode = 'constant')。

功能说明：根据给定的 size 从中心进行随机裁剪。

具体参数含义见表 7-4。

表 7-4　RandomCrop( )函数参数表

参数	说明
size	可以是 sequence 或者 int，即(h,w)或者(size,size)
padding	图像每个边框上的可选填充。默认值为 None，即无填充。如果提供长度为 4 的序列，则它用于分别填充左、上、右、下边界。如果提供长度为 2 的序列，则分别用于填充左/右、上/下边界
pad_if_needed	是否需要填充，默认为不需要
fill	默认值为 0。如果是长度为 3 的元组，则分别用于填充 R、G、B 通道
padding_mode	填充类型，包括恒定、边缘、反射、对称。默认为恒定 constant 具有常量值

随机裁剪示例操作代码如下所示。

```
RandomCrop = transforms.RandomCrop((128,128))   #随机裁剪定义
img = Image.open('./img/lena.jpg')
Crop_img = RandomCrop(img)    #随机裁剪
plt.figure()
plt.subplot(121)
plt.imshow(img); plt.title('原图')
plt.subplot(122)
plt.imshow(Crop_img); plt.title('随机裁剪')
plt.show()
```

执行代码，运行结果如图7-8所示。

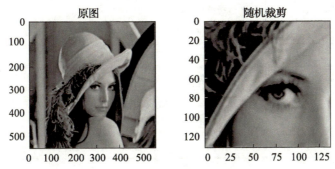

图7-8　随机裁剪效果对比

3）随机宽高比裁剪。

格式：torchvision.transforms.RandomResizedCrop(size, scale = (0.08, 1.0), ratio = (0.75, 1.33333), interpolation = 2)。

功能说明：RandomResizedCrop()函数将给定的PIL图像裁剪为随机大小（默认值是原始图像的0.08~1.0倍）和随机宽高比（默认值为3/4~4/3倍）。

具体参数含义见表7-5。

表7-5　RandomResizedCrop()函数参数表

参数	说明
size	每条边的预期输出大小
scale	裁剪比例的范围
ratio	宽高比的范围
interpolation	插值类型，默认值为PIL.Image.BILINEAR

4）上下左右中心裁剪。

格式：torchvision.transforms.FiveCrop(size)。

功能说明：在原图片的四个角和中心各截取一幅大小为size的图片。

参数说明：size可以是sequence或者int。若为sequence，则截取的大小为(h, w)；若为int，则截取的大小为(int, int)。

5）上下左右中心裁剪后翻转。

格式：torchvision.transforms.TenCrop(size, vertical_flip)。

功能说明：裁剪一张图片的 4 个角及中间得到指定大小的图片，并且进行水平翻转/竖直翻转，共获得 10 张图片。

参数说明：vertical_flip（bool）设定翻转方向是垂直还是水平方向，默认为水平翻转。

（4）仿射变换

格式：torchvision.transforms.RandomAffine(degrees, translate, scale, shear, resample, fillcolor)。

功能说明：可以实现图像保持中心不变的随机仿射变换。

具体参数含义见表 7-6。

表 7-6　RandomAffine( )　函数参数表

参数	说明
degrees（sequence/float/int）	要选择的度数范围
translate（tuple）	水平和垂直平移量
scale（tuple）	缩放因子
shear（sequence/float/int, optional）	错切的程度
resample	可选的重采样过滤器，可选 PIL.Image.NEAREST、PIL.Image.BILINEAR、PIL.Image.BICUBIC
fillcolor（int）	输出图像中变换区域外部的可选填充颜色

仿射变换示例操作代码如下所示。

```
import torchvision.transforms as transform
from PIL import Image
import matplotlib.pyplot as plt
img0 = Image.open('./img/lena.jpg')
img1 = transform.RandomAffine(degrees = (30,150))(img0)                    #旋转
img2 = transform.RandomAffine(degrees = 0,translate = (0.2,0.5))(img0)     #偏移
img3 = transform.RandomAffine(degrees = 0,translate = (0,0),scale = (1,2))(img0)
                                                                            #缩放
img4 = transform.RandomAffine(degrees = 0,translate = (0,0),shear = 45)(img0)
                                                                            #错切
img5 = transform.RandomAffine(degrees = 0,translate = (0.2,0.5),fill = (0,125,0))(img0) #偏移并填充
plt.figure(figsize = (20,10))
plt.subplot(161);plt.imshow(img0);plt.title('原图');plt.axis('off')
plt.subplot(162);plt.imshow(img1);plt.title('旋转');plt.axis('off')
plt.subplot(163);plt.imshow(img2);plt.title('偏移');plt.axis('off')
plt.subplot(164);plt.imshow(img3);plt.title('缩放');plt.axis('off')
plt.subplot(165);plt.imshow(img4);plt.title('错切');plt.axis('off')
plt.subplot(166);plt.imshow(img5);plt.title('偏移并填充');plt.axis('off')
plt.show( )
```

执行代码，运行结果如图 7-9 所示。

图 7-9　仿射变换效果对比

（5）图像的翻转和旋转

随机水平翻转格式：torchvision.transforms.RandomHorizontalFlip(p=0.5)。

随机垂直翻转格式：torchvision.transforms.RandomVerticalFlip(p=0.5)。

随机旋转格式：torchvision.transforms.RandomRotation(degrees, resample=False, expand=False, center=None)。

功能说明：可以实现图像的随机旋转。

具体参数含义见表 7-7。

表 7-7　RandomRotation( )函数参数表

参数	说明
degrees（sequence/float/int）	要选择的度数范围
resample	可选的重采样过滤器，可选 PIL.Image.NEAREST、PIL.Image.BILINEAR、PIL.Image.BICUBIC
expand（bool，optional）	扩展标志
center（2-tuple，optional）	旋转中心

图像的翻转和旋转示例操作代码如下所示。

```
HorizontalFlip = transforms.RandomHorizontalFlip(0.7) #定义依概率水平翻转
VerticalFlip = transforms.RandomVerticalFlip(0.7)   #定义依概率垂直翻转
Rotation = transforms.RandomRotation(70)   #定义图像旋转
img = Image.open('./img/lena.jpg')
HFlip_img = HorizontalFlip(img)            #概率水平翻转
VFlip_img = VerticalFlip(img)              #概率垂直翻转
Rotation_img = Rotation(img)               #图像旋转
plt.figure(figsize=(20,10))
plt.subplot(141)
plt.imshow(img); plt.title('原图')
plt.subplot(142)
plt.imshow(HFlip_img); plt.title('水平翻转')
plt.subplot(143)
plt.imshow(VFlip_img); plt.title('垂直翻转')
plt.subplot(144)
plt.imshow(Rotation_img); plt.title('旋转')
plt.show( )
```

执行代码，运行结果如图 7-10 所示。

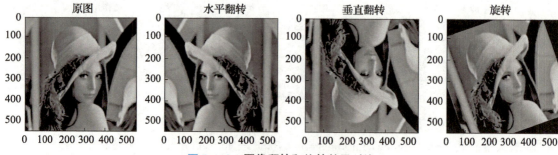

图 7-10 图像翻转和旋转效果对比

(6) 图像色彩调整

1) 颜色抖动。

格式：torchvision.transforms.ColorJitter(brightness=0, contrast=0, saturation=0, hue=0)。

功能说明：随机更改图像的亮度、对比度和饱和度。

具体参数含义见表 7-8。

表 7-8 ColorJitter( ) 函数参数表

参数	说明
brightness	设置亮度，取值可以为浮点数或 Python 的元组，如 float（最小值，最大值）。从 [max(0, 1 - brightness), 1 + brightness] 区间中或给定的 [min, max] 区间中均匀地选择 brightness_factor
contrast	设置对比度，取值与亮度类似
saturation	设置饱和度，取值与亮度类似
hue	设置色调，取值与亮度类似

颜色抖动示例操作代码如下所示。

```
ColorJitter = transforms.ColorJitter(brightness = 0.5)
img = Image.open('./img/lena.jpg')
Color_img = ColorJitter(img)
plt.figure(figsize = (8,8))
plt.subplot(121)
plt.imshow(img); plt.title('原图')
plt.subplot(122)
plt.imshow(Color_img); plt.title('颜色抖动')
plt.show( )
```

执行代码，运行结果如图 7-11 所示。

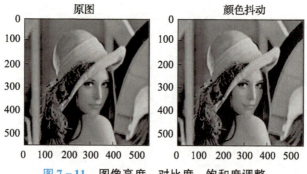

图 7-11 图像亮度、对比度、饱和度调整

2) 转灰度图。

格式：torchvision.transforms.Grayscale(num_output_channels=1)。

功能说明：将其他图像转换为灰度图。

参数说明：num_output_channels（int）表示输出通道，当值为 1 时，是正常的灰度图，当值为 3 时，表示 3 个通道均相同，即 R = G = B。

转灰度图示例操作代码如下所示。

```
from torchvision import transforms
from PIL import Image
import matplotlib.pyplot as plt
Gray = transforms.Grayscale(3)         #定义三通道一致的转换方式
img = Image.open('./img/lena.jpg')
Gary_img = Gray(img)                   #转换成灰度图
```

执行代码，运行结果如图 7 – 12 所示。

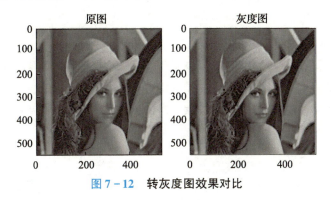

图 7 – 12　转灰度图效果对比

3) 随机转灰度图。

格式：torchvision.transforms.RandomGrayscale(p)。

功能说明：依概率随机转换成灰度图。若通道数为 3，则 3 个通道均相同 R = G = B。

4) 线性变换。

格式：torchvision.transforms.LinearTransformation(transformation_matrix, mean_vector)

功能说明：实现图像的线性变换，使用方形变换矩阵和离线计算的 mean_vector 变换张量图像。给定 transformation_matrix 和 mean_vector，将使矩阵变平，从中拉伸并减去 mean_vector，再用变换矩阵计算点积，然后将张量重新整形为其原始形状。

参数说明：transformation_matrix（Tensor）为变换矩阵，mean_vector（Tensor）为平均向量。

7.3.2　图像编/解码、标准化处理和添加标注框

1. 图像编码、解码

（1）图像编码　图像和视频文件很大，占用的存储空间大，存储设备花费高，并且造成图像和视频的传输困难，不能满足在线观看的需求，必须进行图像压缩。如 BMP 格式的图像文件，一幅 512 × 512 像素的黑白图像的比特数为 512 × 512 × 8bit = 2097152bit = 256KB。一部 90min 的彩色电影，每秒放映 24 帧。假设每帧只有 1024 × 1024 像素，每像素的 RGB 三个分量

分别占 8bit，可以通过计算得到总比特数为 90×60×24×3×1024×1024×8bit = 379.6875GB。

所谓图像压缩是指在满足一定质量（信噪比或主观评价）的条件下，以较少比特数无（或少）损失地表示图像的技术。1948 年，信息论学的奠基人香农曾经论证：不论是语音或图像，由于其信号中包含很多的冗余信息，所以可以通过压缩技术使得数据占用的空间更小。目前，图像编码已经成为当代信息技术中较活跃的一个分支，经过多年的努力，图像编码技术已从实验室走入通信和电子领域的实际应用。

（2）冗余数据类型

编码冗余：如果一个图像的灰度级编码，使用了多于实际需要的编码符号，就称该图像包含编码冗余。例如，若用 8bit 表示黑白图像的像素，就说该图像存在编码冗余，因为该图像的像素只有两个灰度，用 1bit 即可表示。

空间冗余：由于图像中的像素间存在相关性，那么对于任一给定的像素值，原理上都可以通过它的相邻像素值预测得到，这就造成了空间冗余。

视觉冗余：图像中某些信息相对人的视觉效果来说显得不重要，即可以忽略的部分，称为视觉冗余。

（3）图像编码和解码的流程　数据是信息表达的手段，相同的信息可以通过不同的数据量去表示，尝试用不同的表达方式以减少表示图像的数据量，对图像的压缩可以通过对图像编码实现。图像编解码在实际应用中的流程如图 7-13 所示。图像编码是对图像信息以特殊的方式进行组合，以减少数据量，便于存储、处理和传输。图像解码是对压缩图像进行解压以重建原图像或其近似图像。

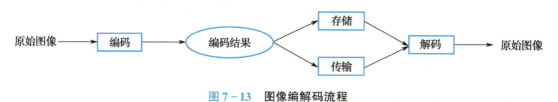

图 7-13　图像编解码流程

（4）图像压缩系统模型　编码器包含映射器、量化器、符号编码器三个部分，如图 7-14 所示。映射器是对输入数据进行变换以减少像素的相关冗余（降低空间和时间冗余，例如游程编码）。量化器减少映射器输出的精度，以减少心理视觉冗余。符号编码器将编码赋给最频繁出现的量化器的输出以减少编码冗余。解码器包含符号解码器和反映射器两个部分。由于量化器不可逆，解码中没有量化器的逆操作，因此量化器不可用在无失真编码中。

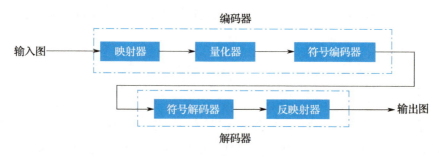

图 7-14　图像压缩系统模型

(5) 图像编码的分类　图像编码技术根据不同的标准，有不同的分类方法。根据编码过程有无信息损失，可分为有损编码和无损编码。

有损编码：又称为不可逆编码，是指对图像进行有损失的编码，致使解码重新构造的图像与原始图像存在一定的失真，即丢失了部分信息。由于允许一定的失真，这类方法能够达到较高的压缩比。有损编码多用于数字电视、静止图像通信等领域。

无损编码：又称可逆编码，是指解压后的还原图像与原始图像完全相同，没有任何信息损失。这类方法能够获得较高的图像质量，但所能达到的压缩比不高。无损编码常用于工业检测、医学图像、存档图像等领域的图像压缩中。

(6) 图像压缩编码的分类　图像压缩编码技术根据压缩原理的不同可以分为预测编码、变换编码、统计编码等。

预测编码：利用图像信号在局部空间和时间范围内的高度相关性，以已经传出的近邻像素值作为参考，预测当前像素值，然后量化、编码预测误差。

变换编码：将空域中描述的图像数据经过某种变换转换到另一个变换域中进行描述，变换后的结果是一批变换系数，然后对这些变换系数进行编码处理，从而达到压缩图像的目的。

统计编码：也称为熵编码，它是一类根据信息熵原理进行的信息保持型变字长编码。编码时，对出现概率高的事件（被编码的符号）用短码表示，对出现概率低的事件用长码表示。

信息是用来消除随机不确定性的内容。熵越大则可能的状态越无序，如果有人提供信息则会使可能的状态更有序。因此，香农提出利用玻尔兹曼熵来度量信息的思想，称之为信息熵，其定义为

$$S = -k\sum_{i=1}^{n} p_i \ln p_i$$

式中，k 为正的常量；p_i 为处于第 i 个状态的概率，通过用处于第 i 个状态的样本个数除以样本总数来估计。

例如，有 4 支实力相当的球队 A、B、C、D 举行淘汰赛，每个球队获胜的概率为 0.25。信息熵中的常量 k 取 1，则当前状态的信息熵为 $2\ln 2$。两场比赛后 C 和 D 被淘汰掉，此时状态的信息熵为 $\ln 2$。显然，赛前猜哪个球队最终获胜相对难些，开赛后 C 和 D 被淘汰掉为人们提供了信息，更容易猜中最终获胜的球队。

(7) 无损编码

RLE 编码：就是行程长度编码，用行程的灰度和行程的长度代替行程本身。所谓行程就是具有相同灰度值的像素序列。例如，编码前为"aaaaaaabbbbbcccccccc"，编码后为"7a6b8c"。

LZW 编码：在压缩过程中，动态地形成一个字符序列表（字典）。每当压缩扫描图像发现一个字典中没有的字符序列，就把该字符序列存到字典中，并用字典的地址（编码）作为这个字符序列的代码，替换原图像中的字符序列，下次再碰到相同的字符序列，就用字典的地址代替字符序列。GIF 图片就采用了这种编码方法。

霍夫曼编码：一种统计编码，统计各种情况出现的概率，建立一个概率统计表，将经常出现（概率大的）的情况用较短的编码，较少出现的情况用较长的编码。霍夫曼编码分为静态编码和动态编码，静态编码在压缩之前就建立好一个概率统计表和编码树，算法速度快，但压缩效果不是很好；动态编码对每一个图像，临时建立概率统计表和编码树，算法速度慢，

但压缩效果好。

无损预测编码：去除像素冗余。用当前像素值预测下一个像素值，对下一个像素的实际值与预测值求差，然后对差值编码，作为压缩数据流中的下一个元素。由于差值比原数据要小，因而编码要小。

（8）用 OpenCV 对图片编码/解码　OpenCV 是一个基于 BSD 许可（开源）发行的跨平台计算机视觉和机器学习软件库，可以运行在 Linux、Windows、Android 和 macOS 操作系统上。OpenCV 由一系列 C 函数和少量 C++ 类构成，同时提供了 Python、Ruby、MATLAB 等语言接口，实现了图像处理和计算机视觉方面的很多通用算法。

cv2.imdecode() 函数从指定的内存缓存中读取数据，并把数据转换（解码）成图像格式，主要用于从网络传输数据中恢复出图像。

cv2.imencode() 函数将图片格式转换（编码）成流数据，赋值到内存缓存中，主要用于图像数据格式的压缩，方便网络传输。

2. 图像标准化

使用深度学习在进行图像分类或者对象检测时候，首先需要对图像做数据预处理，常见的图像预处理方法有两种：一种是正常白化处理，又叫作图像标准化处理；另外一种是归一化处理。图像归一化处理公式为

$$\text{output} = \frac{\text{input} - \min(\text{input})}{\max(\text{input}) - \min(\text{input})}$$

式中，input 表示输入的图像像素值；max()、min() 分别表示输入像素的最大值和最小值；output 为输出图像像素值。经过归一化处理，图像像素被调整到 [0, 1] 区间内。图像归一化示意如图 7-15 所示。图像归一化之前，代价函数等高线很窄，可能沿着垂直长轴走"之"字形路线，从而导致迭代很多次才能收敛。而图像归一化之后，对应的等高线就会变圆，在梯度下降进行求解时能沿一个方向较快地收敛。

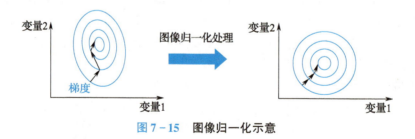

图 7-15　图像归一化示意

图像标准化处理的公式为

$$\text{output} = \frac{\text{input} - \text{mean}(\text{input})}{\text{std}(\text{input})}$$

式中，mean(input) 表示输入图像的像素均值；std 表示输入图像像素的标准差。经过标准化，图像像素均值为 0，标准差为 1，实现了数据中心化。数据中心化符合数据分布规律，能增加模型的泛化能力。当均值和方差均为 0.5 时，标准化的结果可以调整到 [-1, 1] 区间。

函数格式：transforms.Normalize(mean, std, inplace = False)。

具体参数含义见表 7-9。

表 7-9　transforms.Normalize( ) 参数表

参数	说明
mean	各通道的均值
std	各通道的标准差
inplace	是否原地操作

图像标准化前后效果对比如图 7-16 所示。

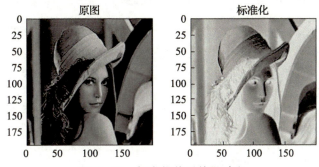

图 7-16　标准化前后效果对比

3. 添加标注框

（1）用 OpenCV 给图像添加标注框　用 OpenCV 添加标注框（Bounding Box）主要用到 cv2.rectangle( ) 和 cv2.putText( ) 函数。

cv2.rectangle( ) 用于在任何图像上增加矩形框，其格式为 cv2.rectangle(img, (x, y), (x + w, y + h), (B, G, R), Thickness)，其中的参数依次表示图像、左上角坐标、右下角坐标、颜色数组、粗细。

cv2.putText( ) 用于在图像上添加文本内容，其格式为 cv2.putText(img, text, (x, y), Font, Size, (B, G, R), Thickness)，其中的参数依次表示图像、文本、位置、字体、大小、颜色数组、粗细。

利用 OpenCV 添加标注框和文字的效果如图 7-17 所示。

图 7-17　添加标注框和文字的前后效果对比

读取原图的具体示例操作代码如下所示。

```
import matplotlib.pyplot as plt
import cv2
fname ='xrk.jpg'
img = cv2.imread( fname )
plt.subplot(121)
plt.title("xrk1")
plt.imshow(img[:,:, :: -1])        #注意 Matplotlib 颜色通道是 RGB,OpenCV 是 BGR,所以
                                   #通道需要转换也可以使用 cv2.cvtColor( )函数
```

读取绘制标注框和添加文本的具体示例操作代码如下所示。

```
cv2.rectangle(img,(170,90),(480,380),(0,255,2),4)
font = cv2.FONT_HERSHEY_SIMPLEX #使用默认字体
text ='sunflower'
cv2.putText(img, text, (110,80),font, 1.5,(0,0,255),1)
cv2.imwrite('xrk_new.jpg',img)
```

读取添加标注框之后图像的具体示例操作代码如下所示。

```
plt.subplot(122)
plt.title("xrk2")
plt.imshow(img[:,:, :: -1])
plt.show( )
```

（2）用 Matplotlib 给图像添加标注框

格式：patches.Rectangle((x，y),width,height,linewidth =1, edgecolor ='r', facecolor ='none')。

该函数可绘制长方形标注框，具体参数含义见表 7-10。

表 7-10　Rectangle( )函数参数表

参数	说明
(x,y)	左上角坐标
width	标注框区域的宽
height	标注框区域的高
linewidth	标注框区域的线宽
edgecolor	标注框的线的颜色
facecolor	标注框的区域的颜色

添加长方形标注框前后效果对比如图 7-18 所示。

 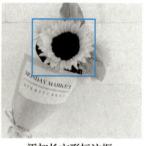

　　　　原图　　　　　　　添加长方形标注框

图 7-18　添加长方形标注框前后效果对比

导入需要的包。

```
import matplotlib.pyplot as plt
import matplotlib.patches as patches
from PIL import Image
import NumPy as np
```

绘框并保存。

```
im = np.array(Image.open('xrk.jpg'), dtype = np.uint8)   #载入图像并转换成array格式
fig, ax = plt.subplots(1)
ax.imshow(im)                        #展示原图
rect = patches.Rectangle((170, 90), 310, 290, linewidth = 1, edgecolor = 'r', facecolor ='none') #绘制
ax.add_patch(rect)                   #绘制结果并入原图
plt.savefig('sunflower.jpg')  #保存图像
plt.show( )
```

7.4 任务实施：图像数据处理

7.4.1 任务书

图像数据处理任务主要包含以下内容：对图像进行翻转操作；对图像数据进行归一化处理；对图像数据进行标准化处理；对图像数据进行色彩调整；图像的编码和解码；给图像添加标注框。

7.4.2 任务分组

学生任务分配表					
班级		组号		指导老师	
组长		学号		成员数量	
组长任务				组长得分	
组员姓名	学号		任务分工		组员得分

7.4.3 获取信息

引导问题1：查阅资料，了解图像数据处理的基本知识和具体应用场景，对于本书未介绍的内容进行记录补充，开阔自身眼界。

7.4.4 工作实施

引导问题 2：创建实验检测路径及文件。

在实验环境的桌面右击，选择"创建文件夹"命令，在弹出的窗口中输入文件夹名称"test8"。打开"test8"文件夹，会显示其路径为"/home/techuser/Desktop/test8"。下载 001.jpg、22.png、33.png 图片并将其保存到"test8"中。

引导问题 3：本次实验需要搭配 OpenCV 实验环境，在实验开始之前，确保实验环境正确。

若 OpenCV 已经安装，可跳过下面的安装步骤介绍。提供本部分内容是为了让读者了解 OpenCV 的安装过程。若 OpenCV 未安装，则需要先下载 OpenCV。下载地址为 https://pypi.tuna.tsinghua.edu.cn/simple/opencv-python/，下载 opencv_python-4.3.0.36-cp37-cp37m-manylinux2014_x86_64.whl 文件。

1）进入下载文件路径，右击，在弹出的快捷菜单中并选择"Open Terminal Here"命令，打开终端以便输入代码。

2）激活实验环境，复制代码"conda activate Course"，如图 7-19 所示。

图 7-19　激活实验环境

3）在实验环境下安装 OpenCV，输入安装命令"pip installopencv_python-4.3.0.36-cp37-cp37m-manylinux2014_x86_64.whl"，安装成功的界面如图 7-20 所示。

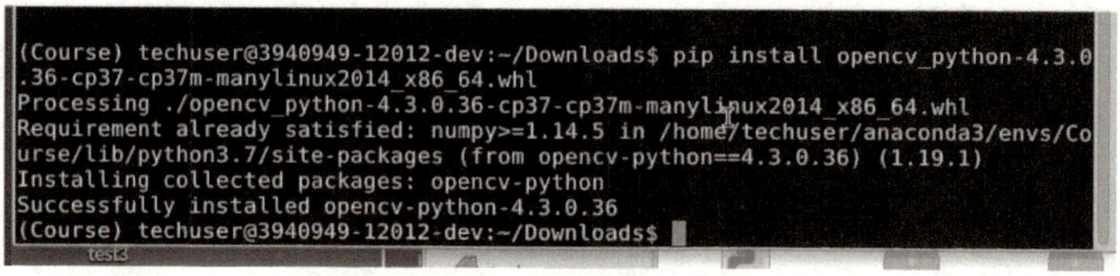

图 7-20　OpenCV 安装成功界面

4）实验前选择 Course 环境。

引导问题 4：利用 torchvision.transforms 实现图像翻转，包括依据概率 p 水平翻转、依据概率 p 垂直翻转、随机旋转，并记录出现的问题及解决方法。查阅相关资料，补充图像翻转的其他工具库。

图像翻转相关函数：
1. 依据概率 p 对 PIL 图片进行水平翻转，完成代码的编写。

2. 依据概率 p 对 PIL 图片进行垂直翻转，完成代码的编写。

注：1、2 都是概率翻转，可能存在不会翻转的情况。
3. 依据 degrees 随机旋转一定角度，完成代码的编写。

图像翻转的其他工具库：
  Matplotlib 是基于 Python 的图表绘图系统，是 Python 最著名的绘图库，它提供了一整套和 MATLAB 相似的命令 API，十分适合交互式制图。此外，还可以方便地将它作为绘图控件，嵌入 GUI 应用程序中。
1. pyplot 是其中常用的画图模块，导入命令为 "import matplotlib.pyplot as plt"。
2. subplot 是将多个图画到一个平面上的画图模块，如 subplot（121）其实就是 subplot [1, 2, 1]，表示在本区域里显示 1 行 2 列个图像，最后的 1 表示本图像显示在第一个位置。
3. matplotlib.transforms 模块包含了许多图像变换函数。

出现的问题及解决方法：

引导问题 5：掌握图像归一化的相关知识及两种实现方法，并记录出现的问题及解决方法。

方法 1：在 PyCharm 中新建文件 8_2_1.py，在该文件中利用张量完成第一种归一化操作。

方法 2：在 PyCharm 中新建文件 8_2_2.py，在该文件中利用 torchvision.transforms.Normalize（mean，std）函数完成第二种归一化操作。

出现的问题及解决方法：

引导问题 6：掌握色彩调整的相关知识及实现方法，并记录出现的问题及解决方法，包括转灰度图，依据概率 p 转灰度图，修改亮度、对比度和饱和度。

---

1. 实现图片转灰度图的操作，完成代码的编写。

2. 实现依据概率 p 将图片转换为灰度图，完成代码的编写。

3. 修改图像的亮度、对比度及饱和度，完成代码的编写。

出现的问题及解决方法：

引导问题 7：了解图像编码与解码的作用，掌握编码与解码的代码实现过程，并记录出现的问题及解决方法。

---

1. 利用 cv2.imdecode( ) 函数从指定的内存中读取数据，并把数据转换（解码）成图像格式。该方法主要用于从网络传输数据中恢复出图像。

2. 利用 cv2.imencode( ) 函数将图片格式转换（编码）成流数据，赋值到内存中。该方法主要用于图像数据格式的压缩，方便网络传输。

出现的问题及解决方法：

引导问题 8：添加标注框是图像处理的基本操作，掌握添加标注框的代码实现过程，为深度学习打下基础。在编写代码的过程中，记录出现的问题及解决方法。

用 OpenCV 添加标注框主要用到下面两个工具——cv2.rectangle( ) 和 cv2.putText( )。
1. 利用 cv2.rectangle( ) 添加标注框。

2. 利用 cv2.putText( ) 添加文字，对图像进行分类或者补充说明。

出现的问题及解决方法：

7.4.5 评价与反馈

全面考核学生的专业能力和拓展能力，采用过程性评价和结果评价相结合，定性评价与定量评价相结合的考核方法。注重对学生的动手能力和在实践中分析问题、解决问题能力的考核，对在学习和应用上有创新的学生给予特别鼓励。小组总评成绩为"自评＋互评＋师评"按比例折算的成绩再加上附加分，自评、互评和师评所占比例可由教师根据具体情况自行拟定。

考核评价表					
评价项目	评价内容	项目配分	自我评价	小组评价	教师评价
思政元素（10）	理解并清晰表述学习任务单中价值理念的意义	5			
	互评过程中，客观、公正地评价他人	5			
专业能力（50）	根据任务单，提前预习知识点、发现问题	5			
	根据引导问题，检索、收集图像数据处理的应用，并做深入分析	5			
	图像进行翻转操作	5			
	图像数据进行归一化操作	5			
	图像数据进行标准化操作	5			
	图像数据进行色彩调整	5			
	图像的编码和解码操作	5			
	给图像添加标注框	5			
	完成任务实施引导的学习内容	5			
	项目总结符合要求	5			
方法能力（20）	自主或寻求帮助来解决所发现的问题	5			
	能利用网络等查找有效信息	5			
	编写操作实现过程，厘清步骤思路	5			
	根据任务实施安排，制订学期学习计划和形式	5			
社会能力（15）	小组讨论中能认真倾听并积极提出较好的见解	5			
	配合小组成员完成任务实施引导的学习内容	5			
	参与成果展示汇报，仪态大方、表达清晰	5			
创新能力（5）	学习探究中能独立解决问题，提出特色做法	5			
各评价主体分值		100			
各评价主体分数小结		—			
总分 = 自我评价分数 ×_____% + 小组评价分数 ×_____% + 教师评价分数 ×_____%					
综合得分：				教师签名：	

项目总结
整体效果：效果好□　　效果一般□　　效果不好□ 具体描述：
不足与改进：

7.5　拓展案例：基于神经网络的图像风格迁移

7.5.1　问题描述

学会如何利用神经网络实现图像风格的变换。本案例通过 VGG 提取图像特征，介绍神经风格迁移（Neural Style Transfer）的基本原理及流程。

7.5.2　基础理论

风格迁移的工作是将原图的上下文内容与参考图的风格进行融合，这种融合使得输出的图片在内容上接近 content_image（原图像），在风格上接近 style_image（风格迁移的图像）。要完成以上两点，需要定义输出图在内容上和风格上与输入图的损失（Loss）。

图像的风格迁移始于 Gates 的论文"Image Style Transfer UsingConvolutionalNeural Networks"，其功能很好描述，就是将一张内容图片和一张风格图片进行融合，得到经风格渲染之后的合成图片。渲染效果示例如图 7-21 所示。

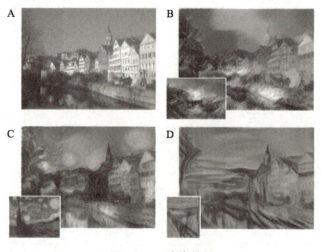

图 7-21　渲染效果

1. 读取图像

定义 load_image() 函数，读入图像，根据需要进行尺寸重定义（resize，size 越大所需训练时间越长），而后将图片矩阵转为 4 维的张量返回，以适应神经网络的输入。

2. 用 VGG 19 抽取特征

VGG 19 的具体结构如图 7-22 所示。

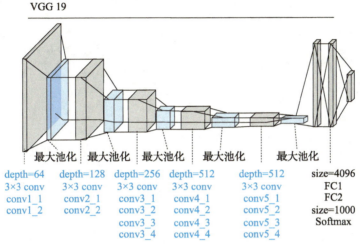

图 7-22　VGG 19 的结构

VGG 19 可以分为 5 个 block，每个 block 都是由若干卷积层及池化层组成。这 5 个 block 的池化层都是最大池化，只是卷积层的层数不同：第一个 block 有 2 层卷积（conv1_1 和 conv1_2），第二个 block 也是 2 层卷积，后三个 block 都是 4 层卷积。最后是两个全连接层（FC1 和 FC2）和一个用于分类的 Softmax 层。风格迁移任务不同于物体识别，所以不需要最后的两个全连接层和 Softmax 层。

图 7-23 中最左侧的两张输入图片（Input Image）一张作为内容输入，一张作为风格输

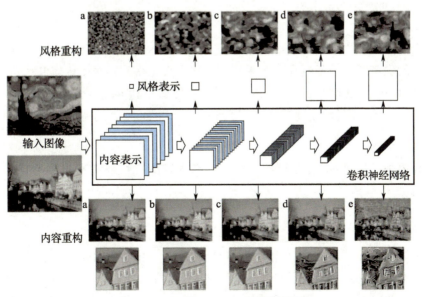

图 7-23　经过 VGG 19 处理后的图像

入,分别经过 VGG 19 的 5 个 block,由浅入深可以看出,得到的特征图(Feature Map)的高和宽逐渐减小,但是深度是逐渐加大的。为了更直观地看到每个 block 提取到的特征,所以做了一个 trick(即特征重建),把提取到的特征进行可视化,如图 7-24 所示。

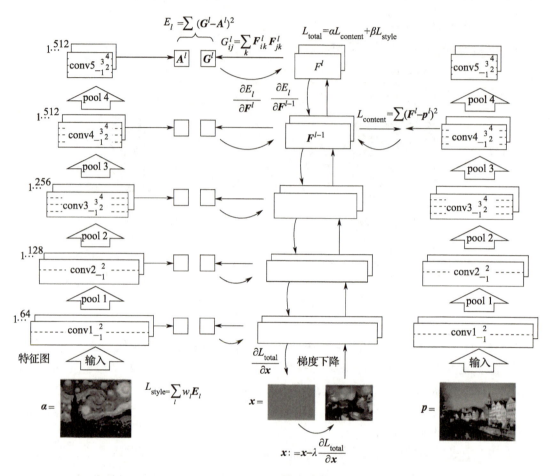

图 7-24 风格迁移步骤

图 7-24 两侧的图片分别是风格图片(记为 a)和内容图片(记为 p),同时还需要有第三张随机产生的噪声图片,不断在噪声图片上迭代,直至得到结合了内容和风格的合成图片。内容图片 p 经过 VGG 19 网络的 5 个 block 会在每层都得到 feature map,记为 p^l,即第 l 个 block 得到的特征。噪声图片经过 VGG 19 网络的 5 个 block 得到的特征记为 F^l。

3. 计算 LOSS

对于内容损失,只取 conv4_2 层的特征,计算内容图片特征和噪声图片特征之间的欧氏距离,公式为

$$L_{content}(p,x,l) = \frac{1}{2}\sum_{i,j}(F^l_{i,j} - p^l_{i,j})^2$$

对于风格损失,计算方式与内容损失有些许不同。由图 7-24 可知,噪声图片 x 经过 VGG 19 网络的 5 个 block 得到的特征记为 F^l,F^l 的格拉姆(Gram)矩阵记为 G^l,风格图片 a 经过 VGG 19 网络的 5 个 block 得到的特征再计算 Gram 矩阵后得到的内容记为 A^l,之后计

算 G^l 和 A^l 之间的欧氏距离。其中，Gram 矩阵的公式为

$$G_{i,j}^l = \sum_k F_{ik}^l F_{jk}^l$$

风格损失的公式为

$$E_l = \frac{1}{4N_l^2 M_l^2} \sum_{i,j} (G_{ij}^l - A_{ij}^l)^2$$

公式之前的系数是标准化操作，除以图片的面积（长×宽）的平方。

还需要注意的是，计算风格损失时，5 个 block 提取的特征都用来计算了，而计算内容损失时，实际上只用了第 4 个 block 提取的特征。这是因为每个 block 提取到的风格特征都是不一样的，都参与计算可以增加风格的多样性。而总损失即为内容损失和风格损失的线性和，改变 α 和 β 的比重可以调整内容和风格的占比。

$$L_{\text{content}}(p, a, x) = \alpha L_{\text{content}}(p, x) + \beta L_{\text{style}}(a, x)$$

代码中还使用了一个 trick，总损失的计算还会加上一个全变分损失（Total Variation Loss，TV Loss）用来降噪，让合成的图片看起来更加平滑。

4. 利用梯度下降训练

实现反向求导与优化，只需三句代码即可。

```
optimizer.zero_grad()
loss.backward()
optimizer.step()
```

7.5.3 解决步骤

具体操作代码如下所示。

```
#导入包
% matplotlib inline
import torch
import torchvision
from torch import nn
from d2l import torch as d2l
#查看内容图片和样式图片
d2l.set_figsize()
content_img = d2l.Image.open('../img/rainier.jpg')
d2l.plt.imshow(content_img)
style_img = d2l.Image.open('../img/autumn-oak.jpg')
d2l.plt.imshow(style_img)
```

图 7-25 所示为处理之前的内容图片，希望模仿图 7-26 的样式，对图 7-25 进行处理，从而得到全新风格的图片。

图7-25 内容图片　　　　图7-26 风格图片

1. 图像预处理和后处理

```
rgb_mean = torch.tensor([0.485, 0.456, 0.406])
rgb_std = torch.tensor([0.229, 0.224, 0.225])
#定义图像的预处理函数和后处理函数。
#在 RGB 三个通道分别做标准化
def preprocess(img, image_shape):
    transforms = torchvision.transforms.Compose([
        torchvision.transforms.Resize(image_shape),
        torchvision.transforms.ToTensor(),
        torchvision.transforms.Normalize(mean = rgb_mean, std = rgb_std)])
    return transforms(img).unsqueeze(0)
#将输出图像中的像素值还原回标准化之前的值
def postprocess(img):
    img = img[0].to(rgb_std.device)
    img = torch.clamp(img.permute(1, 2, 0) * rgb_std + rgb_mean, 0, 1)
    return torchvision.transforms.ToPILImage()(img.permute(2, 0, 1))
#基于 ImageNet 数据集预训练的 VGG-19 模型来抽取图像特征
pretrained_net = torchvision.models.vgg19(pretrained = True)
style_layers, content_layers = [0, 5, 10, 19, 28], [25]
net = nn.Sequential(*[pretrained_net.features[i] for i in
                      range(max(content_layers + style_layers) + 1)])
#逐层计算,并保留内容层和样式层的输出
def extract_features(X, content_layers, style_layers):
    contents = []
    styles = []
    for i in range(len(net)):
        X = net[i](X)
        if i in style_layers:
            styles.append(X)
        if i in content_layers:
            contents.append(X)
    return contents, styles
#对内容图像抽取内容特征
def get_contents(image_shape, device):
```

```
        content_X = preprocess(content_img, image_shape).to(device)
        contents_Y, _ = extract_features(content_X, content_layers, style_layers)
        return content_X, contents_Y
#对样式图像抽取样式特征
def get_styles(image_shape, device):
        style_X = preprocess(style_img, image_shape).to(device)
        _, styles_Y = extract_features(style_X, content_layers, style_layers)
        return style_X, styles_Y
```

2. 定义损失函数

风格迁移的损失函数是内容损失、样式损失和总变化损失的加权和。通过调节权值超参数，权衡合成图像在保留内容、迁移样式以及降噪三方面，尽可能实现风格迁移效果的最大化。具体操作代码如下所示：

```
#内容损失
def content_loss(Y_hat, Y):
    # 从动态计算梯度的树中分离目标
    # 这是一个规定的值,而不是一个变量
return torch.square(Y_hat - Y.detach()).mean()
#样式损失
def gram(X):
    num_channels, n = X.shape[1], X.numel() // X.shape[1]
    X = X.reshape((num_channels, n))
    return torch.matmul(X, X.T) / (num_channels * n)
def style_loss(Y_hat, gram_Y):
return torch.square(gram(Y_hat) - gram_Y.detach()).mean()
#总变化损失
def tv_loss(Y_hat):
    return 0.5 * (torch.abs(Y_hat[:, :, 1:, :] - Y_hat[:, :, :-1, :]).mean() +
                  torch.abs(Y_hat[:, :, :, 1:] - Y_hat[:, :, :, :-1]).mean())
#损失函数
content_weight, style_weight, tv_weight = 1, 1e3, 10
def compute_loss(X, contents_Y_hat, styles_Y_hat, contents_Y, styles_Y_gram):
    # 分别计算内容损失、样式损失和总变化损失
    contents_l = [content_loss(Y_hat, Y) * content_weight for Y_hat, Y in zip(
        contents_Y_hat, contents_Y)]
    styles_l = [style_loss(Y_hat, Y) * style_weight for Y_hat, Y in zip(
        styles_Y_hat, styles_Y_gram)]
    tv_l = tv_loss(X) * tv_weight
    # 对所有损失求和
    l = sum(10 * styles_l + contents_l + [tv_l])

    return contents_l, styles_l, tv_l, l
```

3. 合成图像模型

在风格迁移中，合成的图像是训练期间唯一需要更新的变量。因此，定义一个简单的模型，并将合成的图像视为模型参数。具体操作代码如下所示：

```python
class SynthesizedImage(nn.Module):
    def __init__(self, img_shape, **kwargs):
        super(SynthesizedImage, self).__init__(**kwargs)
        self.weight = nn.Parameter(torch.rand(*img_shape))
    def forward(self):
        return self.weight
#创建了合成图像的模型实例
def get_inits(X, device, lr, styles_Y):
    gen_img = SynthesizedImage(X.shape).to(device)
    gen_img.weight.data.copy_(X.data)
    trainer = torch.optim.Adam(gen_img.parameters(), lr=lr)
    styles_Y_gram = [gram(Y) for Y in styles_Y]
    return gen_img(), styles_Y_gram, trainer
```

4. 模型训练

在训练模型进行风格迁移时，不断抽取合成图像的内容特征和样式特征，然后计算损失函数。具体操作代码如下所示：

```python
#循环训练
def train(X, contents_Y, styles_Y, device, lr, num_epochs, lr_decay_epoch):
    X, styles_Y_gram, trainer = get_inits(X, device, lr, styles_Y)
    scheduler = torch.optim.lr_scheduler.StepLR(trainer, lr_decay_epoch, 0.8)
    animator = d2l.Animator(xlabel='epoch', ylabel='loss',
        xlim=[10, num_epochs], legend=['content', 'style', 'TV'], ncols=2,
        figsize=(7, 2.5))
    for epoch in range(num_epochs):
        trainer.zero_grad()
        contents_Y_hat, styles_Y_hat = extract_features(
            X, content_layers, style_layers)
        contents_l, styles_l, tv_l, l = compute_loss(
            X, contents_Y_hat, styles_Y_hat, contents_Y, styles_Y_gram)
        l.backward()
        trainer.step()
        scheduler.step()
        if (epoch + 1) % 10 == 0:
            animator.axes[1].imshow(postprocess(X))
            animator.add(epoch + 1, [float(sum(contents_l)),
                                     float(sum(styles_l)), float(tv_l)])
    return X
#首先将内容图像和风格图像的高和宽分别调整为300和450像素,用内容图像来初始化合成图像
#当设置为900和1200时,运行时间变长
device, image_shape = d2l.try_GPU(), (900, 1200)
net = net.to(device)
content_X, contents_Y = get_contents(image_shape, device)
_, styles_Y = get_styles(image_shape, device)
output = train(content_X, contents_Y, styles_Y, device, 0.3, 500, 50)
```

执行代码，运行结果如图 7-27 所示。

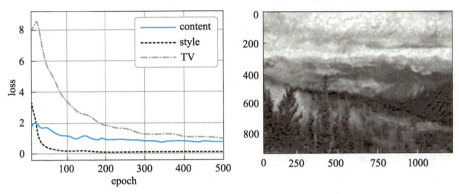

图 7-27　运行结果

7.5.4　案例总结

通过本案例了解到了 VGG 19 网络的基础知识，并通过 VGG 19 实现图像风格迁移。

7.6　单元练习

判断以下说法的对错。

1. 数字图像是由无限多的元素组成的，每个元素都有一个特定的位置和幅值，这些元素称为图画元素、图像元素或像素。像素是广泛用于表示数字图像元素的术语。　　　　（　　）

2. 数字图像有三种典型的计算：一种是图像到图像的低级处理，另一种是图像到特征的中级处理，还有一种是图像到内容理解的高级处理。　　　　（　　）

3. 根据每个像素所代表的信息不同，能够将图像分为二值图像、灰度图像、RGB 图像、索引图像等。　　　　（　　）

4. 数字图像通常要求很多的比特数，在传输和存储上存在很大的困难，会占用很多的资源，也会消耗很高的费用。　　　　（　　）

5. 图像编码也叫作图像压缩，是指在满足一定质量的条件下，使用较少的比特数表示图像或图像中所包含的技术。压缩算法有哈夫曼、位平面、预测、有损预测编码等。　　　　（　　）

6. 使用深度学习进行图像分类或者目标对象检测的时候，首先需要对图像做数据预处理，常见的图像预处理方法有两种：一种是正常白化处理，又叫作图像标准化处理；另外一种方法叫作归一化处理。　　　　（　　）

单元 8
基于 LSTM 的数据预测

8.1 学习情境描述

传统的神经网络一般都是全连接结构,且非相邻两层之间是没有连接的。对输入为时序的样本无法处理,因此引入了循环神经网络(RNN)。RNN 存在梯度消失问题;不同的隐藏层之间存在过去时刻对当前时刻的影响因素,但随着时间跨度变大,这种影响会被削弱。从而引入长短期记忆(LSTM)来解决该问题。

8.2 任务陈述

基于 LSTM 的数据预测具体学习任务见表 8-1。

表 8-1 学习任务单

学习任务单		
学习路线	课前	1. 参考课程资源,自主学习"8.3 知识准备" 2. 检索有效信息,探究"8.4 任务实施"
	课中	3. 遵从教师引导,学习新内容,解决所发现的问题 4. 小组交流完成任务,根据引导问题的顺序,逐步分析并梳理数据预测的常用方法等重点内容。使用数据预测的常用方法,按要求合作完成 LSTM 神经网络的应用
	课后	5. 录制小组汇报视频并上交 6. 项目总结 7. 客观、公正地完成考核评价 8. 阅读理解"8.5 拓展案例"
学习任务		1. 理解数据预测 2. 掌握数据预测的常用方法 3. 掌握 LSTM 神经网络的应用
学习建议		1. 相关理论知识若短期内不能理解可先放一放,先学习应用的方法 2. 提前预习知识点,将有疑问的地方圈出,上课时解惑讨论 3. 小组合作完成任务实施引导的学习内容
价值理念		1. 实践没有止境,理论创新也没有止境 2. 拓展眼界,深刻洞察人类发展进步潮流 3. 加快建设制造强国、质量强国、航天强国、交通强国、网络强国、数字中国

8.3 知识准备

数据预测的优势体现在它把一个非常困难的预测问题,转化为一个相对简单的描述问题,而这是传统小数据集根本无法企及的。

8.3.1 数据预测概述

1. 数据预测

从预测的角度看,大数据预测的目的不仅是得到简单、客观的现实业务结论,更重要的是用于帮助企业做出正确的经营决策,引导规划,开发更大的消费力量。

数据预测的基本原理:一方面承认事物发展的延续性,运用过去的时间序列数据进行统计分析,推测出事物的发展趋势;另一方面充分考虑到由于偶然因素影响而产生的随机性,为了消除随机波动产生的影响,利用历史数据进行统计分析,并对数据进行适当处理,进行趋势预测。

2. 时间序列预测法

时间序列预测法是数据预测的一种方法,属于回归预测方法,是定量预测。它将某种统计指标的数值,或者一种现象在不同时间上的观察值,按时间先后顺序排列而成的一组数字序列。时间序列预测法通过编制和分析时间序列,根据时间序列所反映出来的发展过程、方向和趋势,进行类推或延伸,借以预测下一段时间或以后若干年内可能达到的水平。

(1)时间序列预测法内容 收集与整理某种社会现象的历史资料;对这些资料进行检查与鉴别,排成数列;分析时间数列,从中寻找该社会现象随时间变化而变化的规律,得出一定的模式;以此模式去预测该社会现象将来的情况。

(2)时间序列预测法的步骤

1)收集历史资料,加以整理,编成时间序列,并根据时间序列绘成统计图。传统的分类方法是按各种因素的特点或影响效果分的,分为四大类:长期趋势、季节变动、循环变动、不规则变动。

2)分析时间序列。

3)求时间序列的长期趋势变量(T)、季节变量(S)、循环变量(C)和不规则变量(I)的值,并选定近似的数学模式来代表它们。

长期趋势变量T:指预测变量随时间变化朝着一定方向呈现出持续稳定地上升、下降或平稳的趋势。

季节变量S(显示周期、固定幅度、长期周期波动):指预测变量受季节性影响,按照固定周期呈现周期波动变化。

循环变量C:指以年度记录的时间序列所表现出的某种周期性变化。

不规则变量I:指预测变量受偶然因素的影响呈现出不规则的波动变化。

4)利用时间序列求出长期趋势、季节变动和不规则变动的数学模型后,就可以利用它们来预测未来的长期趋势值T和季节变动值S,在可能的情况下预测不规则变动值I。如果数据表现出循环波动的特征，那么循环变量 C 也应当被纳入分析模型中。然后用以下模式计算出未来的时间序列的预测值 Y：加法模式 $Y = T + S + C + I$，乘法模式 $Y = T \times S \times C \times I$。

（3）时间序列数据特点　假定事物的过去延续到未来，则可根据过去的变化趋势预测未来的发展。时间序列分析就是根据客观事物发展的连续规律性，运用过去的历史数据，通过统计分析，进一步推测未来的发展趋势。

时间序列数据变动存在着规律性与不规律性。时间序列中的每个观察值大小，影响着变化的各种不同因素在同一时刻发生作用的综合结果。从这些影响因素发生作用的大小和方向变化的时间特性来看，这些因素造成的时间序列数据的变动分为四种类型。

1）趋势型：某个变量随着时间进展或自变量变化，呈现一种比较缓慢而长期的持续上升、下降、停留的同性质变动趋向，但变动幅度可能不相等。

2）周期型：某因素由于外部影响随着自然季节的交替出现高峰与低谷的规律。

3）随机型：个别为随机变动，整体呈统计规律。

4）综合型：实际变化情况是几种变动的叠加或组合。预测时设法除去不规则变动，突出反映趋势性和周期性变动。

8.3.2　时间序列预测方法

时间序列预测可采用的方法比较多，对应不同的场景和时间序列变化规律，采用不同的方法进行求解，在预测上能够更优。时间序列预测法可用于短期、中期和长期预测。常见的时间序列预测方法有周期因子法、线性回归、传统时序建模方法、时间序列分解、XGBoost/LSTM/时间卷积网络、Seq2Seq、Facebook-Prophet、深度学习网络（CNN + RNN + Attention + AR）、时间序列转化为图像使用卷积神经网络模型分析等。这些方法应用于生活的各个场景，如经济事物预测、产品市场寿命预测等。

1. 周期因子法

周期因子法包括计算周期因子 factors、计算 base 和预测 base × factors。计算周期因子 factors 是根据历史数据计算单位数据与周期性均值的比例，如计算一周客流量的平均值，再用每一天的客流量除以均值。base 一般由最后一个周期的数据计算得出，如最后一周的客流量均值。预测 base × factors 是预测结果，一般为下一个周期的数据，如下一周的客流量。

提取时间序列的周期性特征进行预测，观察序列，当序列存在周期性时，可以用周期因子法作为 baseline。如在天池大数据竞赛的资金流入/流出预测场景中，每天都涉及大量的资金流入和流出，资金管理压力会非常大，在既保证资金流动性风险最小，又满足日常业务运转的情况下，可以精准地预测资金的流入/流出情况变得尤为重要。

2. 线性回归

利用时间特征做线性回归，提取时间的周期性特点作为特征，训练集每条样本为"时间特征→目标值"形式，时间序列的依赖关系被剔除，不需要按照顺序截取训练样本。

常见的是将时间用 0 - 1 哑变量表达。哑变量指使用一些数值上虚拟的值去代替无法直接纳入统计分析的变量，即无法量化的变量，如性别，可用 0 表示男，1 表示女，但实际的 0、1 并没有数值 0、1 的意义。故有以下特征：

1）将星期转化为 0-1 变量，从周一至周日，独热编码共 7 个向量，如星期一为 [1, 0, 0, 0, 0, 0, 0]，星期二为 [0, 1, 0, 0, 0, 0, 0]……

2）将节假日转化为 0-1 变量，可简单分为两类，"有假日"和"无假日"，独热编码共 2 个变量；或赋予不同编码值，如区分国庆、春节、劳动节等分别使用 1、2、3 表示。

3）将月初转化为 0-1 变量，简单分两类，表示为"是月初"和"非月初"，共 2 个特征。类似的月中、月末也可以转化为 0-1 变量。

3. 传统时序建模方法

ARMA 自回归滑动平均模型，可细分为 AR 模型、MA 模型和 ARMA 模型三大类。许多非平稳序列（在不同的时间点上随机变化）差分后会显示出平稳序列的性质（不随时间变化而变化的序列），称这个非平稳序列为差分平稳序列。对差平稳分序列就可以使用 ARIMA 模型进行拟合，共有三个参数 (p, d, q)，p 和 q 根据所给数据求自相关函数和偏相关函数确定，d 为差分阶数。

差分法一般有一阶差分、二阶差分等。所谓差分就是用后一个数减去前面一个数得到的值。差分方法可消除正相关但同时引入负相关。AR（自动回归）项可消除正相关，MA（滑动平均）项可消除负相关。AR 项和 MA 项的作用会相互抵消，通常包含两种要素时可尝试减少某项，避免过拟合。

4. 时间序列分解

使用加法模式或乘法模式将原始序列拆分为四部分，分别为长期趋势变量 T、季节变量 S、循环变量 C 和不规则变量 I。其中，循环变量 C 指的是预测变量按不固定的周期呈现波动变化。综合考虑多个部分的加法模式即 $T+S+C+I$，乘法模式即 $T \times S \times C \times I$。

5. XGBoost/LSTM/时间卷积网络

特征工程是把原始数据转变为模型的训练数据过程，可以获取更好的训练数据特征，一般包括特征构建、特征提取和特征选择三个部分。从特征工程着手，使用时间滑窗改变数据的组织方式，利用 XGBoost、LSTM 模型、时间卷积网络等方法可以进行时间序列的分类。

XGBoost 是 Boosting 算法的一种，Boosting 算法是将许多弱分类器集成在一起，形成一个强分类器。故 XGBoost 是一种提升树模型，所以它是将许多树模型集成在一起，形成一个很强的分类器。

LSTM 是一种特殊的 RNN 神经网络，主要解决长依赖问题。

时间卷积网络是一种能够处理时间序列的网络结构，能够解决 LSTM 的并发问题。

6. Seq2Seq

Seq2Seq 是一个 Encoder-Decoder 结构的网络，它的输入是一个序列，输出也是一个序列，Encoder 中将一个可变长度的信号序列变为固定长度的向量表达，Decoder 将这个固定长度的向量变成可变长度的目标信号序列。它常用于机器翻译、文本摘要、阅读理解、语音识别等。Encoder-Decoder 结构如图 8-1 所示。

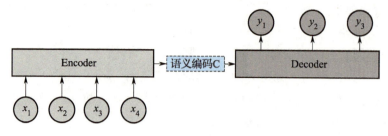

图 8-1　Encoder-Decoder 结构

7. Facebook-Prophet

Facebook 提供的 Prophet 算法可以处理时间序列存在一些异常值的情况，也可以处理部分值缺失的情况，还能够全自动地预测时间序列未来的走势。

Prophet 算法是基于时间序列分解和机器学习的拟合来做的，其中在拟合模型的时候使用了 PyStan 这个开源工具，因此能够在较快的时间内得到需要预测的结果。同时，提供了 R 语言和 Python 语言的接口。从整体的介绍来看，如果是一般的商业分析或者数据分析的需求，都可以尝试使用这个开源算法来预测未来时间序列的走势。

Prophet 所做的事情包括：输入已知的时间序列的时间戳和相应的值；输入需要预测的时间序列的长度；输出未来的时间序列走势；输出结果可以提供必要的统计指标，包括拟合曲线、上界和下界等。

8. 深度学习网络

深度学习网络（CNN + RNN + Attention + AR）作用各不相同，互相配合。其主要设计思想是：CNN 捕捉短期局部依赖关系；RNN 使用 LSTM 或 GRU 捕捉长期宏观依赖关系；Attention 为重要时间段或变量加权，调整时间周期；AR 捕捉数据尺度变化。

CNN + RNN + Attention + AR 也存在 Attention（注意力）机制的原理及实现，包括 Encoder-Decoder Attention、Self Attention、Multi-head Attention 等难点。

9. 时间序列转化为图像使用卷积神经网络模型分析

格拉姆角场（GAF）方法是将笛卡儿坐标系下的一维时间序列，转化为极坐标系表示，再使用三角函数生成 GAF 矩阵。其计算过程如下所示。

1）数值缩放：将笛卡儿坐标系下的时间序列缩放到 [0, 1] 或 [-1, 1] 区间。

2）极坐标转换：使用坐标变换公式，将笛卡儿坐标系序列转化为极坐标系时间序列。

3）角度和/差的三角函数变换：若使用两角和的 cos 函数，则得到 GASF（Gramian Angular Summation Field）；若使用两角差的 cos 函数，则得到 GADF（Gramian Angular Difference Field）。

GAF 的特点：极坐标中半径表示时间戳，角度表示时间序列数值；通过半径 r 保持序列的时间依赖性；极坐标保留时间关系的绝对值；每个序列产生唯一的极坐标映射图；可通过 GAF 矩阵的主对角线，恢复笛卡儿坐标系下的原始时间序列。

GAF 的缺点：当序列长度为 n 时，产生的 GAF 矩阵大小为 $n \times n$，数据量会随序列长度的增加而急剧增加。因此，对于长时间序列需要分段处理，保留序列趋势同时减少序列大小。

8.3.3 LSTM 神经网络

1. 循环神经网络

传统的神经网络不能表达语言等时序数据中的承前启后的先验知识,很难通过利用前面的事件信息来对后面的事件进行分类。循环神经网络(RNN)可以通过不停地对信息进行循环操作,保证信息持续存在,从而解决上述问题。循环神经网络是为了更好地处理时序信息而设计的,引入状态变量来存储过去的信息,并用其与当前的输入共同决定当前的输出。

RNN 常用于处理序列数据,如一段文字或声音、购物或观影的顺序,甚至是图像中的一行或一列像素,又或者是微信的语音转文字功能,输入一段语音,就能生成相应的文本,还有 DNA 序列分析、视频行为识别、实体名字识别等。

RNN 的结构如图 8-2 所示。

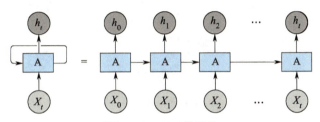

图 8-2 RNN 的结构

RNN 的输出值由输入信号和前一级的输出信号共同决定,如图 8-3 所示。S_t 是一个神经元的输出值,该神经元有 2 个输入端 X_t 和 S_{t-1},而输出值 O_t 是另一个神经元的输出,此神经元只有一个输入端 S_t。也就是说,S_t 的值不仅取决于本级输入 X_t,还取决于前一级输出 S_{t-1},而输出值 O_t 是由 S_t 决定的。

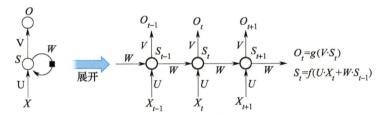

图 8-3 RNN 在时间上展开

RNN 虽然能表达序列中输入数据承前启后的关系,其循环网络结构不需要限制输入序列的长度,但会存在梯度消失的问题。在进行网络参数更新时,反向传播算法需要用梯度来计算参数更新值的大小,在梯度下降算法中梯度通过链式法则来求导,在 RNN 求导链的中间 N 个节点的导数都趋近 0,从而使总的导数趋近 0。

为解决梯度优化问题,Hochreiter 和 Schmidhuber 于 1997 年提出了 LSTM 神经网络。

2. 长短期记忆

长短期记忆(Long Short-Term Memory,LSTM)与简单 RNN 对比如图 8-4 和图 8-5 所示。两者总体框架相同,LSTM 是一种结构相对复杂的 RNN;但单个节点内部的结构又不同,LSTM 单元的参数更多,结构也更复杂,同时解决了 RNN 存在的梯度消失和梯度爆炸问题。由于独特的设计结构,LSTM 适合于处理和预测时间序列中间隔和延迟非常长的重要事件。

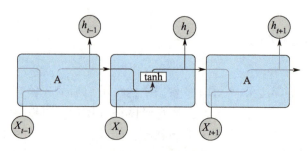

图 8-4　简单 RNN 的结构

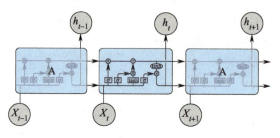

图 8-5　LSTM 网络结构

LSTM 网络中引入了生物神经网络中的遗忘机制。生物神经网络学习过程主要通过强化和遗忘以前的内容来完成，通过输入重复以前的内容强化以前内容，通过输入与以前不同的内容遗忘以前内容。根据谷歌的测试表明，LSTM 中最重要的是遗忘门，其次是输入门，最次是输出门。

RNN 的改进版本之一 "门循环单元"（GRU）如图 8-6 所示，只有更新门和重置门两个控制门，每个门都通过神经元来实现，对信号的控制通过乘法来实现。

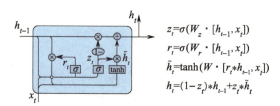

$z_t = \sigma(W_z \cdot [h_{t-1}, x_t])$
$r_t = \sigma(W_r \cdot [h_{t-1}, x_t])$
$\tilde{h}_t = \tanh(W \cdot [r_t * h_{t-1}, x_t])$
$h_t = (1 - z_t) * h_{t-1} + z_t * \tilde{h}_t$

图 8-6　门循环单元

RNN 的另一个改进版本 "LSTM 单元"，包含输入门、输出门和遗忘门。LSTM 单元的遗忘门 f_t 如图 8-7 所示，它的作用是决定从记忆单元 C 中是否丢弃某些信息，C 是以前的内容和本次内容叠加的结果，如果两者符号相同就被加强，如果符号相反就被减弱。从遗忘门的计算方法可以看出，遗忘门就是由一个普通的神经元构成。

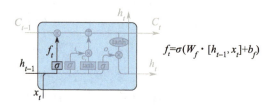

$f_t = \sigma(W_f \cdot [h_{t-1}, x_t] + b_f)$

图 8-7　遗忘门

LSTM 单元的输入门 i_t 如图8-8 所示。它的作用是决定从输入信号中是否丢弃某些信息。与遗忘门一样,输入门也是由神经元构成的,并且神经元结构也相同,但两者的权重和偏置不同。$\tilde{C}$ 也是一个神经元的输出信号,但此神经元的结构不同,其激活函数为 tanh,而不是 Sigmoid。

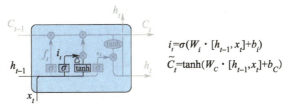

$$i_t=\sigma(W_i \cdot [h_{t-1},x_t]+b_i)$$
$$\tilde{C}_t=\tanh(W_C \cdot [h_{t-1},x_t]+b_C)$$

图 8-8 输入门

LSTM 单元的输出门 o_t 如图8-9 所示。它的作用是决定从输出信号中是否丢弃某些信息,与遗忘门一样,输出门也是由神经元构成的。输出门控制输出是通过控制本级 C 来实现的,h 是本级的最终输出。

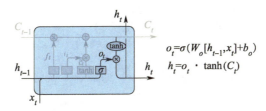

$$o_t=\sigma(W_o[h_{t-1},x_t]+b_o)$$
$$h_t=o_t \cdot \tanh(C_t)$$

图 8-9 输出门

GRU 和 LSTM 的单元的性能在很多任务上不分上下,前者参数相对少易于收敛,后者在数据集较大的情况下性能更好。

3. LSTM 实践

步骤1:准备数据集。航班旅客数量集如图 8-10 所示。其中,Month 表示某一个航班运行的月份,一个月份有多个航班同时运行;International airline passengers 表示航班的旅客数量。

Month	International airline passengers
Jan-49	112
Feb-49	118
Mar-49	132
Apr-49	129
May-49	121
Jun-49	135
Jul-49	148
Aug-49	148
Sep-49	136
Oct-49	119
Nov-49	104
Dec-49	118
Jan-50	115
Feb-50	126
Mar-50	141
Apr-50	135
May-50	125
Jun-50	149

图 8-10 航班旅客数量集

步骤 2：导入所需要的包。导入 numpy 数组包、pandas 数据处理包、matplotlib 绘图包、torch 框架、nn 网络、Variable 变量相关。

```
import numpy as np
import pandas as pd
import matplotlib.pyplot as plt
import torch
from torch import nn
from torch.autograd import Variable
```

步骤 3：加载数据进行预处理。加载数据，并进行数据清洗整理，转换数据格式。

```
data_csv = pd.read_csv('./international.airline-passengers.csv',usecols=[1])
#数据预处理
data_csv = data_csv.dropna()          #滤除缺失数据
dataset = data_csv.values             #获得csv的值
dataset = dataset.astype('float32')
max_value = np.max(dataset)           #获得最大值
min_value = np.min(dataset)           #获得最小值
scalar = max_value - min_value        #获得间隔数量
dataset = list(map(lambda x:x/scalar,dataset))   #归一化
```

步骤 4：将数据集划分为训练集和测试集。训练集取全部数据的 70%，而测试集取全部数据的 30%。

```
#划分训练集和测试集,70% 作为训练集
train_size = int(len(data_X)*0.7)     #train_size为训练集大小
test_size = len(data_X) - train_size  #test_size为测试集大小
#根据numpy的数组规则,得到划分的数据集:train_X、train_Y、test_X、test_Y
train_X = data_X[:train_size]
train_Y = data_Y[:train_size]
test_X = data_X[train_size:]
test_Y = data_Y[train_size:]
```

步骤 5：定义网络。定义包含 LSTM 块的简单网络，添加一个全连接层得到最后结果。

```
class lstm(nn.Module):    #定义网络模型lstm
sef __init__(self,input_size=2,hidden_size=4,output_size=1,num_layer=2):
    super(lstm,self).__init__()
# 调用LSTM模块为layer1,常用线性模块为layer2
    self.layer1 = nn.LSTM(input_size,hidden_size,num_layer)
    self.layer2 = nn.Linear(hidden_size,output_size)
# 将输入的x进行前向传播,通过前面定义的两个层,得到更新之后的x并返回
def forward(self,x):
    x,_ = self.layer1(x)
    s,b,h = x.size()
    x = x.view(s*b,h)
    x = self.layer2(x)
    x = x.view(s,b,-1)
    return x
```

步骤6：加载模型，定义损失函数、优化器。加载所定义的网络模型，定义交叉熵损失（调用 PyTorch 的内部损失函数 MSELoss( )），使用 Adam 优化器。

```
model = lstm(2,4,1,2)
criterion = nn.MSELoss( )
optimizer = torch.optim.Adam(model.parameters( ),lr = 1e - 2)
```

步骤7：训练。使用 for 循环开始遍历数据，通过前向传播计算输出和损失值，然后经过反向传播优化网络参数。使用 if 判断语句间隔100次输出损失值，查看结果。

```
#开始训练
for e in range(5000):
    var_x = Variable(train_x)
    var_y = Variable(train_y)
    #前向传播
    out = model(var_x)
    loss = criterion(out,var_y)
    #反向传播
    optimizer.zero_grad( )
    loss.backward( )
    optimizer.step( )
    if(e + 1) % 100 = = 0:    #每100次输出结果
        print('epoch:{},loss:{:.5f}'.format(e + 1,loss.item( )))
```

步骤8：测试。model.eval( )不启用 BatchNormalization 和 Dropout，不会取平均，而是直接使用训练好的值，因为当测试的 batch_size 过小时，会导致生成图片颜色极大失真。

```
model = model.eval( )          #转换成测试模式
data_X = data_X.reshape( -1,1,2)
data_X = torch.from_numpy(data_X)
var_data = Variable(data_X)
pred_test = model(var_data)     #测试集的预测结果
```

步骤9：绘图展示结果。使用 matplotlib 包提供的绘图函数，绘出预测的曲线和原数据曲线。

```
#绘出实际结果和预测结果
plt.plot(z,pred_test[0:142],'r',label = 'prediction')
plt.plot(dataset,'b',label = 'real')
plt.legend(loc = 'best')
plt.show( )
```

步骤10：运行，得到结果图。训练的次数越多，预测结果更加准确，但也需要注意过拟合问题。图8-11所示是训练次数为 epoch = 5000 和 epoch = 10000 的结果图，其中横坐标是对应的输入数据的总数，纵坐标是预测的结果，灰色的线是输入的数据对应的实际输出值，黑色的线是预测的输出值。

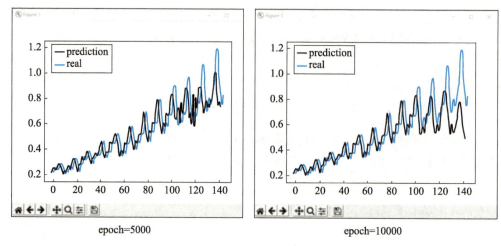

图 8-11 训练结果图

8.4 任务实施：国际航空乘客预测

8.4.1 任务书

本任务预测国际航空乘客数量，所使用的神经网络为 LSTM，主要解决长序列训练过程中的梯度消失和梯度爆炸问题。操作要求：读取准备好的国际航空乘客数量数据集；对数据进行预处理；对现有的国际航空乘客数量建立 LSTM 神经网络；进行预测；输出预测结果；绘制预测结果与实际结果的对比图。

8.4.2 任务分组

学生任务分配表					
班级		组号		指导老师	
组长		学号		成员数量	
组长任务				组长得分	
组员姓名	学号		任务分工		组员得分

8.4.3 获取信息

引导问题 1：了解关于时间序列可应用的场景。

深度学习中的时间序列可以应用于以下场景：

引导问题 2：回忆 LSTM 结构的三个控制门是如何实现的，并思考它们为什么能解决 RNN 梯度消失的问题。

8.4.4 工作实施

引导问题 3：请按照下面的实验步骤完成创建实验检测路径、文件和数据集的操作。

1）创建实验检测路径。在实验环境的桌面右击，选择"创建文件夹"命令，在弹出的窗口中输入文件夹名称"test9"，后期所有项目文件都将保存至该文件夹。

2）创建实验文件和数据集。运行 PyCharm 软件，打开"test9"项目文件夹，并在文件夹下创建 LSTM_pre_airplanpath.py 文件。将数据集文件 international-airline-passengers.csv 存放到"test9"文件夹中，如图 8-12 所示。

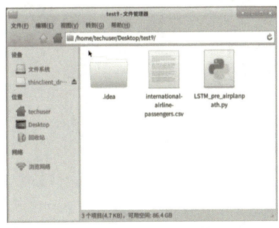

图 8-12　实验文件和数据集

引导问题 4：请在 LSTM_pre_airplanpath.py 文件中编辑代码，实现包的导入：导入处理数据的 numpy 包和 pandas 包，导入人工神经网络的相关包 pytorch，最后导入生成图像的包。请完成横线处对代码的注释。

```
导入引用包的具体代码：
import numpy as np
import pandas as pd
import matplotlib.pyplot as plt         #_____
import torch                            #_____
from torch import nn                    #_____
from torch.autograd import Variable     #_____
torch.tensor
```

引导问题 5：请在 LSTM_pre_airplanpath.py 文件中编辑代码，实现数据的预处理。请在横线处补充完整代码或对代码的注释。

预处理数据的具体代码：
```
data_csv = pd.read_csv('_____',usecols=[1])    #读入数据
#读取数据后，清洗掉有缺失的数据，然后读取每一条数据的值，并将其转化为float型
data_csv = data_csv.dropna()    #_____
dataset = data_csv.values    #_____
dataset = dataset.astype('float32')
#获取所有数据中的最大值及最小值，然后求最大值与最小值的差值
max_value = np.max(dataset)    #_____
min_value = np.min(dataset)    #_____
scalar = max_value - min_value    #_____
#对数值进行归一化
dataset = list(map(lambda x: x/scalar,dataset))    # 归一化
#_____
#_____
def create_dataset(dataset,look_back=2):
    dataX,dataY = [],[]
    for i in range(len(dataset) - look_back):
        a = dataset[i:(i + look_back)]
        dataX.append(a)
        dataY.append(dataset[i + look_back])
    return np.array(dataX),np.array(dataY)
#创建输入/输出
data_X, data_Y = create_dataset(dataset)
#_____
train_size = int(len(data_X) * 0.7)
test_size = len(data_X) - train_size
train_X = data_X[:train_size]
train_Y = data_Y[:train_size]
test_X = data_X[train_size:]
test_Y = data_Y[train_size:]
#_____
train_X = train_X.reshape(-1,1,2)
train_Y = train_Y.reshape(-1,1,1)
test_X = test_X.reshape(-1,1,2)
train_x = torch.from_numpy(train_X)
train_y = torch.from_numpy(train_Y)
test_x = torch.from_numpy(test_X)
#完成将所有的三维数据转换为张量
```

引导问题 6：请在 LSTM_pre_airplanpath.py 文件中编辑代码，实现神经网络的创建。创建神经网络的方法同样是对 nn.Module 进行继承与重写。请在横线处补充完整代码或对代码的注释。

创建神经网络的具体代码：
```
#重写__init__()方法,用到LSTM神经网络
class lstm(nn.Module):
    def __init__(self,input_size=2,hidden_size=4,output_size=1,num_layer=2):
        super(lstm,self).__init__()
        self.layer1 = nn.LSTM(input_size,hidden_size,num_layer)
        self.layer2 = nn.Linear(hidden_size,output_size)
        #_____
```

```
def forward(self,x):
    x,_ = self.layer1(x)
    s,b,h = x.size()
    x = x.view(s*b,h)
    x = self.layer2(x)
    x = x.view(s,b,-1)
    return x
#_____
model = lstm(2,4,1,2)
#_____
criterion = nn.MSELoss()
optimizer = torch.optim.Adam(model.parameters(),lr=1e-2)
```

引导问题 7：请在 LSTM_pre_airplanpath.py 文件中编辑代码，使用一个循环结构进行训练，上限为 30000 次。请在横线处补充完整代码或对代码的注释。

```
开始训练的具体代码：
#训练前要使用 torch.autograd.Variable()函数对张量进行封装，预测值与实际值都要进行封装
for e in range(10000):
    var_x = Variable(train_x)
    var_y = _____
#前向传播，使用之前得到 model 来进行训练，并且计算损失值
    out = _____
    loss = criterion(out,var_y)
#反向传播，计算输出节点的总误差，并将误差用反向传播算法传播回网络，计算梯度，使用 Adam 算法调整
    optimizer.zero_grad()
    loss.backward()
    optimizer.step()
#每训练 100 次输出结果
    if(e+1)%_____ == 0:
        print('epoch:{},Loss:{:.5f}'.format(e+1,loss.item()))
```

引导问题 8：请在 LSTM_pre_airplanpath.py 文件中编辑代码，利用后 30% 的数据进行测试。请在横线处补充完整代码或对代码的注释。

```
转换成测试模式的具体代码：
model = model.eval()                  #_____
data_X = data_X.reshape(-1,1,2)
data_X = torch.Tensor(data_X)
var_data = Variable(data_X)
pred_test = model(var_data)           #_____
pred_test = pred_test.view(-1).data.numpy()
```

引导问题 9：请在 LSTM_pre_airplanpath.py 文件中编辑代码，实现实际结果和预测结果的函数图像输出。请在横线处补充完整代码或对代码的注释。

```
输出结果的具体代码：
z = [ ]
for i in range(112,142):
    z.append(i)
z = np.array(z)                              #_____
plt.plot(z,pred_test[112:142],'r',label = 'prediction')
plt.plot(dataset,'b', label = 'real')
plt.legend(loc = 'best')
plt.show( )
plt.savefig('_____')
```

引导问题 10：运行 LSTM_pre_airplanpath.py 程序，大概需要 10min，通过多次测试，得到结果并分析结果。

实验结果：

结果分析：

8.4.5 评价与反馈

全面考核学生的专业能力和拓展能力，采用过程性评价和结果评价相结合，定性评价与定量评价相结合的考核方法。注重对学生的动手能力和在实践中分析问题、解决问题能力的考核，对在学习和应用上有创新的学生给予特别鼓励。小组总评成绩为"自评＋互评＋师评"按比例折算的成绩再加上附加分，自评、互评和师评所占比例可由教师根据具体情况自行拟定。

考核评价表					
评价项目	评价内容	项目配分	自我评价	小组评价	教师评价
思政元素（10）	理解并清晰表述学习任务单中价值理念的意义	5			
	互评过程中，客观、公正地评价他人	5			
专业能力（45）	根据任务单，提前预习知识点、发现问题	5			
	根据引导问题，检索、收集数据预测的常用方法等内容，并做深入分析	5			
	读取国际航空乘客数据	5			
	数据预处理操作	5			
	对现有的国际航空乘客数据建立 LSTM 神经网络	5			
	预测并输出预测结果	5			
	绘制预测结果与实际结果的对比图	5			
	完成任务实施引导的学习内容	5			
	项目总结符合要求	5			

(续)

考核评价表					
评价项目	评价内容	项目配分	自我评价	小组评价	教师评价
方法能力（25）	自主或寻求帮助来解决所发现的问题	5			
	能利用网络等查找有效信息	5			
	编写操作实现过程，厘清步骤思路	10			
	根据任务实施安排，制订学期学习计划和形式	5			
社会能力（15）	小组讨论中能认真倾听并积极提出较好的见解	5			
	配合小组成员完成任务实施引导的学习内容	5			
	参与成果展示汇报，仪态大方、表达清晰	5			
创新能力（5）	学习探究中能独立解决问题，提出特色做法	5			
各评价主体分值		100			
各评价主体分数小结		—			
总分 = 自我评价分数 × ＿＿＿% + 小组评价分数 × ＿＿＿% + 教师评价分数 × ＿＿＿%					
综合得分：				教师签名：	

项目总结
整体效果：效果好□　效果一般□　效果不好□ 具体描述：
不足与改进：

8.5　拓展案例：使用 PyTorch 进行 LSTM 时间序列预测

8.5.1　问题描述

时间序列预测分析就是利用过去一段时间内某事件时间特征来预测未来一段时间内该事件的特征。这是一类相对比较复杂的预测建模问题，和回归分析模型的预测不同，时间序列模型是依赖于事件发生的先后顺序的，同样大小的值改变顺序后输入模型产生的结果是不同的。本案例对之前任务的航空乘客人数预测进行拓展。

8.5.2　思路描述

使用 Python + PyTorch 来处理航空乘客人数预测，导入并处理数据集后，利用 PyTorch 建立 LSTM 模型，对 132 个月的航空乘客人数数据进行深度分析，然后进行训练，根据结果对后 12 个月的航数据进行预测。

8.5.3 解决步骤

1. 数据集和问题定义

导入所需要的包。

```
import torch
import torch.nn as nn
import seaborn as sns
import numpy as np
import pandas as pd
import matplotlib.pyplot as plt
% matplotlib inline
```

将数据集加载到应用程序中,可以看到,数据集中有 144 行 3 列,这意味着数据集包含 12 年的乘客人数记录。本案例的要求是根据前 132 个月来预测最近 12 个月内的乘客人数。有 144 个月的记录,前 132 个月的数据将用于训练 LSTM 模型,而模型性能将使用最近 12 个月的值进行评估。

将数据集加载到程序中。

```
flight_data = sns.load_dataset("flights")
flight_data.head()
```

执行代码,运行结果如图 8-13 所示。

	year	month	passengers
0	1949	January	112
1	1949	February	118
2	1949	March	132
3	1949	April	129
4	1949	May	121

图 8-13　部分数据

接下来绘制每月乘客人数频率图。

```
fig_size = plt.rcParams["figure.figsize"]
fig_size[0] = 15
fig_size[1] = 5
plt.rcParams["figure.figsize"] = fig_size
plt.title('Month vs Passenger')
plt.ylabel('Total Passengers')
plt.xlabel('Months')
plt.grid(True)
plt.autoscale(axis = 'x', tight = True)
plt.plot(flight_data['passengers'])
```

执行代码，运行结果如图 8-14 所示。

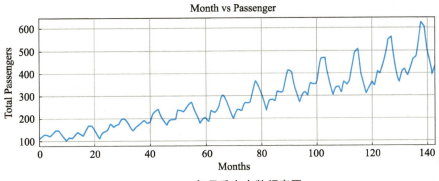

图 8-14　每月乘客人数频率图

可以看出，乘飞机旅行的平均乘客人数有所增加。一年内乘客人数有所波动，在暑假或寒假期间，乘客人数与一年中的其他时间的人数相比有所增加。

2. 数据预处理

1）先将 passengers 列的类型更改为 float。

2）将数据集分为训练集和测试集，LSTM 算法将在训练集上进行训练，然后使用该模型对测试集进行预测。将预测结果与测试集中的实际值进行比较，以评估训练后模型的性能。前 132 条记录将用于训练模型，后 12 条记录将用于测试。

```
test_data_size = 12
train_data = all_data[:-test_data_size]
test_data = all_data[-test_data_size:]
print(test_data)
[417.0,391.0,419.0,461.0,472.0,535.0,622.0,606.0,508.0,461.0,390.0,432.0]
```

3）标准化数据以进行时间序列预测。在一定范围内的最小值和最大值之间对数据进行规范化。使用模块中的 MinMaxScaler 类的 sklearn.preprocessing 来扩展数据。数据标准化仅应用于训练数据，而不应用于测试数据。在最大值和最小值分别为 -1 和 1 的范围内归一化。

```
from sklearn.preprocessing import MinMaxScaler
scaler = MinMaxScaler(feature_range = ( -1,1))
train_data_normalized = scaler.fit_transform(train_data.reshape( -1,1))
print(train_data_normalized[:5])
print(train_data_normalized[ -5:])
[[ -0.96483516],
 [ -0.93846154],
 [ -0.87692308],
 [ -0.89010989],
 [ -0.92527473],]
[[1.0],
 [0.57802198],
 [0.33186813],
 [0.13406593],
 [0.32307692]]
```

4）将数据集转换为张量。PyTorch 模型是使用张量训练的，可以简单地将数据集传递给 FloatTensor 对象的构造函数。

5）将训练数据转换为序列和相应的标签。

在数据集中，序列长度为 12 很方便，因为有月度数据，一年中有 12 个月。如果有每日数据，则更好的序列长度应该是 365，即一年中的天数。因此，将训练的输入序列长度设置为 12。定义一个名为 create_inout_sequences 的函数，接收原始输入数据，并返回一个元组列表。在每个元组中，第一个元素将包含与 12 个月内的乘客人数相对应的 12 个项目的列表，第二个元组元素将包含一个项目，即在 12+1 个月内的乘客人数。

3. 创建 LSTM 模型

1）LSTM 类的构造函数接收三个参数。input_size 为输入中的要素数量。尽管序列长度为 12，但每个月只有 1 个值，即乘客总数，因此输入大小为 1。hidden_layer_size 指定隐藏层的数量及每层中神经元的数量，一层有 100 个神经元。output_size 为输出中的项目数，由于要预测未来 1 个月的乘客人数，因此输出大小为 1。

2）在构造函数中创建变量 hidden_layer_size、lstm、linear 和 hidden_cell。LSTM 算法接收三个输入：先前的隐藏状态、先前的单元状态和当前输入。hidden_cell 变量包含先前的隐藏状态和单元状态。构造函数中的 lstm 和 linear 变量用于创建 LSTM 和线性层。

在前向传播方法内部，将 input_seq 作为参数进行传递，该参数首先传递给 lstm 层。lstm 层的输出是当前时间的隐藏状态和单元状态，以及输出。lstm 层的输出将传递到 linear 层。预测的乘客人数存储在 predictions 列表的最后一项中，并返回到调用函数。

4. 训练模型

根据创建的模型对数据进行训练。

```
epochs = 150
for i in range(epochs):
    for seq,labels in train_inout_seq:
        optimizer.zero_grad()
        model.hidden_cell = (torch.zeros(1,1,model.hidden_layer_size),
        torch.zeros(1,1, model.hidden_layer_size))
        y_pred = model(seq)
        single_loss = loss_function(y_pred,labels)
        single_loss.backward()
        optimizer.step()
        if i% 25 = =1:
            print(f'epoch:{i:3} loss:{single_loss.item():10.8f}')
print(f'epoch:{i:3} loss:{single_loss.item():10.10f}')
epoch:1    loss:0.01599291
epoch:26   loss:0.00388177
epoch:51   loss:0.00561049
epoch:76   loss:0.00011478
epoch: 101  loss:0.00737344
epoch: 126  loss:0.01063965
epoch: 149  loss:0.0034309230
```

5. 做出预测

模型训练完毕，开始进行预测。训练完毕后，创建 test_inputs 列表，包含 12 个项目。在 for 循环内，这 12 个项目将用于对测试集中的第一个项目进行预测，即项目编号 133。然后将预测值附加到 test_inputs 列表中。在第二次迭代中，最后 12 个项目将再次用作输入，并进行新的预测，然后将其 test_inputs 再次添加到列表中。由于测试集中有 12 个元素，因此该循环将执行 12 次。在循环末尾，test_inputs 列表将包含 24 个项目。最后 12 个项目是测试集的预测值。

如果输出 test_inputs 列表的长度，将看到它包含 24 个项目。可以按以下方式输出最后 12 个预测项目。

```
model.eval()
for i in range(fut_pred):
    seq = torch.FloatTensor(test_inputs[-train_window:])
    with torch.no_grad():
      model.hidden = (torch.zeros(1,1,model.hidden_layer_size),
      torch.zeros(1,1,model.hidden_layer_size))
      test_inputs.append(model(seq).item())
test_inputs[fut_pred:]
[1.1925697326660156,
1.5521266460418701,
1.7060068845748901,
1.760893702507019,
1.7794983386993408,
1.7928276062011719,
1.8045395612716675,
1.8172146081924438,
1.8299273252487183,
1.8416459560394287,
1.8509267568588257,
1.8585551977157593]
```

由于对训练数据集进行了标准化，因此预测值也进行了标准化。需要将归一化的预测值转换为实际的预测值。针对实际值绘制预测值。创建一个列表，其中包含最近 12 个月的数值。第一个月的索引值为 0，因此最后一个月的索引值为 143。绘制 144 个月的乘客总数及最近 12 个月的预计乘客人数。

```
plt.title('Month vs Passenger')
plt.ylabel('Total Passengers')
plt.grid(True)
plt.autoscale(axis='x', tight=True)
plt.plot(flight_data['passengers'])
plt.plot(x,actual_predictions)
plt.show()
```

执行代码，运行结果如图 8-15 所示。

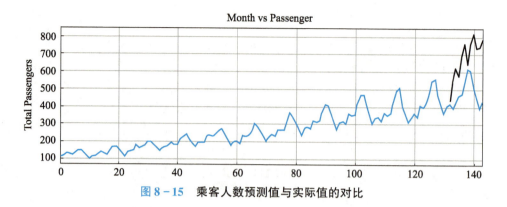

图 8-15 乘客人数预测值与实际值的对比

灰色线为 LSTM 所做的预测,虽然算法不太准确,但仍能够捕获最近 12 个月内乘客总数的上升趋势及偶尔的波动。可以尝试在 LSTM 中使用更多的时期和更多的神经元,以查看是否可以获得更好的性能。为了更好地查看输出,可以绘制最近 12 个月的实际和预测乘客人数,如图 8-16 所示。

```
plt.title('Month vs Passenger')
plt.ylabel('Total Passengers')
plt.grid(True)
plt.autoscale(axis='x', tight=True)
plt.plot(flight_data['passengers'][-train_window:])
plt.plot(x,actual_predictions)
plt.show()
```

图 8-16 最近 12 个月的实际和预测乘客人数

可以看到,预测不是很准确,但是该算法能够捕获趋势,即未来几个月的乘客人数应高于前几个月的,且偶尔会有波动。

8.5.4 案例总结

通过本案例进一步了解了 LSTM。在 PyTorch 中,LSTM 的建立依赖于 nn.Module 类的继承。对于数据集,在训练模型之前,要进行完善的数据处理。合适的数据处理方式能够大大提高预测的准确程度。

8.6　单元练习

判断以下说法的对错。

1. 数据预测的原理是运用过去的时间序列数据进行统计分析，消除随机波动和偶然因素所带来的影响，预测出事物的定性结果。（　　）

2. 时间序列的数据存在着规律性和不规律性，根据不同的因素有不同的类型，大致包含四个特征：周期性、不变性、趋势性和综合性。（　　）

3. Long Short Term Memory 简称 LSTM，是一种特殊的 RNN，该网络是为了解决长期依赖问题而产生。（　　）

4. 当模型能够表示长期依赖时，长期相互作用的梯度幅度值会急剧减小，但这并不意味着模型无法学习这些依赖，只是因为长期依赖很容易被短期内的微小波动所掩盖，所以模型需要花更多的时间来逐步学习并捕捉到这些长期依赖关系。（　　）

5. 由于 LSTM 能够记忆不定时间长度的数值，所以能够在一定程度上解决 RNN 存在的梯度消失或梯度爆炸问题。（　　）

6. 相较于 RNN 而言，LSTM 提供了一个记忆单元作为输入，在网络结构加深时能够传递前后层的网络信息。（　　）

单元 9
基于 AlexNet 的图像分类

9.1 学习情境描述

随着深度学习的不断发展,各种不同类型的卷积神经网络层数不断增多,AlexNet 共有 12 层,而到了 GoogLeNet 时已达到了 22 层。AlexNet 模型的识别准确率比 GoogLeNet 模型略低,但是其训练时间比 GoogLeNet 要少很多,因此这里选择 AlexNet 模型作为图像分类使用的网络模型。

基于 AlexNet 的图像分类在实际的应用中该如何操作,本单元就通过具体的案例展开实践应用。

9.2 任务陈述

基于 AlexNet 的图像分类具体学习任务见表 9-1。

表 9-1 学习任务单

学习任务单		
学习路线	课前	1. 参考课程资源,自主学习 "9.3 知识准备" 2. 检索有效信息,探究 "9.4 任务实施"
	课中	3. 遵从教师引导,学习新内容,解决发现的问题,分析学习特征表示、数据集和图像分类过程等 4. 小组交流完成任务,根据引导问题的顺序,逐步分析并梳理 AlexNet 的环境搭建和使用,按要求独立完成 AlexNet 的 CIFAR-100 分类实战项目
	课后	5. 录制小组汇报视频并上交 6. 项目总结 7. 客观、公正地完成考核评价 8. 阅读理解 "9.5 拓展案例"
学习任务		1. 理解学习特征表示、数据集和图像分类过程 2. 了解 AlexNet 的发展和特点 3. 掌握 AlexNet 各个卷积层的提取特征 4. 熟练操作 AlexNet 的环境搭建和训练过程 5. 搜索基于 AlexNet 的图像分类案例,分析 AlexNet 应用场景

(续)

学习任务单	
学习建议	1. 不必纠结 AlexNet 模型训练的准确率，侧重实现图像分类实践的入门，为后续迁移应用打下基础 2. 提前预习知识点，将有疑问的地方圈出，上课时解惑讨论 3. 小组合作完成任务实施引导的学习内容
价值理念	1. 推动制造业高端化、智能化、绿色化发展 2. 坚持面向世界科技前沿、面向经济主战场、面向国家重大需求、面向人民生命健康，加快实现高水平科技自立自强 3. 干实事、谋实招、求实效

9.3 知识准备

卷积神经网络是随着生物视觉原理的发现而被设计出来并被广泛应用的一种网络结构。近年来，随着深度学习研究的进展，出现了适用于图像分析且具有深度结构的新型网络结构，如 AlexNet 和 VGG-Net。研究结果表明，AlexNet 在图像识别和图像分类领域能够有效应用。

9.3.1 AlexNet 神经网络

1. 学习特征表示

（1）表示学习 日常生活中有很多信息处理任务可能非常容易，也可能非常困难，其在很大程度上取决于信息是如何表示的。例如，对于个人而言，可以直接使用长除法计算 210 除以 6，但是如果使用罗马数字表示，这个问题就没有那么直接了。大部分现代人在使用罗马数字计算 CCX 除以 VI 时，都会将其转化成阿拉伯数字，再使用位值系统的长除法。

对于一个计算任务，可以使用渐近运行时间来量化任务表示的合适或不合适。例如，正确插入一个数字到有序表中，如果该数列用链表表示，那么时间复杂度是 $O(n)$，如果该列表用红黑树表示，那么时间复杂度为 $O(\log n)$。

在机器学习中，到底是什么因素决定了一种表示比另一种表示更好呢？一般而言，一个好的表示可以使后续的学习任务更容易。选择什么表示通常取决于后续的学习任务。可以将监督学习训练的前馈网络视为表示学习的一种形式。网络的最后一层通常是线性分类器，如 Softmax 分类器，网络的其余部分学习出该分类器的表示。原则上，最后一层可以是另一种模型，如最近邻分类器。倒数第二层的特征应该根据最后一层的类型学习不同的性质。监督学习训练模型一般会使得模型的各个隐藏层（特别是接近输出层的隐藏层）的表示能够更容易地完成训练任务。例如，输入特征线性不可分的类别可能在最后一个隐藏层变成线性可分离的。

深度学习最重要的作用就是完成表示学习。表示学习在学习方法上有别于特征工程。特征工程（Feature Engineering）是通过原始数据生成新的数据的过程，如图 9-1 所示。而表示学习（Representation Learning）则是将原始数据转换为能够被机器所学习的一种方法，如图 9-2 所示。

传统做法：输入图片 ⇒ 人工设计特征 ⇒ 学习分类

图 9-1 特征工程

图 9-2　表示学习

（2）学习特征表示　1994 年，LeCun 提出了 LeNet-5 深层网络，它可以在早期的小数据集上取得好的成绩，但是在更大的真实数据集上的表现并不尽如人意，其性能甚至不如支持向量机。一方面的原因是深层神经网络计算复杂，虽然 20 世纪 90 年代也有过一些针对神经网络的加速硬件，但并没有像之后 GPU 那样大量普及，因此训练一个多通道、多层和有大量参数的卷积神经网络在当年很难完成。另一方面的原因是，当年研究者还没有大量深入研究参数初始化和非凸优化算法等诸多问题，导致复杂的神经网络的训练通常较困难。

所以，虽然深层神经网络可以直接基于原始图像进行分类（这种称为端到端（End-to-End）的方法节省了很多中间步骤），但由于其性能限制，在很长时间里，分类任务更流行的方案是人工设计特征提取方法，然后通过机器学习特征进行分类。其主要流程是：获取图像数据集；使用已有的特征提取函数生成图像的特征；使用机器学习模型对图像特征分类。

既然特征如此重要，它该如何表示呢？在相当长的时间里，特征都是基于各式各样手工设计的函数从数据中提取的。不少研究者通过提出新的特征提取函数不断改进图像分类结果。关于图像特征的各种提取方法可以参阅《图像局部特征检测及描述》（朱红军，2020）。在已知分类对象特征的情况下，直接通过图像特征分类可以减少学习模型的复杂度，降低对训练样本数量和质量的要求。许多分类任务很难确定其分类的依据，不明确其特征是什么。在这种情况下，深度学习的独特作用就显现出来了。在图像分类中，在深层神经网络的第一级的表示是在特定的位置和角度是否出现边缘；第二级的表示是这些边缘的组合模式，如纹理；第三级的表示是更为高级的抽象模式。这样逐级表示下去，最终，模型能够较容易地根据最后一级的表示完成分类任务。

深度学习能够快速发展，依托于两个非常重要的基础条件。第一个基础条件就是数据。深度学习模型需要大量的有标签数据才能表现得比经典方法更好。限于早期计算机有限的存储能力和有限的研究预算，大部分研究只基于小的公开数据集。例如，不少研究论文基于加州大学欧文分校（UCI）提供的若干个公开数据集，其中许多数据集只有几百或几千幅图像。这一状况在 2010 年前后兴起的大数据浪潮中得到了改善。特别是 2009 年诞生的 ImageNet 数据集，其包含了 1000 大类物体，每类有多达数千张不同的图像。这一规模是当时其他公开数据集无法与之相提并论的。ImageNet 数据集同时推动了计算机视觉和机器学习研究进入新的阶段，使此前的传统方法不再有优势。

深度学习发展的第二个基础条件是硬件。深度学习对计算资源要求很高。早期的硬件计算能力有限，这使训练较复杂的神经网络变得很困难。然而，通用 GPU 的产生改变了这一格局。GPU 是为图像处理和计算机游戏而设计的，尤其是针对大吞吐量的矩阵和向量乘法，从而服务于基本的图形变换。值得庆幸的是，其中的数学表达与深度网络中的卷积层的表达类似。随着 GPU 这个概念在 2001 年开始兴起，涌现出诸如 OpenCL 和 CUDA 之类的编程框架，GPU 也在 2010 年前后开始被机器学习社区使用。

2. AlexNet 概述

（1）AlexNet 的出现背景　2012 年，AlexNet 横空出世。这个模型的名称来源于提出者 Alex Krizhevsky。AlexNet 使用了 8 层卷积神经网络，并以很大的优势赢得了 ImageNet 2012 图像识别挑战赛。它首次证明了学习到的特征可以超越手工设计的特征。

AlexNet 与 LeNet 的设计理念非常相似，但也有显著的区别。与相对较小的 LeNet 相比，AlexNet 包含 8 层变换，分别为 5 层卷积和 2 层全连接隐藏层，以及 1 个全连接输出层，如图 9-3 所示，并使用 2 个 GPU 并行训练。

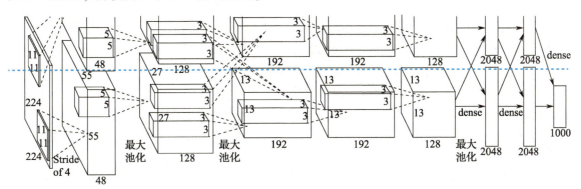

图 9-3　AlexNet 框架

（2）AlexNet 的网络结构　AlexNet 的网络结构如图 9-4 所示。

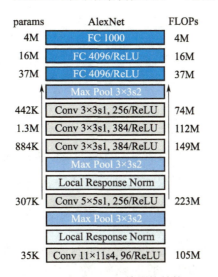

图 9-4　AlexNet 的网络结构

AlexNet 的第 1 层包含一个 $11 \times 11 \times 96$ 的卷积层、局部响应正则化（Local Response Norm，LRN）层和一个 3×3 的最大池化层。卷积层 1 输入为 $224 \times 224 \times 3$（或 $227 \times 227 \times 3$）的图像，卷积为 $11 \times 11 \times 96$，即尺寸为 11×11，有 96 个卷积核（论文中的两个 GPU 分别有 48 个卷积核），步长为 4；卷积层后跟 ReLU 层，因此输出的尺寸为 $224/4 = 56$，去掉边缘为 55，因此其输出的每个 feature map（特征图）为 $55 \times 55 \times 96$；最大池化层的核大小为 3×3，步长为 2，因此 feature map 的大小为 $27 \times 27 \times 96$。

AlexNet 的第 2 层包含一个 $5 \times 5 \times 256$ 的卷积层、LRN 层和一个 3×3 的最大池化层。卷

积层 2 输入为上一层卷积的 feature map，大小为 27×27×96，卷积核大小为 5×5×256，步长为 1，尺寸不会改变；同样，紧跟着 ReLU 和 LRN 层；最大池化层的核大小为 3×3、步长为 2，因此 feature map 的大小为 13×13×256。

AlexNet 的第 3 层为一个 3×3×384 的卷积层。卷积层 3 的输入尺寸大小为 13×13×256，卷积核大小为 3×3×384，步长为 1，加上 ReLU，没有 LRN 和 Pool，输出为 13×13×384。

AlexNet 的第 4 层同样为一个 3×3×384 的卷积层。卷积 4 输入为上一层的输出，卷积核的大小为 3×3×384，步长同样为 1，加上 ReLU，和第三层一样，没有 LRN 和 Pool，输出为 13×13×384。

AlexNet 的第 5 层为一个 3×3×256 的卷积层和一个 3×3 的最大池化层。卷积 5 的输入为第 4 层的输出，卷积核的大小为 3×3×256，步长为 1。在原始的 AlexNet 实现中，这一层可能使用了大小为 1 的 padding（填充），因此卷积操作后的输出尺寸保持为 13×13×256。然后直接进行 3×3 的最大池化操作，步长设置为 2，因此 feature map 的大小为 6×6×256。

AlexNet 的第 6、7、8 层皆为全连接层。第 6 层 FC 是 4096 + ReLU，第 7 层 FC 是 4096 + ReLU，第 8 层 FC 最终输出 1000 个类别，最后一层的 Softmax 为 1000 类的概率值，对应前面介绍过的 ImageNet 的 1000 个分类。全连接层中使用了 ReLU 和 Dropout。

（3）AlexNet 的新技术点　AlexNet 有 6 个比较新的技术点，也首次在 CNN 中成功应用了 ReLU、Dropout 和 LRN 等，同时还使用了 GPU 进行运算加速。AlexNet 将 LeNet 的思想发扬光大，把 CNN 的基本原理应用到了很深很宽的网络中。AlexNet 主要使用到的新技术点如图 9-5 所示。

图 9-5　AlexNet 主要使用到的新技术点

1）成功使用 ReLU 作为 CNN 的激活函数，并验证其效果在较深的网络超过了 Sigmoid，成功解决了 Sigmoid 在网络较深时的梯度弥散问题。虽然 ReLU 激活函数在很久之前就被提出了，但是直到 AlexNet 出现它才发扬光大。

2）训练时使用 Dropout 随机忽略一部分神经元，以避免模型过拟合。Dropout 虽有单独的论文论述，但是 AlexNet 将其实用化，通过实践证实了它的效果。在 AlexNet 中主要是最后几个全连接层使用了 Dropout。

3）在 CNN 中使用重叠的最大池化。此前 CNN 中普遍使用平均池化，AlexNet 全部使用最大池化，避免平均池化的模糊化效果。并且 AlexNet 中提出让步长比池化核的尺寸小，这样池化层的输出之间会有重叠和覆盖，提升了特征的丰富性。

4）提出了局部响应正则化（LRN）层，对局部神经元的活动建立竞争机制，使得其中响应比较大的值变得相对更大，并抑制其他反馈较小的神经元，增强了模型的泛化能力。

5）使用 CUDA 加速深度卷积网络的训练，利用 GPU 强大的并行计算能力处理神经网络训练时大量的矩阵运算。AlexNet 使用了两块 GTX 580 GPU 进行训练，单个 GTX 580 只有

3GB 显存，这限制了可训练的网络的最大规模。因此将 AlexNet 分布在两个 GPU 上，在每个 GPU 的显存中储存一半的神经元参数。因为 GPU 之间通信方便，可以互相访问显存，而不需要通过主机内存，所以同时使用多块 GPU 也是非常高效的。同时，AlexNet 的设计让 GPU 之间的通信只在网络的某些层进行，控制了通信的性能损耗。

6）数据增强。随机地从 256×256 的原始图像中截取 224×224 的区域（以及水平翻转的镜像），相当于增加了 $2\times(256-224)^2=2048$ 倍的数据量。如果没有数据增强，仅靠原始的数据量，参数众多的 CNN 会陷入过拟合，使用了数据增强后可以大大减轻过拟合，提升泛化能力。进行预测时，则是取图片的四个角加中间共 5 个位置，并进行左右翻转，一共获得 10 张图片，对它们进行预测并对 10 次结果求均值。同时，AlexNet 还会对图像的 RGB 数据进行 PCA 处理，并对主成分做一个标准差为 0.1 的高斯扰动，增加一些噪声，这个 trick 可以让错误率再下降 1%。

（4）AlexNet 的特点

1）AlexNet 网络使用了 ReLU 激活函数。基于 ReLU 的深度卷积网络比基于 tanh 和 Sigmoid 的网络训练快数倍。

2）ReLU 的输出值没有了 tanh、Sigmoid 函数那样一个值域区间，所以一般在 ReLU 之后会做一个正则化，LRU（局部响应正则化）起到这个作用。同时，它反映了个体变化对群体的影响，在神经科学中有个概念叫"侧抑制"（Lateral Inhibition），讲的是活跃的神经元对它周边神经元的影响。

3）AlexNet 能够比较有效地防止神经网络的过拟合。相对于一般的如线性模型使用正则的方法来防止模型过拟合，神经网络中通过 Dropout 修改神经网络本身结构来实现。对于某一层神经元，通过定义的概率来随机删除一些神经元，同时保持输入层与输出层神经元的个数不变，然后按照神经网络的学习方法进行参数更新，下一次迭代中，重新随机删除一些神经元，直至训练结束。

9.3.2 基于 AlexNet 的图像分类概述

1. 数据集介绍

这里使用 CIFAR-100 数据集。CIFAR-100 数据集和 CIFAR-10 类似，它有 100 个类，每个类包含 600 个图像，600 个图像中有 500 个训练图像和 100 个测试图像。100 类实际是由 20 个大类（每个类又包含 5 个子类）构成（5×20=100），见表 9-2。

表 9-2 CIFAR-100 数据集

序号	超类	类别
1	水生哺乳动物	海狸、海豚、水獭、海豹、鲸鱼
2	鱼	水族馆的鱼、比目鱼、鳐鱼、鲨鱼、鳟鱼
3	花卉	兰花、罂粟花、玫瑰、向日葵、郁金香
4	食品容器	瓶子、碗、罐子、杯子、盘子
5	水果和蔬菜	苹果、蘑菇、橘子、梨、甜椒
6	家用电器	时钟、电脑键盘、台灯、电话机、电视机

(续)

序号	超类	类别
7	家用家具	床、椅子、沙发、桌子、衣柜
8	昆虫	蜜蜂、甲虫、蝴蝶、毛虫、蟑螂
9	大型肉食动物	熊、豹、狮子、老虎、狼
10	大型人造户外用品	桥、城堡、房子、路、摩天大楼
11	大自然的户外场景	云、森林、山、平原、海
12	大杂食动物和食草动物	骆驼、牛、黑猩猩、大象、袋鼠
13	中型哺乳动物	狐狸、豪猪、负鼠、浣熊、臭鼬
14	非昆虫无脊椎动物	螃蟹、龙虾、蜗牛、蜘蛛、蠕虫
15	人	宝贝、男孩、女孩、男人、女人
16	爬行动物	鳄鱼、恐龙、蜥蜴、蛇、乌龟
17	车辆1	自行车、公共汽车、摩托车、皮卡车、火车
18	车辆2	割草机、有轨电车、坦克、拖拉机
19	小型哺乳动物	仓鼠、老鼠、兔子、地鼠、松鼠
20	树木	枫树、橡树、棕榈、松树、柳

2. 图像分类

（1）图像分类概述 图像分类是对输入图像按照内容、等级或性质分别归类。它是计算机视觉的核心任务之一，在多个领域被广泛应用。它本质上就是在分类对象的属性空间，找到可将事物分类的最佳视角，使得同类事物在属性空间内靠得很近，而不同类型离得很远。

图像分类的目标是将不同的图像划分到不同的类别，实现最小分类误差，如图9-6所示。

图9-6 基于机器学习的图像分类过程

（2）传统的图像分类方法 通常完整建立图像分类模型一般包括特征提取、特征编码、空间特征约束、图像分类等几个阶段。

1）特征提取：通常从图像中按照固定步长、尺度提取大量局部特征描述。常用的局部特征包括尺度不变特征转换（Scale-Invariant Feature Transform, SIFT）、方向梯度直方图（Histogram of Oriented Gradient, HOG）、局部二值模式（Local Bianray Pattern, LBP）等。一般采用多种特征提取方法，防止丢失过多的有用信息。

2）特征编码：底层特征中包含了大量的冗余与噪声，为了提高特征表达的鲁棒性，需要使用一种特征变换算法对底层特征进行编码，这称作特征编码。常用的特征编码方法包括向量量化编码、稀疏编码、局部线性约束编码、Fisher向量编码等。

3）空间特征约束：特征编码之后一般会经过空间特征约束，也称作特征汇聚。特征汇聚是指在一个空间范围内，对每一维特征取最大值或者平均值，可以获得一定特征不变性的特征表达。金字塔特征匹配是一种常用的特征汇聚方法，这种方法将图像均匀分块，在分块内做特征汇聚。

4）通过分类器分类：经过前面步骤之后一张图像可以用一个固定维度的向量进行描述，接下来就是经过分类器对图像进行分类。通常使用的分类器包括支持向量机（Support Vector Machine，SVM）、随机森林等。而使用核方法的 SVM 是应用最为广泛的分类器，在传统图像分类任务上性能很好。

（3）基于深度学习的图像分类方法　常用的标准网络模型有 LeNet、AlexNet、VGG 系列、ResNet 系列、DenseNet 系列、GoogleNet、NasNet、Xception、SeNet（state of art）等。常用的轻量化网络模型有 Mobilenet v1/v2、Shufflenet v1/v2、Squeezenet 等。目前，轻量化网络模型在具体项目中使用得比较广泛。其优点是参数模型小、方便部署、计算量小、速度快；其缺点是在精度上没有 Resnet 系列、Inception 系列、Densenet 系列、Senet 的精确率高。

LeNet 是由 LeCun 在 1998 年提出的，用于解决手写数字识别视觉任务。自那时起，CNN 的最基本的架构就定下来了：卷积层、池化层、全连接层。如今各大深度学习框架中所使用的 LeNet 都是改进过的 LeNet-5（-5 表示具有 5 个层），它和原始的 LeNet 有些许不同，比如把激活函数改为了现在常用的 ReLU，但是这个模型在后来的一段时间并未能流行，主要原因是对算力的要求太高（计算跟不上）。

AlexNet 在 2012 年的 ImageNet 竞赛中以超过第二名 10.9 个百分点的绝对优势一举夺冠，从此深度学习和卷积神经网络声名鹊起，深度学习的研究如雨后春笋般出现。AlexNet 为 8 层深度网络，其中 5 层卷积层和 3 层全连接层，不计 LRN 层和池化层，如图 9-3 所示。

3. 基于 AlexNet 实现图像分类

（1）AlexNet　AlexNet 包含 5 个卷积层用于提取特征，使用 ReLU 作为激活函数以避免梯度弥散，使用重叠的最大池化以得到更加丰富的特征。

```
AlexNet(
(features): Sequential(
(0): Conv2d(3, 96, kernel_size=(11, 11), stride=(4, 4), padding=(2, 2))
(1): ReLU(inplace)
(2): MaxPool2d(kernel_size=3, stride=2, padding=0, dilation=1, ceil_mode=False)
(3): Conv2d(96, 256, kernel_size=(5, 5), stride=(1, 1), padding=(2, 2))
(4): ReLU(inplace)
(5): MaxPool2d(kernel_size=3, stride=2, padding=0, dilation=1, ceil_mode=False)
(6): Conv2d(256, 384, kernel_size=(3, 3), stride=(1, 1), padding=(1, 1))
(7): ReLU(inplace)
(8): Conv2d(384, 384, kernel_size=(3, 3), stride=(1, 1), padding=(1, 1))
(9): ReLU(inplace)
(10): Conv2d(384, 256, kernel_size=(3, 3), stride=(1, 1), padding=(1, 1))
(11): ReLU(inplace)
(12): MaxPool2d(kernel_size=3, stride=2, padding=0, dilation=1, ceil_mode=False)
)
...
)
```

第 1 个卷积层输入通道为 3，输出通道为 96，卷积核大小为 11×11，步长为 4，填充为 2，与前面介绍的网络结构对应。后面紧跟 ReLU 激活函数确保梯度收敛，再使用一个 3×3 的池化提取特征，同时减少参数的计算。

```
AlexNet(
(features): Sequential(
(0): Conv2d(3, 96, kernel_size = (11, 11), stride = (4, 4), padding = (2, 2))
(1): ReLU(inplace)
(2): MaxPool2d(kernel_size = 3, stride = 2, padding = 0, dilation = 1, ceil_mode = False)
…
)
…
)
```

dilation 参数的作用是控制池化窗口中元素之间的间隔。当 dilation > 1 时，窗口中的元素之间会有间隔，这会导致窗口覆盖的范围增大，但窗口中的元素数量保持不变，如图 9-7 所示。

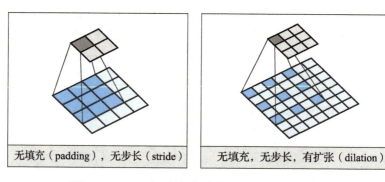

图 9-7　PyTorch 的函数中的 dilation 参数的作用

第 2 个卷积层输入通道是上一层的输出，输出通道是 192，卷积核大小为 5×5，步长为 1，填充为 2，后面依旧紧跟着激活函数和最大池化层。

```
AlexNet(
(features): Sequential(
(0): Conv2d(3, 96, kernel_size = (11, 11), stride = (4, 4), padding = (2, 2))
(1): ReLU(inplace)
(2): MaxPool2d(kernel_size = 3, stride = 2, padding = 0, dilation = 1, ceil_mode = False)
(3): Conv2d(96, 256, kernel_size = (5, 5), stride = (1, 1), padding = (2, 2))
(4): ReLU(inplace)
(5): MaxPool2d(kernel_size = 3, stride = 2, padding = 0, dilation = 1, ceil_mode = False)
…
)
…
)
```

第3、4、5个卷积层的卷积核大小为3×3,步长为1,填充为1,仅添加激活函数没有做最大池化,在最后使用一个最大池化提取特征。

```
AlexNet(
(features): Sequential(
(0): Conv2d(3,96,kernel_size=(11,11),stride=(4,4),padding=(2,2))
(1): ReLU(inplace)
(2): MaxPool2d(kernel_size=3,stride=2,padding=0,dilation=1,ceil_mode=False)
(3): Conv2d(96,256,kernel_size=(5,5),stride=(1,1),padding=(2,2))
(4): ReLU(inplace)
(5): MaxPool2d(kernel_size=3,stride=2,padding=0,dilation=1,ceil_mode=False)
(6): Conv2d(256,384,kernel_size=(3,3),stride=(1,1),padding=(1,1))
(7): ReLU(inplace)
(8): Conv2d(384,384,kernel_size=(3,3),stride=(1,1),padding=(1,1))
(9): ReLU(inplace)
(10): Conv2d(384,256,kernel_size=(3,3),stride=(1,1),padding=(1,1))
(11): ReLU(inplace)
(12): MaxPool2d(kernel_size=3,stride=2,padding=0,dilation=1,ceil_mode=False)
)
...
)
```

添加一个自适应平均池化操作,对于任意大小的输入,输出的特征数目不会变化。

分类使用了3个全连接层对其进行操作,得到最后1000个分类,全连接可以保持输入和输出不变。此外,三个连接层中使用ReLU激活函数保证梯度收敛,然后使用Dropout避免过拟合。

```
AlexNet(
...
(avgpool): AdaptiveAvgPool2d(output_size=(6,6))
(classifier): Sequential(
(0): Dropout(p=0.5)
(1): Linear(in_features=9216,out_features=4096,bias=True)
(2): ReLU(inplace)
(3): Dropout(p=0.5)
(4): Linear(in_features=4096,out_features=4096,bias=True)
(5): ReLU(inplace)
(6): Linear(in_features=4096,out_features=1000,bias=True)
)
)
```

当前,在PyTorch中也有内置AlexNet网络模型,调用torchvision.models.alexnet()函数即可获得该网络结构,如图9-8所示。

```
>>> import torchvision.models as models
>>> print(models.alexnet())
AlexNet(
  (features): Sequential(
    (0): Conv2d(3, 64, kernel_size=(11, 11), stride=(4, 4), padding=(2, 2))
    (1): ReLU(inplace)
    (2): MaxPool2d(kernel_size=3, stride=2, padding=0, dilation=1, ceil_mode=False)
    (3): Conv2d(64, 192, kernel_size=(5, 5), stride=(1, 1), padding=(2, 2))
    (4): ReLU(inplace)
    (5): MaxPool2d(kernel_size=3, stride=2, padding=0, dilation=1, ceil_mode=False)
    (6): Conv2d(192, 384, kernel_size=(3, 3), stride=(1, 1), padding=(1, 1))
    (7): ReLU(inplace)
    (8): Conv2d(384, 256, kernel_size=(3, 3), stride=(1, 1), padding=(1, 1))
    (9): ReLU(inplace)
    (10): Conv2d(256, 256, kernel_size=(3, 3), stride=(1, 1), padding=(1, 1))
    (11): ReLU(inplace)
    (12): MaxPool2d(kernel_size=3, stride=2, padding=0, dilation=1, ceil_mode=False)
  )
  (avgpool): AdaptiveAvgPool2d(output_size=(6, 6))
  (classifier): Sequential(
    (0): Dropout(p=0.5)
    (1): Linear(in_features=9216, out_features=4096, bias=True)
    (2): ReLU(inplace)
    (3): Dropout(p=0.5)
    (4): Linear(in_features=4096, out_features=4096, bias=True)
    (5): ReLU(inplace)
    (6): Linear(in_features=4096, out_features=1000, bias=True)
  )
)
```

图 9-8 获得内置 AlexNet 网络模型

（2）AlexNet 的结构定义　使用 PyTorch 定义 AlexNet 的网络结构，从而实现 CIFAR-100 的网络结构及其参数设置，其定义如下所示。注意：AlexNet 原设定用于在 ImageNet 数据集中进行训练，ImageNet 数据集有 1000 种类别，但是，此处数据集为 CIFAR-100，只有 100 个类别，需要对应修改网络最后输出的参数类别 num_classes（即 100）。

```
def __init__(self,global_params = None):
    super(Alexnet,self).__init__()
    self.features = nn.Sequential(
        nn.Conv2d(3,64,kernel_size = 11,stride = 4,padding = 2),
        nn.ReLU(inplace = True),
        nn.MaxPool2d(kernel_size = 3,stride = 2),
        nn.Conv2d(64,192,kernel_size = 5,padding = 2),
        nn.ReLU(inplace = True),
        nn.MaxPool2d(kernel_size = 3,stride = 2),
        nn.Conv2d(192,384,kernel_size = 3,padding = 1),
        nn.ReLU(inplace = True),
        nn.Conv2d(384,256,kernel_size = 3,padding = 1),
        nn.ReLU(inplace = True),
        nn.Conv2d(256,256,kernel_size = 3,padding = 2),
        nn.ReLU(inplace = True),
        nn.MaxPool2d(kernel_size = 3,stride = 2)
    )
    self.avgpool = nn.AdaptiveAvgPool2d((6,6))
    self.classifier = nn.Sequential(
        nn.Dropout(global_params.dropout_rate),
        nn.Linear(256 * 6 * 6,4096),
        nn.ReLU(inplace = True),
        nn.Dropout(global_params.dropout_rate),
        nn.Linear(4096,4096),
        nn.ReLU(inplace = True),
        nn.Linear(4096,global_params.num_classes),
    )
```

(3) AlexNet 网络训练——训练和测试数据集转换 对训练集的数据和测试集的数据进行分辨率重置、图像翻转等操作,然后将其转换为 Tensor。

```
transform_train =
    transforms.Compose([
        transforms.Resize(224), #重置图像分辨率
        transforms.RandomHorizontalFlip(), #依据概率 p 对 PIL 图片进行水平翻转,默认为 0.5
        transforms.ToTensor( ), # 将 PIL Image 或者 Ndarray 转换为 Tensor
        transforms.Normalize((0.4914,0.4822,0.4465),(0.2023,0.1994,0.2010)),
    ])
transform_test =
    transforms.Compose([
        transforms.Resize(224), #重置图像分辨率
        transforms.ToTensor( ), # 将 PIL Image 或者 Ndarray 转换为 Tensor
        transforms.Normalize((0.4914,0.4822,0.4465),(0.2023,0.1994,0.2010)),
    ])
```

(4) AlexNet 网络训练——数据标准化

```
transform_train =
    transforms.Compose
    ([transforms.Resize(224),
    transforms.RandomHorizontalFlip( ),
    transforms.ToTensor( ),
    transforms.Normalize((0.4914,0.4822,0.4465),(0.2023,0.1994,0.2010)),
    #对数据按通道进行标准化,即先减均值,再除以标准差
    ])
transform_test =
    transforms.Compose
    ([transforms.Resize(224),
    transforms.ToTensor( ),
    transforms.Normalize((0.4914,0.4822,0.4465),(0.2023,0.1994,0.2010)),
    #对数据按通道进行标准化,即先减均值,再除以标准差
    ])
```

(5) AlexNet 网络训练——导入数据集 使用内置的函数导入数据集。

```
# 说明数据集的路径、文件目录等
train_dataset = datasets.CIFAR100 (root ='./data',train = True, transform =
                            transform_train, download = False)
# 设置根路径,设置要进行训练,设置数据变换类型,设置是否下载数据
test_dataset = datasets.CIFAR100 (root = './data', train = False, transform =
                            transform_test)
# 设置根路径,设置不需要训练,设置数据变换类型
#批量读取训练测试数据
train_loader = DataLoader (train_dataset, batch_size = batch_size, shuffle =
                            True)
test_loader = DataLoader (test_dataset, batch_size = batch_size, shuffle =
                            False)
shuffle = True # 参数设置为 True 表示打乱数据集的顺序
```

(6) AlexNet 网络训练——导入模型、定义交叉熵和优化函数

```python
#判断是否存在CUDA,存在就使用GPU加速训练,不存在就使用CPU进行计算
device = torch.device("cuda" if torch.cuda.is_available() else "cpu") model.to(device)
# 从AlexNet中导入AlexNet网络模型
model = AlexNet.from_name('alexnet')

#设置损失函数为交叉熵
criterion = nn.CrossEntropyLoss()

# 定义优化函数——Adam(Adaptive Moment Estimation),本质上是带有动量项的RMSprop
optimizer = torch.optim.Adam(model.parameters(), lr = 0.001)
```

(7) AlexNet 网络训练——循环迭代数据　使用 for 循环迭代 train_loader，将各属性赋值给 i、image、labels，通过网络计算损失值。

```python
for epoch in range(epoches):
    for i, (images, labels) in enumerate(train_loader):
        images = images.to(device)
        labels = labels.to(device)
output = model(images) #通过model预测images得到output
loss = criterion(output, labels) #通过交叉熵函数,获取output与labels的loss
optimizer.zero_grad() #清空过往梯度
loss.backward() #反向传播,计算当前梯度
optimizer.step() #根据梯度更新网络参数
if (i + 1) 100 = = 0:
    print('epoch [{}/{}], Loss: {:.4f}'.format(epoch + 1, epoches, loss.item()))
```

with torch.no_grad( )中的数据不需要计算梯度，也不会进行反向传播，通过 for 循环遍历测试数据，得到 images 和 labels，调用 model( )进行预测，统计预测值与预测正确的值计算精度，输出结果。

```python
with torch.no_grad():
    correct = 0
    total = 0
    for (images,labels) in test_loader:
        images,labels = images.to(device),labels.to(device)
    #得到output的每一项数据与1的最大值,得到predicted
    output = model(images)
    _,predicted = torch.max(output.data,1)
    #获得预测值等于labels的个数
    total + = labels.size(0)
    correct + = (predicted = = labels).sum().item()
    print("Accuracy of the self.network on the 10000 test images:{}".format(total,
        100 * correct /total))
```

9.4 任务实施：基于 AlexNet 的 CIFAR-100 分类实战

9.4.1 任务书

CIFAR-100 分类实战，主要包含以下内容：导入需要的库和数据；读取数据并对数据进行处理；从官网中获取 AlexNet；设置误差，优化函数，进行训练，输出 loss；训练完后，通过测试数据进行测试，输出准确率。掌握 AlexNet 的一些基础知识；掌握如何使用 AlexNet 实现 CIFAR-100 分类，以及一些数据的处理方式和优化算法的设置。

9.4.2 任务分组

学生任务分配表				
班级		组号	指导老师	
组长		学号	成员数量	
组长任务			组长得分	
组员姓名	学号	任务分工	组员得分	

9.4.3 获取信息

引导问题 1：查询相关资料，分析本任务中需要用到哪些资料，描述 CIFAR-100 分类实战的实验操作顺序。

准备资料：

实验操作顺序：

引导问题 2：自主学习，完成准备工作。创建检测路径及文件，数据下载地址为 http://file.ictedu.com/file/2743/cifar-100-python.tar.gz。创建 test10 文件夹，并将需要的数据放在 /home/techuser/Desktop/test10/data 路径下。

简述创建实验检测路径及文件的步骤：

9.4.4 工作实施

引导问题3：安装实验环境，安装 AlexNet。

1）输入代码，激活实验环境。

2）输入代码，安装 AlexNet，如图9-9所示。

图9-9 安装 AlexNet

引导问题4：导入依赖，在 test 环境中展开实验。

注意：在接下来的实验中，需要在/home/techuser/Desktop/test10 下新建文件并在该文件中完成实验，如文件名为"10test.py"。该实验使用之前实验所使用的 course 环境，实验前需要选择 course 环境。

1）输入代码_____，导入标准库 os。os 库提供通用的、基本的操作系统交互功能（Windows，macOS，Linux）；是 Python 标准库，包含几百个函数；与操作系统相关的，包括常用路径操作、进程管理、环境参数等。

2）输入代码"from torchvision import datasets, transforms"，从 torchvision 中引入_____，_____。它们中包含了以下数据集：MNIST、COCO、LSUN Classification、ImageFolder、Imagenet-12、CIFAR10 and CIFAR100、STL10、SVHN、PhotoTour。

它们具有_____和_____实现方法。因此，它们都可以传递给 torch.utils.data.DataLoader 可以使用 torch.multiprocessing 工作人员并行加载多个样本的数据。

3）请输入以下代码，并说明代码中部分参数的含义。

dset.CIFAR10(root, train = True, transform = None, target_transform = None, download = False)
dset.CIFAR100(root, train = True, transform = None, target_transform = None, download = False)

参数说明
root：_____
train：_____
transform：_____
target_transform：_____
download：_____

4）输入代码，引入 torch。torch 包含多维张量的数据结构及基于其上的多种数学操作。另外，它也提供了多种工具，其中一些可以有效地对张量和任意类型进行序列化。它有 CUDA 的对应实现，可以在 NVIDIA GPU 上进行张量运算（计算能力≥2.0）。

5）输入代码，从 torch 中引入 nn 和 optim。torch.optim 是一个实现了各种优化算法的库，支持大部分常用的方法，并且接口具备足够的通用性，能够集成更加复杂的方法。torch.nn

的核心数据结构是 Module,这是一个抽象概念,既可以表示神经网络中的某个层,也可以表示含多个层的神经网络。

6) 输入代码,从 torch.utils.data 中引入 DataLoader。DataLoader 的函数定义如下:DataLoader (dataset, batch_size = 1, shuffle = False, sampler = None, num_workers = 0, collate_fn = default_collate, pin_memory = False, drop_last = False)。请说明函数定义中部分参数含义。

```
参数说明
    dataset:_____
    batch_size:_____
    shuffle:_____
    sampler:_____
    num_workers:_____
    collate_fn:_____
    pin_memory:_____
    drop_last:_____
```

引导问题 5:查看相关资料,设置数据处理方法。如果服务器有多个 GPU,默认会全部使用。如果只想使用部分 GPU,可以通过参数 C#UDA_VISIBLE_DEVICES 来设置 GPU 的可见性。请详述设置数据处理方法的过程,并记录训练过程中出现的问题及解决方法。

```
设置数据处理方法的过程:
步骤 1:一次训练所选取的样本数。代码如下:
batch_size = 50
步骤 2:设置数据变换。代码如下:



出现的问题及解决方法:


```

引导问题 6:查看相关资料,完成数据获取。请详述获取数据的过程,并记录获取过程中出现的问题及解决方法。

```
获取数据的过程:
步骤 1:使用内置函数导入数据集。代码如下:


步骤 2:将读取出来的训练测试数据转化为 DataLoader。代码如下:


出现的问题及解决方法:


```

引导问题 7：查看相关资料，完成 AlexNet 的建立。请详述建立过程，并记录建立过程中出现的问题及解决方法。

AlexNet 的建立过程：

步骤 1：从 alexnet_PyTorch 中引入 AlexNet。代码如下：

步骤 2：创建 AlexNet 网络模型类的实例对象。代码如下：

AlexNet 是在 LeNet 的基础上加深了网络的结构，学习更丰富更高维的图像特征，其特点有以下 6 点：

出现的问题及解决的方法：

引导问题 8：查看相关资料，完成模型的训练。请详述训练模型的过程，并记录训练模型过程中出现的问题及解决方法。

训练模型的过程：

步骤 1：设置是否使用 CUDA 加速。设置训练中会用到的参数和函数：训练次数 epoches = 50；学习率 lr = 0.001；交叉熵 criterion = nn.CrossEntropyLoss()；优化 optimizer = torch.optim.Adam（model.parameters()，lr = lr），Adam（Adaptive Moment Estimation）本质上是带有动量项的 RMSprop，它利用梯度的一阶矩估计和二阶矩估计动态调整每个参数的学习率。

代码如下：

步骤 2：训练模型，代码如下：

步骤 3：检测模型，代码如下：

出现的问题及解决方法：

分析检测结果：

9.4.5 评价与反馈

全面考核学生的专业能力和拓展能力，采用过程性评价和结果评价相结合，定性评价与定量评价相结合的考核方法。注重对学生的动手能力和在实践中分析问题、解决问题能力的考核，对在学习和应用上有创新的学生给予特别鼓励。小组总评成绩为"自评＋互评＋师评"按比例折算的成绩再加上附加分，自评、互评和师评所占比例可由教师根据具体情况自行拟定。

考核评价表					
评价项目	评价内容	项目配分	自我评价	小组评价	教师评价
思政元素（10）	理解并清晰表述学习任务单中价值理念的意义	5			
	互评过程中，客观、公正地评价他人	5			
专业能力（50）	根据任务单，提前预习知识点、发现问题	5			
	根据引导问题，检索、收集 AlexNet 神经网络的处理方式等内容，并做深入分析	5			
	导入需要的库和数据	5			
	读取数据并对数据进行处理	5			
	从官网中获取 AlexNet	5			
	设置误差，优化函数，进行训练，输出 loss	5			
	训练完成后，通过测试数据输出准确率	5			
	优化算法的设置	5			
	完成任务实施引导的学习内容	5			
	项目总结符合要求	5			
方法能力（20）	自主或寻求帮助来解决所发现的问题	5			
	能利用网络等查找有效信息	5			
	编写操作实现过程，厘清步骤思路	5			
	根据任务实施安排，制订学期学习计划和形式	5			
社会能力（15）	小组讨论中能认真倾听并积极提出较好的见解	5			
	配合小组成员完成任务实施引导的学习内容	5			
	参与成果展示汇报，仪态大方、表达清晰	5			
创新能力（5）	学习探究中能独立解决问题，提出特色做法	5			
各评价主体分值		100			
各评价主体分数小结		—			
总分 = 自我评价分数 ×＿＿＿% + 小组评价分数 ×＿＿＿% + 教师评价分数 ×＿＿＿%					
综合得分：					教师签名：

项目总结
整体效果：效果好□   效果一般□   效果不好□ 具体描述：
不足与改进：

9.5 拓展案例：基于深度学习和迁移学习的遥感图像场景分类实战

9.5.1 问题描述

基于深度学习和迁移学习的遥感图像场景，实现分类实战。

9.5.2 思路描述

本案例采用 AlexNet 实现遥感图像的场景分类功能，并利用其卷积神经网络模型进行特征提取。同时，通过 ResNet 的深度残差网络结构，改善网络训练过程中可能出现的退化现象，从而实现更深层的特征学习。此外，还采用了数据增强和 Dropout 等策略来避免过拟合。在训练过程中，选择 NWPU-RESISC45 和 UCMerced Land-Use 两个遥感图像数据集进行训练和测试。最终，通过迁移学习的方式，将已训练好的模型迁移到新的数据集上，以提高分类性能。

9.5.3 解决步骤

1. AlexNet

1）使用 ReLU 激活函数以加快收敛速度。
2）采用 Dropout 技术进行正则化以避免过拟合。
3）进行数据扩充以提高泛化能力。
4）使用局部响应归一化层（LRN）以提高泛化能力。
5）实现残差模块以改善网络退化问题。

2. ResNet

ResNet 最显著的特征就是引入了残差模块。其结构如图 9-10 所示。残差模块的 shortcut connection 这种残差跳跃式的结构使得 ResNet 打破了传统神经网络只能逐层传递参数，可以越过中间的某几层直接将参数传递给后面的层，起到了一种丢层的

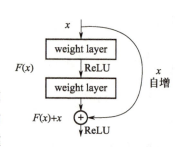

图 9-10 ResNet 的结构

作用。随机丢层网络和 Dropout 的提出都说明了忽略一些不那么重要的网络层或神经元对于网络性能的提升是有促进作用的。残差网络的这种结构使得每次工作的网络其实并没有那么深，从某种意义上残差网络可以看作一些不同的浅层神经网络的组合。

3. 选用数据集

NWPU-RESISC45 dataset：图像像素大小为 256×256，共包含 45 类场景，每一类场景有 700 张图像，共 31500 张图像。

UCMerced Land-Use dataset：图像像素大小为 256×256，共包含 21 类场景，每一类场景有 100 张图像，共 2100 张图像。

4. 实验结果

AlexNet 在 NWPU 上的分类结果如图 9-11 和图 9-12 所示，横坐标为 epoch。图 9-11 中，训练正确率与测试正确率均随着训练次数的增加而增加，并在最后达到一个比较好的状态。图 9-12 中，训练损失与测试损失都随着实验轮数的增加而减少，并在最后达到比较理想的状态。

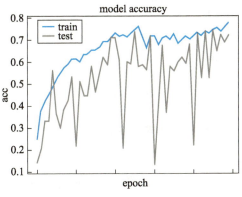

图 9-11　实验轮数与准确率的关系（一）

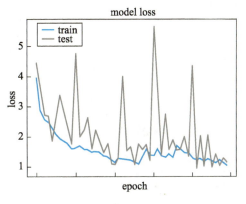

图 9-12　实验轮数与损失的关系（一）

ResNet 在 NWPU 上的分类结果如图 9-13 和图 9-14 所示。

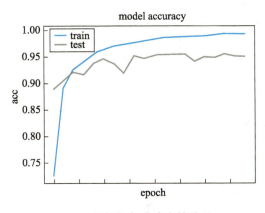

图 9-13　实验轮数与准确率的关系（二）

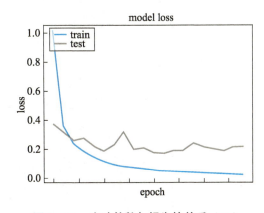

图 9-14　实验轮数与损失的关系（二）

AlexNet 在 UCM 上的分类结果如图 9-15 和图 9-16 所示。

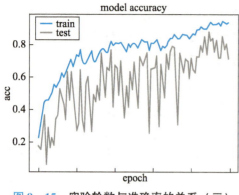

图 9-15 实验轮数与准确率的关系（三）　　图 9-16 实验轮数与损失的关系（三）

ResNet 在 UCM 上的分类结果如图 9-17 和图 9-18 所示。

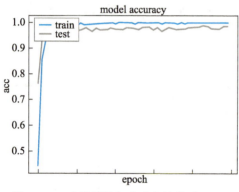
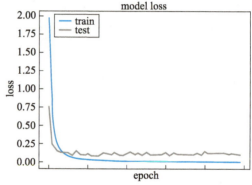

图 9-17 实验轮数与准确率的关系（四）　　图 9-18 实验轮数与损失的关系（四）

5. 迁移学习

在 NWPU 上训练一个 AlexNet 模型，将最后三层 45 类的分类器替换成针对 UCM 的 21 类分类器，然后对 UCM 进行分类，如图 9-19 所示。

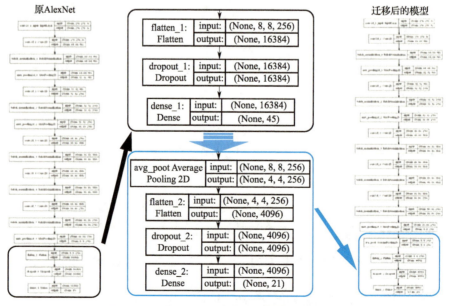

图 9-19 原 AlexNet 与迁移后的模型的对比

可明显观察到,两者在神经网络层数、参数数量等方面均有区别。

6. 迁移前后分类结果对比

迁移前的分类结果如图9-20和图9-21所示。从图9-20中可以看出,在迁移之前训练效果并不是太好,训练集的正确率提高较慢,而测试集的正确率并不是在稳定提高;图9-21中,训练集损失与测试集损失整体减小,但测试集损失会突然增大。

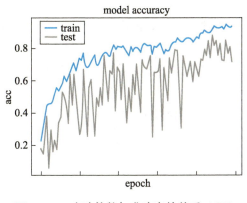

图9-20　实验轮数与准确率的关系(五)

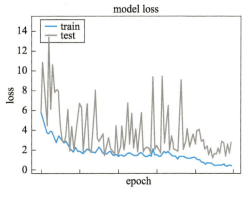

图9-21　实验轮数与损失的关系(五)

迁移后的分类结果如图9-22和图9-23所示。图9-22中,训练集与测试集的正确率在训练较少次之后便有很大的提高,并且训练集的正确率不再出现忽然大幅度降低的情况。图9-23中,训练集与测试集的损失均在经过较少次训练就降低到一个比较小的数值,并且也比较稳定。

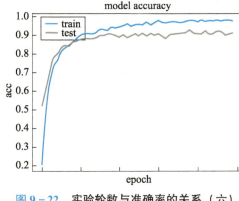

图9-22　实验轮数与准确率的关系(六)

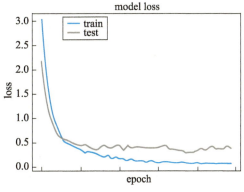

图9-23　实验轮数与损失的关系(六)

9.5.4　案例总结

通过本案例我们了解到了图像分类原理,对图像分类、图像处理有了清晰的认识,有助于理解图像处理技术的应用。

9.6　单元练习

判断以下说法的对错。

1. 一般而言,一个好的表示可以使后续的学习任务更容易,选择什么表示通常取决于后

续的学习任务。（ ）

2. 图像分类的主要流程是：获取数据集，生成特征，使用模型根据特征进行分类。（ ）

3. AlexNet 使用了很多网络的新技术点，包括：采用 ReLU 作为激活函数，使用 Dropout 避免拟合，利用平均池化丰富特征，采用 LRN 增加泛化能力，使用 GPU 加速训练，以及数据增强。（ ）

4. 图像分类的任务是将不同的图像划分到不同的类别，实现最小分类误差和最高精度。（ ）

5. 深度学习图像分类中轻量化模型的优点在于参数模型小、计算量小，但是精度和速度较低。（ ）

6. AlexNet 中使用一个自适应平均池化操作，但是输入和输出的特征数目不会变化。（ ）

单元 10　基于 ResNet 的行人重识别

10.1　学习情境描述

经过前面的学习，已经掌握了如何使用 PyTorch 实现一个卷积神经网络（CNN），并且掌握了如何应用 AlexNet 来进行数据训练和图像分类。为了巩固 CNN 的相关知识，同时也了解和应用更多更流行的 CNN 模型，本单元将学习另一种流行的 CNN 模型——ResNet，并利用 ResNet 完成行人重识别任务。

10.2　任务陈述

基于 ResNet 的图像分类具体学习任务见表 10-1。

表 10-1　学习任务单

学习任务单		
学习路线	课前	1. 参考课程资源，自主学习"10.3 知识准备" 2. 检索有效信息，探究"10.4 任务实施"
	课中	3. 遵从教师引导，学习新内容，解决所发现的问题 4. 分析并梳理 RestNet 的特点、重要组成部分、ResNet 的应用场景 5. 小组交流完成任务，根据引导问题的顺序，搜索基于 ResNet 的图像分类案例，完成基于 ResNet 的行人重识别实战项目
	课后	6. 录制小组汇报视频并上交 7. 项目总结 8. 客观、公正地完成考核评价 9. 阅读理解"10.5 拓展案例"
学习任务		1. 了解 ResNet 的历史和发展 2. 了解 ResNet 的网络结构和特点 3. 理解使用 ResNet 进行行人重识别的方法 4. 掌握通过 PyTorch 创建和使用 ResNet 的方法
学习建议		1. 不要求完全掌握 ResNet 代码底层逻辑实现，要注重代码的具体应用及实际效果 2. 提前预习知识点，将有疑问的地方圈出，上课时解惑讨论 3. 小组合作完成任务实施引导的学习内容
价值理念		1. 实现中华民族伟大复兴的中国梦，以中国式现代化推进中华民族伟大复兴，统揽伟大斗争、伟大工程、伟大事业、伟大梦想 2. 中国智慧、中国方案、中国力量 3. 敬业奉献、服务人民

10.3 知识准备

深度残差网络（Deep Residual Network，ResNet）是当前热门的卷积神经网络模型，它包含一种特殊的网络结构——残差块结构，能够消除过多神经网络层的数据传输而出现的数据偏差。ResNet 的快捷连接思想也使得利用 ResNet 进行训练的图像分类问题能够得到高于 GoogLeNet 等其他网络的准确率。

10.3.1 ResNet 概述

ResNet 的提出是 CNN 图像史上的一件里程碑事件。在 2015 年，何凯明博士凭借着 ResNet 模型碾压各路群雄，刷新了 CNN 模型在 ImageNet 上的历史战绩，如图 10-1 所示。在 ImageNet 目标分类赛项中利用 152 层深度学习网络拿下第一名；在 ImageNet 目标检测赛项中以超过第二名 16% 的成绩拿下第一名；在 ImageNet 目标定位赛项中以超过第二名 27% 的成绩拿下第一名；在 COCO 目标检测赛项中又以超过第二名 11% 的成绩轻松拿下第一名；在 COCO 目标分割赛项中以超过第二名 12% 的成绩拿下第一名。

ResNets @ ILSVRC & COCO 2015 Competitions
- **1st places in all five main tracks**
  - ImageNet Classification: "*Ultra-deep*" 152-layer nets
  - ImageNet Detection: **16% better than 2nd**
  - ImageNet Localization: **27% better than 2nd**
  - COCO Detection: **11% better than 2nd**
  - COCO Segmentation: **12% better than 2nd**

图 10-1 ResNet 所获荣誉

2014 年的 VGG 网络还只有 19 层，而 2015 年的 ResNet 多达 152 层（见图 10-2），与 ResNet 的深度相比，VGG 完全不是一个量级的选手。ResNet 也是依靠网络深度优势才有如此强大的性能。但是网络深度的加深，会带来网络深度退化等一系列问题，而 ResNet 解决的主要问题就是网络深度退化问题。

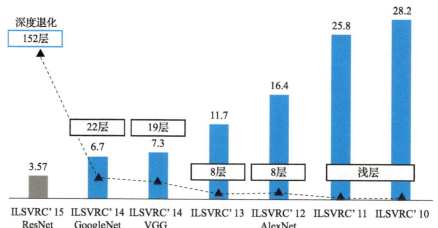

图 10-2 ImageNet 分类的错误率前 5

1. ResNet 解决的问题

ResNet 解决的主要问题是深层网络的退化问题。深层网络模型相较于浅层网络模型能进行更加复杂的特征模式的提取。所以从理论角度来说，更深层的网络会取得更好的结果。但是结合图 10-3 发现，无论是在训练阶段，还是在测试阶段，56 层的网络结构都比 20 层的网络结构的表现效果要差一些。在图 10-3 中，左图为训练集结果，y 轴代表训练误差的百分比，x 轴代表网络迭代的次数，当网络迭代趋于稳定的时候，20 层的网络结构的训练误差比 56 层的网络结构的训练误差低，这说明 20 层网络结构的网络收敛效果要更好一些。同理，右图的测试集也是类似的结果。网络深度的增加会带来许多问题，例如梯度消失或者梯度爆炸问题，这些问题可以依靠 Batch Norm 来缓解。最关键的一个问题还是网络退化问题。网络退化问题是指，随着网络层级的不断增加，模型精度会不断得到提升，而当网络层级增加到一定的数目以后，训练精度和测试精度迅速下降。这说明当网络变得很深以后，深度网络就变得更加难以训练了，即网络出现了性能饱和，甚至性能下降现象。而 ResNet 就是依靠残差块解决了网络退化问题。

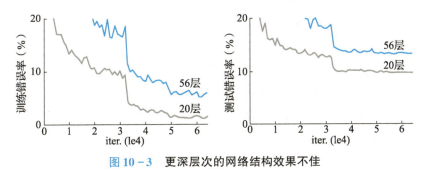

图 10-3 更深层次的网络结构效果不佳

2. ResNet 残差网络的介绍

（1）残差块（Residual Block）与恒等快捷连接（Identity Shortcut Connection） 假设 x 是输入，$F(x)$ 表示隐藏层操作，一般神经网络的输出 $H(x) = F(x)$。而残差网络的输出 $H(x) = F(x) + x$。具体结构如图 10-4 所示。

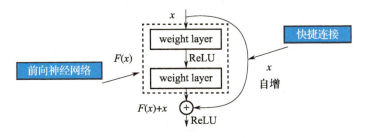

图 10-4 恒等快捷连接

残差块包括两个部分：前向神经网络和快捷连接。$F(x)$ 是前向神经网络，如图 10-4 左侧所示，其中 weight layer 代表卷积操作，一般一个残差块包含 2 至 3 个卷积操作，将卷积后的特征图与 x 相加得到新的特征图。

这种残差块的一个明显作用是更深的网络也可以弹性转化为浅网络。快捷连接可以帮助网络更容易转化为浅网络，$H(x) = F(x) + x$ 是网络输出结果，想要变成浅网络只需要让

$F(x)$ 学习为 $F(x)=0$，就可以变浅了，即 $H(x)=x$，这比从头到尾的直接学习要容易得多。

图 10-5 展示了一个有残差块的网络和一个没有残差块的网络的对比。有残差块的网络表示为 $H(x)=F(x)+x$，没有残差块的网络表示为 $H(x)$。假设模型发生了网络退化，x 是网络的最优解。首先来看一下有残差块的网络会怎么做。对于有残差块的网络来说，此时 $H(x)=x$ 是最优解，那么只需要将 $F(x)=0$ 即可，而 $F(x)$ 代表少量的卷积操作。这样的恒等学习是非常容易的。而对于没有残差块的网络来说，当 $H(x)=x$ 是最优解时，从上到下的整个网络都要学习，这是一种硬性变化。相比之下，有残差块的网络是一种弹性变化，它能让深层网络收缩成浅层网络，又可以伸展成深层网络。这样，拥有残差块的网络是不会比浅层网络差（它可以变成浅层网络），又有更强的学习能力（可以伸展成深层网络）。

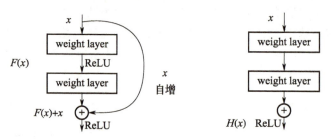

图 10-5 残差网络的恒等映射

残差块有两种结构类型。第一种被称作 Bottleneck Block 结构，如图 10-6a 所示。它添加了瓶颈层 1×1 卷积，用于先降通道维度再升维度，这就像塑料瓶的瓶颈，入口狭窄但里面容量很大。这主要是出于降低计算复杂度的现实考虑。另一种结构被称作 Basic Block，Basic Block 结构如图 10-6b 所示。Basic Block 结构由 2 个 3×3 卷积层构成，它不需要前后添加 1×1 瓶颈层来进行降维再升维的操作。

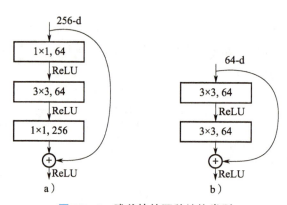

图 10-6 残差块的两种结构类型

（2）ResNet 的网络结构　与普通 34 层网络相比，ResNet 多了很多"旁路"，即 shortcut 路径，其首尾圈出的层构成一个残差块。ResNet 中所有的残差块都没有池化层，降采样是通过 conv(kernel_size=(1, 1), stride=(2, 2)) 这类的卷积操作实现的。ResNet 分别在 conv3_1、conv4_1 和 conv5_1 这三层残差块进行了降采样，同时 feature map 数量增加 1 倍，如图 10-7 中虚线划定的 block。ResNet 通过平均池化得到最终的特征，而不是通过全连接层。

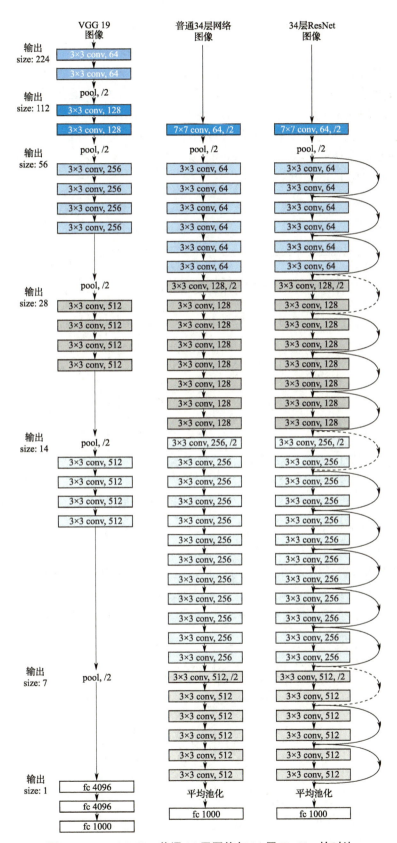

图 10−7　VGG 19、普通 34 层网络与 34 层 ResNet 的对比

ResNet 系列网络结构如图 10 - 8 所示。每个 ResNet 由 5 层组成，最后加上一个全连接层。因为 ResNet 最初设计用于 ImageNet，因此此处分类类别对应 ImageNet 数据集的 1000 个类别，所以最后全连接有 1000 个神经元。以 34 层的 ResNet 为例，它的第一层没有残差块，所有层都共享相同的结构（一个 64 维的 7×7 卷积层和一个 3×3 池化层）。第二层包含 3 个相同的由 2 个 64 维 3×3 组成的残差块。第三层包含 4 个相同的由 2 个 128×3×3 堆叠的残差块。第四层包含 6 个相同的由 2 个 256×3×3 堆叠的残差块。第五层包含 3 个相同的由 2 个 512×3×3 堆叠的残差块。$1 + 2×3 + 2×4 + 2×6 + 2×3 + 1 = 34$。其他的 ResNet 结构（如 ResNet-50、ResNet-152）也是类似的结构。

层名	输出大小	18层	34层	50层	101层	152层
conv1	112×112	7×7, 64, stride 2				
conv2_x	56×56	3×3 max pool, stride 2				
		$\begin{bmatrix}3×3, 64\\3×3, 64\end{bmatrix}×2$	$\begin{bmatrix}3×3, 64\\3×3, 64\end{bmatrix}×3$	$\begin{bmatrix}1×1, 64\\3×3, 64\\1×1, 256\end{bmatrix}×3$	$\begin{bmatrix}1×1, 64\\3×3, 64\\1×1, 256\end{bmatrix}×3$	$\begin{bmatrix}1×1, 64\\3×3, 64\\1×1, 256\end{bmatrix}×3$
conv3_x	28×28	$\begin{bmatrix}3×3, 128\\3×3, 128\end{bmatrix}×2$	$\begin{bmatrix}3×3, 128\\3×3, 128\end{bmatrix}×4$	$\begin{bmatrix}1×1, 128\\3×3, 128\\1×1, 512\end{bmatrix}×4$	$\begin{bmatrix}1×1, 128\\3×3, 128\\1×1, 512\end{bmatrix}×4$	$\begin{bmatrix}1×1, 128\\3×3, 128\\1×1, 512\end{bmatrix}×8$
conv4_x	14×14	$\begin{bmatrix}3×3, 256\\3×3, 256\end{bmatrix}×2$	$\begin{bmatrix}3×3, 256\\3×3, 256\end{bmatrix}×6$	$\begin{bmatrix}1×1, 256\\3×3, 256\\1×1, 1024\end{bmatrix}×6$	$\begin{bmatrix}1×1, 256\\3×3, 256\\1×1, 1024\end{bmatrix}×23$	$\begin{bmatrix}1×1, 256\\3×3, 256\\1×1, 1024\end{bmatrix}×36$
conv5_x	7×7	$\begin{bmatrix}3×3, 512\\3×3, 512\end{bmatrix}×2$	$\begin{bmatrix}3×3, 512\\3×3, 512\end{bmatrix}×3$	$\begin{bmatrix}1×1, 512\\3×3, 512\\1×1, 2048\end{bmatrix}×3$	$\begin{bmatrix}1×1, 512\\3×3, 512\\1×1, 2048\end{bmatrix}×3$	$\begin{bmatrix}1×1, 512\\3×3, 512\\1×1, 2048\end{bmatrix}×3$
	1×1	average pool, 1000-d fc, Softmax				
FLOPs		$1.8×10^9$	$3.6×10^9$	$3.8×10^9$	$7.6×10^9$	$11.3×10^9$

图 10 - 8　不同层数的 ResNet 网络架构

（3）ResNet 的性能对比　不同网络结构应用于 ImageNet 测试集的错误率如图 10 - 9 所示。可以看出，ResNet-152 比同时期的 VGG 16 和 GoogleNet 表现得更加出色，降低了 4%~7%。ResNet 结构非常容易修改和扩展，通过调整 block 内的 channel 数量及堆叠的 block 数，就可以很容易地调整网络的宽度和深度，从而得到不同表达能力的网络，而不用担心网络的"退化"问题，只要训练数据足够，逐步加深网络，就可以获得更好的性能表现。

模型	top-1 err.	top-5 err.
VGG 16 [41]	28.07	9.33
GoogLeNet [44]	—	9.15
PReLU-net [13]	24.27	7.38
plain-34	28.54	10.02
ResNet-34 A	25.03	7.76
ResNet-34 B	24.52	7.46
ResNet-34 C	24.19	7.40
ResNet-50	22.85	6.71
ResNet-101	21.75	6.05
ResNet-150	**21.43**	**5.71**

图 10 - 9　ImageNet 测试集的错误率

（4）残差块的分析与改进　图 10-10 给出了一个改进的残差网络。图 10-10a 是原始的残差块，图 10-10b 是改进后的残差块。改进后的相对于原始的来说具有更强的泛化能力，能更好地避免网络"退化"，堆叠大于 1000 层后，性能仍在变好。

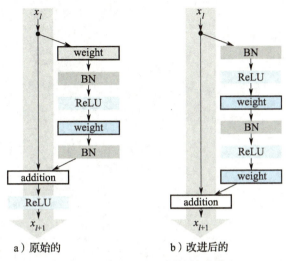

a）原始的　　　　b）改进后的

图 10-10　ResNet 网络的改进

通过保持 shortcut 路径的"纯净"，可以让信息在前向传播和反向传播中平滑传递，这点十分重要。为此，如无必要，最好不要引入 1×1 卷积等操作。此外，改进的残差块同时也将图 10-10a 中灰色路径上的 ReLU 移到了 $F(x)$ 路径上。

在残差路径上，改进的残差块将批标准化（Batch Norm）和 ReLU 统一放在权重前作为欲激活，获得更易于优化及减少拟合的效果。

3. ResNet 的实现

（1）用 PyTorch 实现 ResNet　PyTorch 的 torchvision.models 包已经实现了目前比较流行的几个卷积神经网络模型，包括 AlexNet、VGG、ResNet、DenseNet、Inception、SqueezeNet 等常用的网络结构，并且提供了预训练模型。可以通过简单调用来读取网络的结构和预训练模型。调用 torchvision.models 中的接口来创建 ResNet-50，并输出 ResNet-50 网络结构的具体操作代码如下所示。

```
import torchvision
torchvision.models.resnet50(pretrained = False,progress = True)
print(model)
```

参数说明：
- pretrained（bool）：如果为 True，则表示从 ImageNet 下载一个预训练模型。
- progress（bool）：如果为 True，则表示利用标准错误流显示下载模型的进度条。

输出结果如图 10-11 所示。可以看出，ResNet-50 第一部分与之前介绍的是一样的，有 7×7 卷积层，没有残差块，到了第二层是一个 Bottleneck Block，残差块加一个下采样操作，后面几层与之类似。

```
ResNet(
  (conv1): Conv2d(3, 64, kernel_size=(7, 7), stride=(2, 2), padding=(3, 3), bias=False)
  (bn1): BatchNorm2d(64, eps=1e-05, momentum=0.1, affine=True, track_running_stats=True)
  (relu): ReLU(inplace=True)
  (maxpool): MaxPool2d(kernel_size=3, stride=2, padding=1, dilation=1, ceil_mode=False)
  (layer1): Sequential(
    (0): Bottleneck(
      (conv1): Conv2d(64, 64, kernel_size=(1, 1), stride=(1, 1), bias=False)
      (bn1): BatchNorm2d(64, eps=1e-05, momentum=0.1, affine=True, track_running_stats=True)
      (conv2): Conv2d(64, 64, kernel_size=(3, 3), stride=(1, 1), padding=(1, 1), bias=False)
      (bn2): BatchNorm2d(64, eps=1e-05, momentum=0.1, affine=True, track_running_stats=True)
      (conv3): Conv2d(64, 256, kernel_size=(1, 1), stride=(1, 1), bias=False)
      (bn3): BatchNorm2d(256, eps=1e-05, momentum=0.1, affine=True, track_running_stats=True)
      (relu): ReLU(inplace=True)
      (downsample): Sequential(
        (0): Conv2d(64, 256, kernel_size=(1, 1), stride=(1, 1), bias=False)
        (1): BatchNorm2d(256, eps=1e-05, momentum=0.1, affine=True, track_running_stats=True)
      )
    )
    (1): Bottleneck(
      (conv1): Conv2d(256, 64, kernel_size=(1, 1), stride=(1, 1), bias=False)
      (bn1): BatchNorm2d(64, eps=1e-05, momentum=0.1, affine=True, track_running_stats=True)
      (conv2): Conv2d(64, 64, kernel_size=(3, 3), stride=(1, 1), padding=(1, 1), bias=False)
      (bn2): BatchNorm2d(64, eps=1e-05, momentum=0.1, affine=True, track_running_stats=True)
      (conv3): Conv2d(64, 256, kernel_size=(1, 1), stride=(1, 1), bias=False)
      (bn3): BatchNorm2d(256, eps=1e-05, momentum=0.1, affine=True, track_running_stats=True)
      (relu): ReLU(inplace=True)
```

图 10-11 **ResNet-50** 网络结构部分内容

（2）用 PyTorch 实现 Bottleneck Block　ResNet 类的重要部分就是 Bottleneck 这个类。Bottleneck 类的部分实现代码如下所示。可以看到，Bottleneck 类继承了 torch.nn.Module 类，且重写了 __init__( ) 和 forward( ) 方法。

```python
class Bottleneck(nn.Module):
    def __init__(self, inplanes, planes, stride = 1, downsample = None):
        super(Bottleneck, self).__init__()
        self.conv1 = nn.Conv2d(inplanes, planes, kernel_size = 1, bias = False)
        self.bn1 = nn.BatchNorm2d(planes)
        self.conv2 = nn.Conv2d(planes, planes, kernel_size = 3, stride = stride,
                               padding = 1, bias = False)
        self.bn2 = nn.BatchNorm2d(planes)
        self.conv3 = nn.Conv2d(planes, planes * 4, kernel_size = 1, bias = False)
        self.bn3 = nn.BatchNorm2d(planes * 4)
        self.relu = nn.ReLU(inplace = True)
        self.downsample = downsample
        self.stride = stride
```

forward( ) 方法的实现代码如下所示。在 forward( ) 方法中有卷积层、BN 层和激活层，最后的 out + = residual 就是 out 与 residual 对应元素相加。

```python
def forward(self, x)
    shortcut = x
    out = self.conv1(x)
    out = self.bn1(out)
    out = self.relu(out)
```

```
        out = self.conv2(out)
        out = self.bn2(out)
        out = self.relu(out)
        out = self.conv3(out)
        out = self.bn3(out)
        if self.downsample is not None:
            residual = self.downsample(x)
        out + = residual
        out = self.relu(out)
        return out
```

BasicBlock 类和 Bottleneck 类类似，前者主要是用来构建 ResNet-18 和 ResNet-34 网络模型。因为这两个网络本身层级不深，没有必要通过 Bottleneck Block 来为模型瘦身。它也包括卷积、BN 和 ReLU 激活操作。BasicBlock 类的部分实现代码如下所示。

```
def conv3x3(in_planes,out_planes,stride=1):
    return nn.Conv2d(in_planes,out_planes,kernel_size=3,stride=stride,padding=1,bias=False)
class BasicBlock(nn.Module):
    expansion = 1
    def __init__(self, inplanes,planes,stride=1,downsample=None):
        super(BasicBlock, self).__init__()
        self.conv1 = nn.conv3x3(inplanes,planes, stride)
        self.bn1 = nn.BatchNorm2d(planes)
        Self.relu = nn.ReLU(inplace=True)
        self.conv2 = nn.conv3x(planes,planes)
        self.bn2 = nn.BatchNorm2d(planes)
        self.downsample = downsample
        self.stride = stride
```

BasicBlock.forawrd( )方法的实现代码如下所示。

```
def forward(self,x):
    residual = x
    out = self.conv1(x)
    out = self.bn1(out)
    out = self.relu(out)
    out = self.conv21(x)
    out = self.bn2(out)
    if self.downsample is not None:
        residual = self.downsample(x)
    out + = residual
    out = self.relu(out)
    return out
```

（3）用 PyTorch 实现 ResNet 的主体结构　构建 ResNet 是通过 ResNet 这个类进行的，还是继承 PyTorch 中网络的基类 torch.nn.Module，再就是重载__init__( )和 forward( )方法。在 ResNet.__init__( )方法中主要是定义一些层的参数。ResNet 类的部分实现代码如下所示。

```python
import torch
import torch.nn as nn
class ResNet(nn.Module):
    def __init__(self, block, layers, num_classes=1000):
        self.inplanes = 64
        super(ResNet, self).__init__()
        self.conv1 = nn.Conv2d(3, 64, kernel_size=7, stride=2, padding=3,
                               bias=False)
        self.bn1 = nn.BatchNorm2d(64)
        self.relu = nn.ReLU(inplace=True)
        self.maxpool = nn.MaxPool2d(kernel_size=3, stride=2, padding=1)
        self.layer1 = self._make_layer(block, 64, layers[0])
        self.layer2 = self._make_layer(block, 128, layers[1], stride=2)
        self.layer3 = self._make_layer(block, 256, layers[2], stride=2)
        self.layer4 = self._make_layer(block, 512, layers[3], stride=2)
        self.avgpool = nn.AdaptiveAvgPool2d((7, stride=1))
        self.fc = nn.Linear(512 * block.expansion, num_classes)
        for m in self.modules():
            if isinstance(m, nn.Conv2d):
                n = m.kernel_size[0] * m.kernel_size[1] * m.out_channels
                m.weight.data.normal_(0, math.sqrt(2./n))
            elif isinstance(m, nn.BatchNorm2d):
                m.weight.data.fill_(1)
                m.bias.data.zero_()
```

ResNet.forward()方法主要是定义数据在层之间的流动顺序，也就是层的连接顺序。ResNet.forward方法的实现，具体操作代码如下所示。

```python
def forward(self, x):
    x = self.conv1(x)
    x = self.bn1(x)
    x = self.relu(x)
    x = self.maxpool(x)
    x = self.layer1(x)
    x = self.layer2(x)
    x = self.layer3(x)
    x = self.layer4(x)
    x = self.avgpool(x)
    x = x.view(x, size(0), -1)
    x = self.fc(x)
    return x
```

另外，可以在类中定义其他私有方法来模块化一些操作，比如_make_layer()方法，共用5个阶段：第一个阶段为7×7的卷积处理，stride为2，然后经过池化处理，接下来四个阶段是都是由_make_layer()方法实现的，需要用户输入每层的残差块的种类是Basic Block还是Bottleneck，以及残差块的个数和残差块中卷积的步长。ResNet._make_layer()方法的实现代码如下所示。

```
def _make_layer(self,block,planes,blocks,stride=1)
#block 是残差块实现的函数,planes 是输出通道数,blocks 是每一层残差块的个数,stride 是
#残差块中卷积的步长
downsample=None    #定义下采样模块
        if stride!=1 or self.inplanes!=planes*block.expansion:
            #当步长不等于1 或者输入的通道数不等于输出的通道数乘以输出通道数的倍数时,
            #创建下采样板块
downsample=nn.Sequential(
                nn.Conv2d(self.inplanes,planes*block.expansion,kernel_size=1,
stride=stride,bias=False),
                nn.BatchNorm2d(planes*block.expansion),
            )
        layers=[]    #定义层模块 list
        layers.append(block(self.inplanes,planes,stride,downsample)) #将定义的
        #残差模块添加到层模块
        self.inplanes=planes*block.expansion
        #将上一个残差块的输出通道数乘以输出通道数的倍数,赋值给下一个残差块的输入通道数
        for i in range(1,blocks): #循环创建残差块个数
            layers.append(block(self.inplanes,planes)) #将定义的残差块添加
            #到层模块中
        return nn.Sequential(*layers)    #返回创建的层模块
```

load_url()函数的实现代码如下所示。model_dir 是下载下来的模型的保存地址,如果没有指定的话就会保存在项目的.torch 目录下。cached_file 是保存模型的路径加上模型名称。接下来的"if not os.path.exists(cached_file)"语句用来判断是否指定目录下已经存在要下载的模型:如果已经存在,就直接调用 torch.load 接口导入模型;如果不存在,则从网上下载,下载时通过_download_url_to_file 进行。

```
__all__=['ResNet','resnet18','resnet34','resnet50','resnet101','resnet152']
model_urls={
    'resnet18':'https://download.pytorch.org/models/resnet18-5c106cde.pth',
    'resnet34':'https://download.pytorch.org/models/resnet34-333f7ec4.pth',
    'resnet50':'https://download.pytorch.org/models/resnet50-19c8e357.pth',
    'resnet101':'https://download.pytorch.org/models/resnet101-5d3b4d8f.pth',
    'resnet152':'https://download.pytorch.org/models/resnet152-b121ed2d.pth',
}
def load_url(url,model_dir=None,map_location=None,progress=True):
    if model_dir is None:
        torch_home=os.path.expanduser(os.getenv('TORCH_HOME','~/.torch'))
        model_dir=os.getenv('TORCH_MODEL_ZOO',os.path.join(torch_home,'models'
    if not os.path.exists(model_dir):
        os.makedirs(model_dir)
    parts=urlparse(url)
    filename=os.path.basename(parts.path)
    cached_file=os.path.join(model_dir,filename)
    if not os.path.exists(cached_file):
        sys.stderr.write('Downloading:"{}" to {}\n'.format(url,cached_file))
        hash_prefix=HASH_REGEX.search(filename).group(1)
        _download_url_to_file(url,cached_file,hash_prefix,progress=progress)
    return torch.load(cached_file,map_location=map_location)
```

10.3.2 行人重识别

1. 行人重识别的介绍

行人重识别是指在给定某个监控摄像机下的行人图像，利用行人的外观特征，在不重叠的跨域场景下摄像机拍摄的行人图像集合中准确地检索到该特定行人。该技术广泛应用于智能城市、刑事侦查等重要的场景中，如图10-12所示。

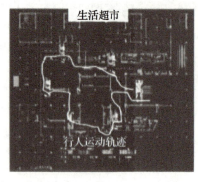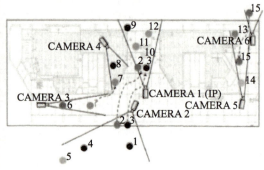

图10-12　行人重识别应用场景

行人重识别主要是在多摄像头多场景下识别行人身份的一项技术。由于是在无约束场景下识别行人，因此会遇到外观、姿态、遮挡、光线、检测误差等一些难点问题。比如，行人外观上会存在非常相似的问题；在姿态方面会存在非刚性变换，造成检测部位不匹配；在遮挡方面会存在行人身体遮挡。这些都是行人重识别需要克服的难题，如图10-13所示。光线较暗、起雾也会导致识别困难。

图10-13　行人重识别的干扰因素

行人重识别系统如图10-14所示。系统一般分两个步骤：先检测＋再识别。而当前的行人重识别研究重点是识别。它的主要任务包含特征提取和相似度度量两部分。传统的方法为手工提取图像特征，例如颜色。但是它很难适应复杂场景下的大量数据量任务。近年来，更多以卷积神经网络来提取行人图像的深层次特征。

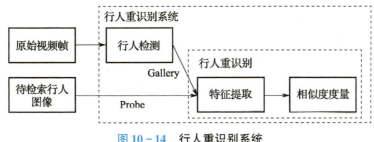

图 10-14　行人重识别系统

基于不同损失函数的行人重识别模型主要包括表征学习和度量学习。

(1) 表征学习　表征学习指的是直接在训练网络的时候考虑图片间的相似度，把行人重识别任务当作分类问题或者验证问题来看待。表征学习下的损失函数包括分类损失和验证损失。

分类损失包括两大类：一类是属性损失，例如行人外貌标签，如有没有戴帽子、是否为短头发；另一类是 ID 损失，如是否是小明，以及确定行人的 ID。

验证损失即输入一对（两张）行人图片，让网络来学习这两张图片是否属于同一个行人，等效于二分类问题。如图 10-15 所示，利用 ResNet 提取特征，再经过平均池化，与各个全连接层连接分别计算分类损失。

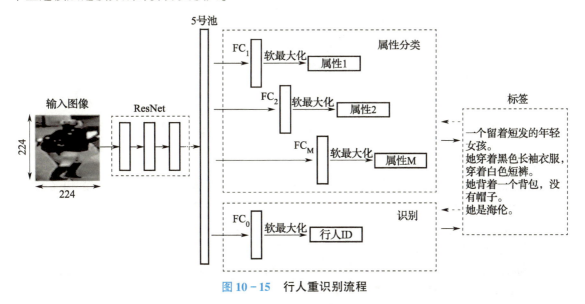

图 10-15　行人重识别流程

(2) 度量学习　基于表征学习的行人重识别模型存在一个问题，因为最后一层是分类 ID 层，它会随着行人 ID 的 n 的增大而增大，因此只适用于闭集下的情况。可以将行人重识别问题看作距离问题，即通过网络提取到样本的特征，然后定义一个度量函数来计算两个特征向量的距离，最后通过最小化网络度量损失，来寻找一个最优的映射 $f(x)$。其目标是使得相同行人两张图片的距离尽可能小，不同行人图片的距离尽可能大。三元损失函数（Triplet Loss）是度量学习的一种基准损失函数。Anchor（锚示例）是指选择已知 ID 的示例，正示例、负示例都要以 Anchor 作为参照。如图 10-16 所示，Positive 即正示例，与 Anchor ID 相同，Negative 即负示例，与 Anchor ID 相反。通过优化让锚示例与正示例的距离尽可能小，让锚示例与负示例的距离尽可能大，以此来解决行人重识别模型存在的问题。

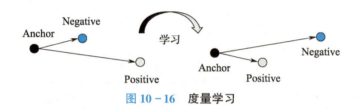

图 10－16　度量学习

2. Market-1501 行人重识别数据集

（1）Market-1501 数据集简介　Market-1501 数据集在清华大学校园中采集，拍摄于夏天，在 2015 年构建并公开。它包括由 6 个摄像头（其中 5 个高清摄像头和 1 个低清摄像头）拍摄到的 1501 名行人、32668 个检测到的行人矩形框。每名行人至少被 2 个摄像头捕获到，并且在一个摄像头中可能具有多张图像。训练集有 751 人，包含 12936 张图像，平均每人有 17.2 张训练图像；测试集有 750 人，包含 19732 张图像，平均每人有 26.3 张测试图像。3368 张查询集图像的行人检测矩形框是人工绘制的，而候选集（gallery）中的行人检测矩形框则是使用 DPM 检测器检测得到的。该数据集提供的固定数量的训练集和测试集均可以在 single－shot 或 multi－shot 测试设置下使用。该数据集仅用于学习和学术研究，不能用于商业目的。Market-1501 数据集的目录结构如图 10－17 所示。

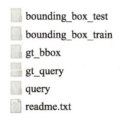

图 10－17　Market-1501 数据集的目录结构

Market-1501 数据集包含的目录及其含义说明如下。

- bounding_box_test：测试集的 750 人，包含 19732 张图像，前缀为 0000 和 －1 的表示垃圾图片，也就是不完整图片，可能图像仅拍摄到了四肢等情况。
- bounding_box_train：训练集的 751 名不同的人，包含 12936 张图像。训练集中没有与测试集中相同的人。
- query：750 人在每个摄像头中随机选择一张图像作为 query，因此一个人的 query 最多有 6 个，共有 3368 张图像，都来自测试集。
- gt_query：对 query 集中 3368 张图像加注了好或坏的标签，可用于图像质量评估。
- gt_bbox：包括对 25259 张图片手工标注的 bounding box，这些图片来自训练集和测试集中的 1501 人的照片。可用于判断 DPM 检测的 bounding box 是不是一个好的 box。

（2）图片命名规则　以 0001_c1s1_000151_01.jpg 为例：0001 表示每人的标签编号，0001～1501 表示 1501 个人的标签号；c1 表示第一个摄像头（camera1），共有 6 个摄像头；s1 表示第一个录像片段（sequece1），每个摄像机都有数个录像段；000151 表示 c1s1 的第 000151 帧图片；01 表示 c1s1_001051 这一帧上的第 1 个检测框，由于采用 DPM 检测器，对于每一帧上的行人可能会框出好几个 box，00 表示手工标注。Market-1501 数据集中的部分图像如图 10－18 所示。

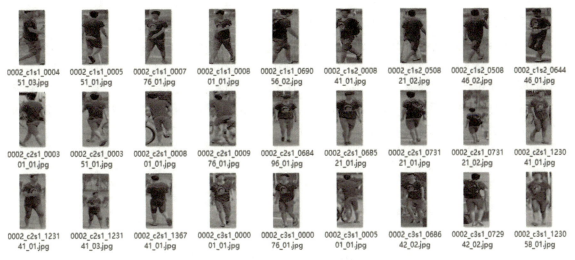

图10-18　Market-1501数据集中的部分图像

（3）Junk image　Market-1501在采样图片的时候，会采样到一些垃圾图片，这种图片只拍摄到部分肢体，例如脚、手、上半身，是没有训练价值的图像。在训练阶段时，会选择删除掉这些以0000和-1开头的图片，如图10-19所示。

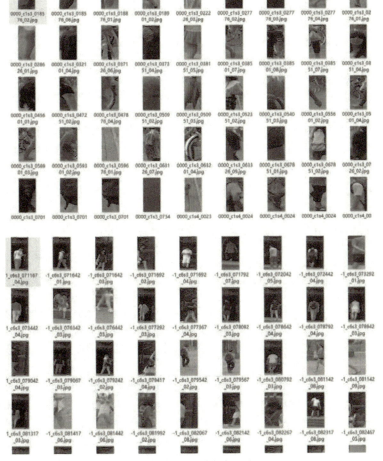

图10-19　无效数据示例

3. 用 PyTorch 实现行人重识别

（1）Market1501 类　在 Market1501 类中，指定各个文件路径。Market1501 类使用变量来存储训练集、测试集（查询集和画廊）的文件夹路径，这里调用了_process_dir()函数，它会返回数据集（包括图片路径 img_path、图片 ID（pid）和相机 ID（camid 等））及图片 ID 数量（num_pids）、图片数量（num_imgs）。通过_process_dir()获取了这些值后，再利用 print 语句输出出来。Market1501 类的定义如下所示。

```
import os
import re
import glob
class Market1501(object):
    dataset_dir = 'Market1501'
    def __init__(self, root ='data', **kwargs):
        self.dataset_dir = os.path.join( root,self.dataset_dir)
        self.train_dir = os.path.join(self.dataset_dir,'bounding_box_train')
        self.query_dir = os.path.join(self.dataset_dir,'query')
        self.gallery_dir = os.path.join(self.dataset_dir,'bounding_box_test')
        train,num_train_pids,num_train_imgs = self._process_dir(self.train_dir, relabel = True)
        query,num_query_pids,num_query_imgs = self._process_dir( self.query_dir,relabel = False)
        gallery,num_gallery_pids,num_gallery_imgs = self._process_dir(self.gallery_dir,relabel = False)
        num_total_pids = num_train_pids + num_query_pids
        num_total_imgs = num_train_imgs + num_query_imgs + num_gallery_imgs
```

（2）数据集管理器的_process_dir()函数　_process_dir()函数使用 re.compile 来提取每张图片的类别值和摄像头的 ID 值。其中，使用 pid_container 集合对象来存储图片类别值，使用 pid2label 字典类型来存储图片的类别值与索引值。这里，如果 relabel 为 true 就用索引值来充当图片类别值。函数最后为 dataset 列表添加图片路径、图片类别 ID 及摄像头的 ID 值。该函数返回 dataset、num_pids 和 num_imgs。其中，num_pids 和 num_imgs 只是做统计用的，最重要的是 dataset。Market1501._process_dir()的具体实现代码如下所示。

```
def _process_dir(self,dir_path,relabel = False):
    img_paths = glob.glob(os.path.join(dir_path,'*.jpg')) #返回包含所有图片咱径的
    list 集合
    pattern = re.compile(r'([-\d]+)_c(\d)') #定义正则匹配模式,去匹配图片路径中行
                                            #人 ID 和行人对应像头的 ID
    pid_container = set() #set 里面没有重复元素,行人 ID 集合
    for img_path in img_paths:
        pid,_ = map(int,pattern.search(img_path).groups( ))
        if pid = = -1 : continue
        pid_container.add(pid) #
    pid2label = {pid:label for label,pid in enumerate(pid_container)}
    dataset = []
```

```
for img_path in img_paths:
    pid,camid = map(int,pattern.search(img_path).groups())
    if pid == -1: continue #pid = -1 是垃圾图片,舍去
    assert 0 <= pid <= 1501
    assert 1 <= camid <= 6
    if relabel: #如果 relabel 为真,将 pid 的索引值作为新的行人 ID
        pid = pid2label[pid] #新索引 ID
    dataset.append((img_path,pid,camid))
num_pids = len(pid_container)
num_imgs = len(img_paths)
return dataset,num_pids,num_imgs
```

dataset、pid_container 和 pid2label 的示例元素，如图 10-20～图 10-22 所示。

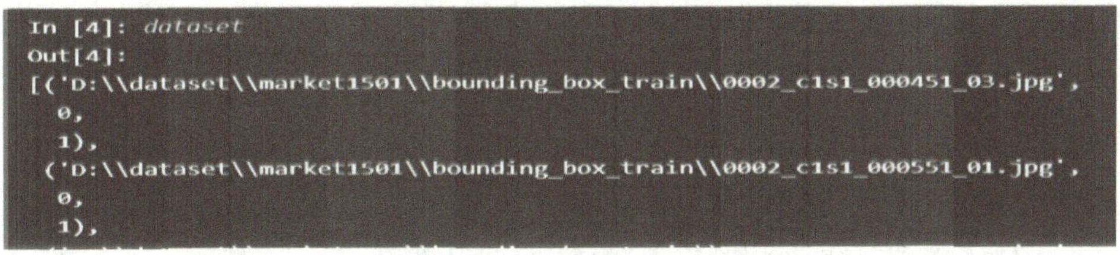

```
In [4]: dataset
Out[4]:
[('D:\\dataset\\market1501\\bounding_box_train\\0002_c1s1_000451_03.jpg',
  0,
  1),
 ('D:\\dataset\\market1501\\bounding_box_train\\0002_c1s1_000551_01.jpg',
  0,
  1),
```

图 10-20 **dataset 的示例元素**

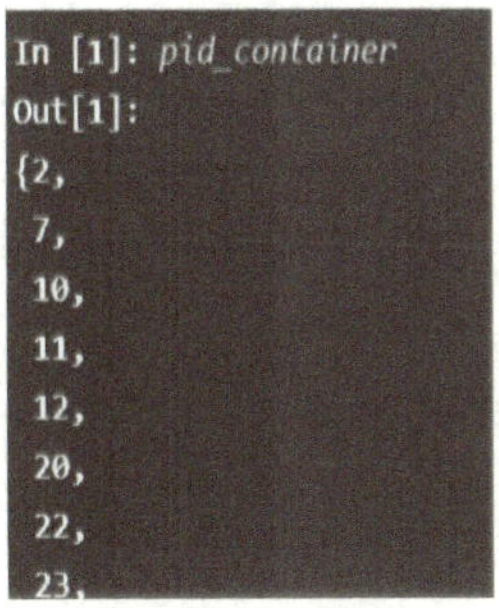

```
In [1]: pid_container
Out[1]:
{2,
 7,
 10,
 11,
 12,
 20,
 22,
 23,
```

图 10-21 **pid_container 的示例元素**

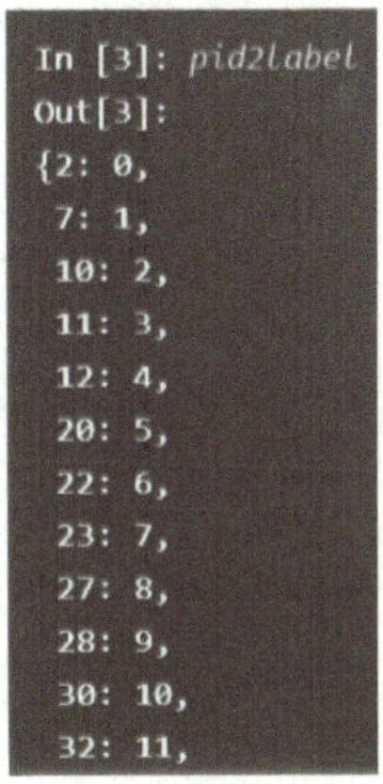

```
In [3]: pid2label
Out[3]:
{2: 0,
 7: 1,
 10: 2,
 11: 3,
 12: 4,
 20: 5,
 22: 6,
 23: 7,
 27: 8,
 28: 9,
 30: 10,
 32: 11,
```

图 10-22 **pid2label 的示例元素**

（3）图像数据库类 ImageDataset　ImageDataset 继承自 Dataset 类，需要重载之前的__getitem__()方法和__init__()方法。这里的__getitem__()方法可以对图片进行预处理并返回每张图片的 img、pid、camid 信息。它通过调用 read_image()函数来完成数据的加载。read_image()函数的实现代码如下所示。

```python
from PIL import Image
import numpy as np
import os.path as osp
import torch
from torch.utils.data import Dataset
def read_image(img_path):
    got_img = False
    if not osp.exists(img_path):
        rasiseIOError("{} does not exist".format(img_path))
    while not got_img:
        try:
            img = Image.open(img_path).convert('RGB')
            got_img = True
        except IOError:
            print("IOError incurred when reading'{}'. Will redo. Don't worry. Just chill.".
                format(img_path))
            pass
    return img
```

ImageDataset 类的实现代码如下所示。

```python
class ImageDataset(Dataset):
    def __init__(self, dataset, transform = None):
        self.dataset = dataset
        self.transform = transform
    def __len__(self):
        return len(self.dataset)
    def __getitem__(self, index):
        img_path, pid, camid = self.dataset[index]
        img = read_image(img_path)
        if self.transform is not None:
            img = self.transform(img)
        return img, pid, camid
```

（4）网络模型 ResNet-50　由于原 ResNet-50 是用于 ImageNet 库的模型，该库有 1000 个类别，所以最后的全连接层为 1000 个神经元。这里需要将 ResNet 最后一层变换为 Market-1501 数据集的类别数 num_classes。ResNet-50 类的具体实现代码如下所示，其中将原始模型的 fc 层"（2048，1000）"变成了"（2048，num_classes）"，训练时 num_classes = 751，测试时为 750。

```python
class ResNet50(nn.Module):
    def __init__(self, num_classes, loss = {'softmax'}, **kwargs):
        super(ResNet50, self).__init__()
        self.loxx = loss
        #利用 PyTorch 内置模型，直接得到 ResNet50
        resnet50 = torchvision.models.resnet50(pretrained = True)
```

```
        #将 ResNet50 网络主干赋值给 base,去除最后的池化和全连接层
        self.base = nn.Sequential( * list(resnet50.children( ))[:-2])
        #定义新的全连接层,全连接层最后的神经元数由类别总数决定
        self.classifier = nn.Linear(2048,num_classes)
        #定义最后提取到的特征维度
        self.feat_dim = 2048
    def forward(self,x):
        x = self.base(x)
        x = F.avg_pool2d(x,x.size( )[2:])
        f = x.view(x.size(0), -1)
        y = self.classifier(f)
        if not self.training:
            return f
        if self.loss = = {'softmax'}:
            return y
```

原 ResNet50 的输出信息如图 10-23 所示，这里创建的 ResNet-50 的输出信息如图 10-24 所示。

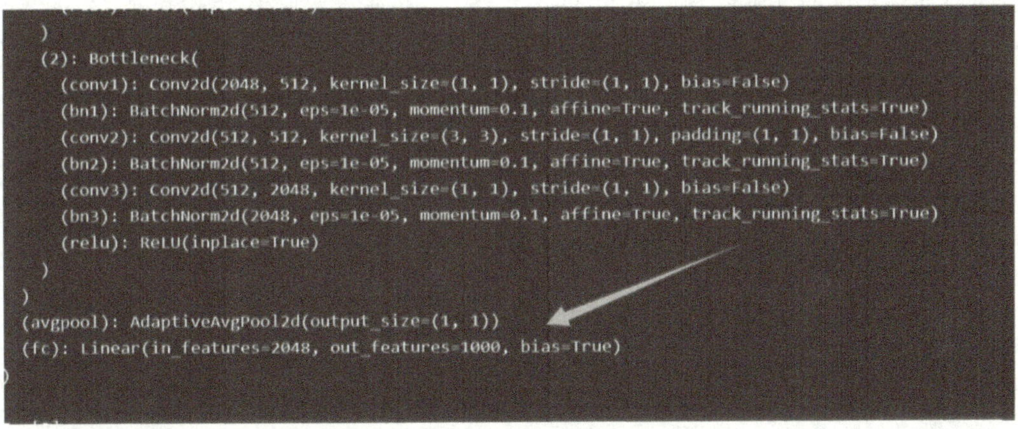

```
    )
    (2): Bottleneck(
      (conv1): Conv2d(2048, 512, kernel_size=(1, 1), stride=(1, 1), bias=False)
      (bn1): BatchNorm2d(512, eps=1e-05, momentum=0.1, affine=True, track_running_stats=True)
      (conv2): Conv2d(512, 512, kernel_size=(3, 3), stride=(1, 1), padding=(1, 1), bias=False)
      (bn2): BatchNorm2d(512, eps=1e-05, momentum=0.1, affine=True, track_running_stats=True)
      (conv3): Conv2d(512, 2048, kernel_size=(1, 1), stride=(1, 1), bias=False)
      (bn3): BatchNorm2d(2048, eps=1e-05, momentum=0.1, affine=True, track_running_stats=True)
      (relu): ReLU(inplace=True)
    )
  )
  (avgpool): AdaptiveAvgPool2d(output_size=(1, 1))
  (fc): Linear(in_features=2048, out_features=1000, bias=True)
)
```

图 10-23　原 ResNet50 的输出信息

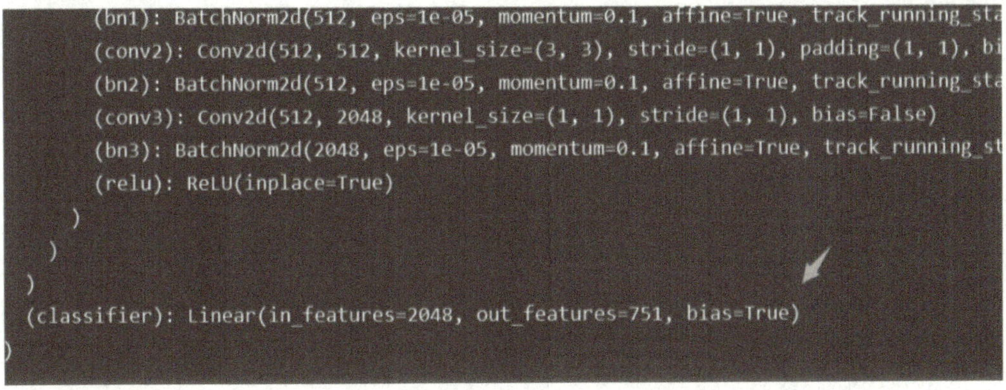

```
        (bn1): BatchNorm2d(512, eps=1e-05, momentum=0.1, affine=True, track_running_sta
        (conv2): Conv2d(512, 512, kernel_size=(3, 3), stride=(1, 1), padding=(1, 1), bi
        (bn2): BatchNorm2d(512, eps=1e-05, momentum=0.1, affine=True, track_running_sta
        (conv3): Conv2d(512, 2048, kernel_size=(1, 1), stride=(1, 1), bias=False)
        (bn3): BatchNorm2d(2048, eps=1e-05, momentum=0.1, affine=True, track_running_st
        (relu): ReLU(inplace=True)
      )
    )
  )
  (classifier): Linear(in_features=2048, out_features=751, bias=True)
)
```

图 10-24　ResNet-50 的输出信息

(5) Softmax 损失函数　多分类任务中输出的是目标属于每个类别的概率，所有类别概率的和为 1，其中概率最大的类别就是目标所属的分类。而 Softmax 函数能将一个向量的每个分量映射到 [0, 1]，并且对整个向量的输出做归一化，保证所有分量输出的和为 1，正好满足多分类任务的输出要求。所以，在多分类任务中，最后就需要将提取的特征经过 Softmax 函数输出为每个类别的概率，然后再使用交叉熵作为损失函数。CrossEntropyLoss 类的具体实现代码如下所示。

```
class CrossEntropyLoss(nn.Module):
    def __init__(self,use_gpy = True):
        super(CrossEntropyLoss,self).__init__()
        self.use_gpu = use_gpu
        self.crossentropy_loss = nn.CrossEntropyLoss()
    def forward(self,inputs,targets):
        if self.use_gpu:targets = targets.cuda()
        losss = self.crossentropy_loss(inputs,targets)
        return loss
```

(6) 优化设计部分　优化设计部分是 Init_optim() 函数，其实现代码如下所示。在初始化时，可以训练不同的训练策略，如 Adam、SGD（随机梯度下降）、RMSprop。SGD 是每次更新时对每个样本进行梯度更新。对很大的数据集来说，可能会有相似的样本，SGD 一次只进行一次更新，没有冗余，比较快，并且可以新增样本。RMSprop 使用了指数加权平均，旨在消除梯度下降中的摆动，与动量（Momentum）的效果一样。某维度的导数比较大，则指数加权平均就大，某一维度的导数比较小，则指数加权平均就小，这样就保证了各维度导数都在一个量级，进而减少摆动。Adam 自适应学习率的方法相当于 RMSprop + Momentum。一般来说，选择 Adam 会比其他自适应方法效果要好。

```
import torch
__all__ = ['init optim']
def init_option(optim,params,lr,weight_decay):
    if optim = ='adam':
        return torch.optim.Adam(params,lr = lr,weight_decay = weight_decay)
    elifoptim = ='sgd':
        return torch.optim.SGD(params, lr = lr, momentum = 0.9, weight_decay = weight_decay)
    elifoptim = ='rmsprop':
        return torch.optim.RMSprop(params,lr = lr,momentum = 0.9,weight_decay = weight_decay)
    else:
        raise keyError("Unsupported optim:{}".format(optim))
```

(7) 模型训练　train() 训练函数的实现代码如下所示，其参数有 epoch（循环次数）、model（模型）、criterion_loss（分类损失函数）、optimizer（优化器）、trainloader（数据加载器）、use_gpu（GPU 调度器）。train() 函数的主要功能在 for 循环体里，具体过程是读取数据，通过模型得到最终特征，然后放入损失函数中，反向传播及更新参数。训练过程中会输出过程中重要的信息。

```python
def train(epoch,model,criterion_class,optimizer,trainloader,use_gpu):
    model.train()
    for batch_idx,(imgs,pids,_) in enumerate(trainloader):
        if use_gpu:
            #如果使用 GPU 将其 img、pids 加载到 GPU 中计算
            imgs,pids = imgs.cuda(),pids.cuda()
        #将图片送到网络计算,并返回最后的类分数 outputs 和提取到的图片特征 features
        outputs,features = model(imgs)
        #将预测的类分数得分与标签送入交叉熵损失函数中进行计算,返回损失值
        xent_loss = criterion_class(outputs,pids)
        loss = xent_loss
        #将梯度初始清零
        optimizer.zero_grad()
        #反向传播
        loss.backward()
        #计算梯度并更新参数
        optimizer.step()
```

(8) 模型测试 测试集是由 query 库与 gallary 库组成。test()测试函数的实现代码如下所示。test()函数利用欧氏距离或者余弦距离作为度量函数对 query 和 gallary 进行特征度量,以最小距离作为模型的预测类别值,再与 ground true 进行比对判断是否评估正确。test()函数分类提取出 query 和 gallary 库中图像的特征保存在 qf 与 gf 变量中。

```python
def test(model,queryloader,galleryloader,use_gpu,ranks=[1,5,10,20]):
    model.eval()    #设置模型处于测试状态
    with torch.no_grad():    #不自动计算梯度值
        qf = []           #查询集的特征 list 集合
        q_pids = []       #查询集的特征 id 集合
        q_camids = []     #查询集的特征摄像头 id 集合
        for batch_idx,(imgs,pids,camids) in enumerate(queryloader):
            if use_gpu:imgs = imgs.cuda()        #如果 GPU 可用,将图片转为 GPU 格式
            features = model(imgs)               #将图片放入模型中提取特征
            features = features.data.cpu()       #将提取到的特征转化为 CPU 格式
            qf.append(features)                  #放入集合
            q_pids.extend(pids)
            q_camids.extend(camids)
        qf = torch.cat(qf,0)                     #将查询集中提取到的特征按行拼接
        q_pids = np.asarray(q_pids)              #将结构数据转化为 Ndarray 格式
        q_camids = np.asarray(q_camids)
        gf,g_pids,g_camids = [],[],[]            #候选集的特征、特征 ID、特征的摄像头 ID 集合
        for batch_idx,(imgs,pids,camids) in enumerate(galleryloader):
            if use_gpu:imgs = imgs.cuda()
            features = model(imgs)
            features = features.data.cpu()
            gf.append(features)
            g_pids.extend(pids)
            g_camids.extend(camids)
        gf = torch.cat(gf,0)
        g_pids = np.asarray(g_pids)
        g_camids = np.asarray(g_camids)
```

（9）模型评估指标　模型评估指标使用 CMC 和 mAP。采用欧氏距离对 qf 和 gf 进行度量。其中，CMC 表示 top-k 的击中率，主要用来评估数据集中的 rank 正确率，代码中设定为 Rank-1、Rank-5、Rank-10、Rank-20 来表示，即前 1、前 5、前 10、前 20 张的正确率是多少。mAP 是指所有类别的平均精确度是多少，它用于衡量所有类别的好坏。

```
print("= => BatchTime(s)/BatchSize(img):{:.3f}/{}".format(batch_time.avg,
args.test_batch))
#对查询集的 qf 和 gf 进行归一化操作
qf = 1.*qf/(torch.norm(qf,2,dim = -1,keepdim = True).expand_as(qf) +1e -12)
gf = 1.*gf/(torch.norm(gf,2,dim = -1,keepdim = True).expand_as(qf) +1e -12)
#得到 qf 和 gf 的样本数量
m,n = qf.size(0),gf.size(0)
#将 qf 和 gf 都进行扩展,qf 扩展为(m,n),gf 扩展为(n,m),然后求得 qf^2 + gf^2 并赋值给 dismat
distmat = torch.pow(qf,2).sum(dim =1,keepdim = True).expand(m,n) + \
        torch.pow(gf,2).sum(dim =1,keepdim = True).expand(n,m).t()
#求 qf 和 gf 的完全平方差,并赋值给 dismat
distmat.addmm_(1, -2,qf,gf.t())
distmat = distmat.numpy()
print("Computing CMC and mAP")
#将计算好的 distmat 送入 evaluate()函数中,计算 cmc 和 mAP 评价指标
cmc,mAP = evaluate(distmat, q_pids,g_pids, q_camids,g_camids, use _metric_
cuhk03 = args.use_metric_cuhk03
```

（10）模型运行过程信息　模型训练过程输出信息如图 10 – 25 所示。首先会输出数据集信息，包括训练集（subset）train，ID 值（ids）751，和图像数量（images）12936 等信息。然后开始训练，并输出训练信息：Epoch 是训练集，训练回合次数；Time 是从内存读取 batch 数据的时间；Loss 是模型损失值。

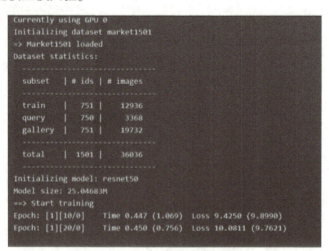

图 10 – 25　模型训练过程输出信息

（11）测试结果　通过 100 次的训练后，测试结果如图 10 – 26 所示。其中，mAP 即每个类的平均精度为 70.8%，CMC 候选图像库中，前一张图像的命中率为 86.6%，前五张图像的命中率为 95.1%，前十张的命中率为 96.9%，前二十张的命中率为 98.2%。

```
==> Test
Extracted features for query set, obtained 3368-by-2048 matrix
Extracted features for gallery set, obtained 15913-by-2048 matrix
==> BatchTime(s)/BatchSize(img): 0.026/32
Computing CMC and mAP
Results ----------
mAP: 70.8%
CMC curve
Rank-1  : 86.6%
Rank-5  : 95.1%
Rank-10 : 96.9%
Rank-20 : 98.2%
------------------
==> Best Rank-1 86.6%, achieved at epoch 100
```

图 10－26　测试结果

10.4　任务实施：基于 ResNet 的行人重识别实战

10.4.1　任务书

基于 ResNet 的行人重新识别可以看作一个图像检索问题，即给定摄像头 A 中的一个查询图像，找到其他摄像头中同一个人的图像。行人重识别的关键是找到一个有区别的人的表示。

利用 ResNet 进行行人重识别的要求如下：下载 Market-1501 数据集，该数据集包含很多行人图片；处理数据集，做好标签化；搭建合适的神经网络；训练时能够使用 GPU 来训练；完成测试，输出样本案例。

10.4.2　任务分组

<table>
<tr><th colspan="6">学生任务分配表</th></tr>
<tr><td>班级</td><td></td><td>组号</td><td></td><td>指导老师</td><td></td></tr>
<tr><td>组长</td><td></td><td>学号</td><td></td><td>成员数量</td><td></td></tr>
<tr><td>组长任务</td><td colspan="3"></td><td>组长得分</td><td></td></tr>
<tr><td>组员姓名</td><td>学号</td><td colspan="3">任务分工</td><td>组员得分</td></tr>
<tr><td></td><td></td><td colspan="3"></td><td></td></tr>
<tr><td></td><td></td><td colspan="3"></td><td></td></tr>
<tr><td></td><td></td><td colspan="3"></td><td></td></tr>
</table>

10.4.3　获取信息

引导问题 1：查询相关资料，了解 ResNet 相对于其他神经网络结构的主要特点是什么。

ResNet 的主要特点：

引导问题 2：查询相关资料，分析本任务中需要用到哪些资料，描述使用 ResNet 完成行人重识别任务的操作顺序。

准备资料：

操作顺序：

10.4.4 工作实施

引导问题 3：请按照下面的步骤完成创建检测路径、文件和数据集的操作。

1）创建检测路径及文件：在实验环境的桌面右击，选择"创建文件夹"命令，在弹出的窗口中输入文件夹名称"test11"。

2）在 /home/techuser/Desktop/test11/ 路径下新建本文所需的 6 个 Python 文件：prepare.py、model.py、train.py、test.py、evaluate_GPU.py、demo.py。

3）下载数据集和模型。上网搜索 Market-1501 数据集的下载地址，并将下载的数据集存放在 /home/techuser/Desktop/test11/ 路径下。

Market-1501 数据集的下载地址：

引导问题 4：查看相关资料，完成配置项目 Conda 虚拟环境。请详述环境配置过程，并记录环境配置过程中出现的问题及解决方法。

配置过程：

出现的问题及解决方法：

引导问题 5：请在 prepare.py 文件中编辑代码，实现对数据的处理，使用的数据集为 Market-1501。

```python
#导入相应的包
import os
from shutil import copyfile #导入处理数据所需要的包 os
#处理数据集需要先声明数据集所在位置，并创建处理数据之后存放的文件夹，将数据所在路径
#更改为 test11 根目录下
download_path = './Market'
if not os.path.isdir(download_path):
    print('please change the download_path')
save_path = download_path + '/PyTorch'
if not os.path.isdir(save_path):
    os.mkdir(save_path)
#以 query 为例，对数据集中每一个文件夹里面的图片做数据处理。query 为 Market 数据库中的一个图片文件夹，此
#段代码目的是将其标签化，集合到同一个文件夹 PyTorch
query_path = download_path + '/query' #指定路径为下载路径下的 query 文件夹
query_save_path = download_path + '/PyTorch/query' #处理数据后保存在下载路径下的 PyTorch 文件夹
if not os.path.isdir(query_save_path):
    os.mkdir(query_save_path) #检测是否存在 query 文件夹
for root, dirs, files in os.walk(query_path, topdown=True): #开始处理各个文件夹下面的图片数据
    for name in files:
        if not name[-3:]=='jpg':
            continue
        ID = name.split('_')
        src_path = query_path + '/' + name
        dst_path = query_save_path + '/' + ID[0] #根据图片 ID 分配文件夹
        if not os.path.isdir(dst_path):
            os.mkdir(dst_path)
        copyfile(src_path, dst_path + '/' + name) #完成对 query 文件夹的标签化
```

引导问题 6： 对其他文件夹也进行上述操作，完成对 gt_bbox、bounding_box_test、bounding_box_train 的处理，其中 gt_bbox 的处理结果保存在 PyTorch/multi-query/目录中、bounding_box_test 的处理结果保存在 PyTorch/gallery 目录中、bounding_box_train 的处理结果同时保存在 PyTorch/train 目录和 PyTorch/train_all 目录中。

处理 gt_bbox 的代码：
处理 bounding_box_test 的代码：
处理 bounding_box_train 的代码：
操作完毕后，打开 pytorch 目录。在每个子目录（例如 pytorch/train/0002）中，相同 ID 的图像都被安排在文件夹中。现在已经准备好了数据，以便 torchvision 读取数据。prepare.py 文件中的代码编写完成，需要将其运行。

引导问题 7：请在 model.py 文件中编辑代码，实现神经网络的构建，导入相关依赖包，以便后续函数可正常使用。构建神经网络的方法是对 nn.Module 类进行继承和对方法进行重写。

```
ResNet 网络类的定义需要导入的包：
#创建神经网络的结构需要用到以下所有的包
import torch

#对构建神经网络的一些参数进行默认赋值
def weights_init_kaiming(m):  #该方法用于给 classname 命名
    classname = m.__class__.__name__
    # print(classname)
    if classname.find('Conv') ! = -1:  #如果寻找到 Conv 层做以下操作
        init.kaiming_normal_(m.weight.data, a=0, mode='fan_in')  # For old PyTorch, you may use kaiming_normal.
    elif classname.find('Linear') ! = -1:  #如果寻找到 Linear 层做以下操作
        init.kaiming_normal_(m.weight.data, a=0, mode='fan_out')
        init.constant_(m.bias.data, 0.0)
    elif classname.find('BatchNorm1d') ! = -1:
        init.normal_(m.weight.data, 1.0, 0.02)
        init.constant_(m.bias.data, 0.0)
def weights_init_classifier(m):
    classname = m.__class__.__name__
    if classname.find('Linear') ! = -1:
        init.normal_(m.weight.data, std=0.001)
        init.constant_(m.bias.data, 0.0)
```

引导问题 8：请在 model.py 文件中编辑代码，使用 ResNet 构建基础块 ClassBlock。根据基础块的功能实现基础块 ClassBlock 类的定义。

```
#构建 Resnet 所使用的基础块 ClassBlock
class ClassBlock(nn.Module):  #通过对 Module 类进行重构来构建基础块
    def __init__(self, input_dim, class_num, droprate, relu=False, bnorm=True, num_bottleneck=512,
                 linear=True, return_f=False):  #构造方法，用于一些默认的参数的传输
```

引导问题 9：请在 model.py 文件中编辑代码，对不同层的神经网络进行修改，更改模型以使用分类器。Market-1501 中有 751 个类（不同的人），与 ImageNet 中的 1000 个类有所不同。

```
参考用 PyTorch 实现的 resnet 类的定义，对其进行修改，使其适应本任务的 751 个类的输出。

# 构造完神经网络结构之后将构造的神经网络进行输出
# debug model structure
if __name__ == '__main__':
    # 这里显示一个直接的方法,在进行训练之前来测试网络结构
    net = ft_net(751, stride=1)
    net.classifier = nn.Sequential()
    print(net)
    input = Variable(torch.FloatTensor(8, 3, 256, 128))
    output = net(input)
    print('net output size:')
    print(output.shape)
```

引导问题 10：运行 model.py 程序，输出创建的网络模型及之前下载网络模型的界面。

完成代码的编写之后运行一遍，在下方摘录关键的输出信息：

引导问题 11：请在 train.py 文件中编辑代码，开始训练。准备训练数据并定义模型结构，按照此模型开始训练，并分析输出结果。

python train.py −−GPU_ids 0 −−name ft_ResNet50 −−train_all −−batchsize 32 −−data_dir your_data_path

参数说明：−−GPU_ids 指定运行哪个 GPU；−−name 定义模型的名称；−−train_all 确定使用所有图像进行训练；−−batchsize 设置批量大小；−−data_dir 指定训练数据的路径。

按照上面的命令行格式及参数完成 train.py 关键代码的编写：

运行 train.py 文件，分析训练结果：

如果有硬件支持的话，使用 GPU 设备进行训练，分析训练结果：

引导问题 12：请在 test.py 文件中编辑代码，开始测试。在测试中，加载网络权重（刚刚训练过的）以提取每个图像的视觉特征。

```
# −*− coding: utf−8 −*−
from __future__ import print_function, division
import argparse
import torch
import torch.nn as nn
import torch.optim as optim
from torch.optim import lr_scheduler
from torch.autograd import Variable
import torch.backends.cudnn as cudnn
import NumPy as np
import torchvision
from torchvision import datasets, models, transforms
import time
import os
import scipy.io
import yaml
import math
from model import ft_net, ft_net_dense, ft_net_NAS, PCB, PCB_test
from tqdm import tqdm
#fp16
try:
    from apex.fp16_utils import *
except ImportError: # will be 3.x series
```

引导问题 13：请在 test.py 文件中编辑测试代码。

完成 test.py 关键代码的编写：
#准备 test.py 生成的特征文件，将桌面上的 PyTorch_result.mat 文件复制到 test12 文件夹下

#准备权重文件，将桌面上的 net_99.py 文件复制到/home/techuser/Desktop/test12/model/ft_ResNet50/路径下

#编辑和运行 evaluate_GPU.py 文件

引导问题 14：请在 evaluate_GPU.py 文件中编辑测试代码，获取每个图像的特征，实现按特征匹配图像。

#导入所需要的包
import scipy.io
import torch
import NumPy as np
#import time
import os

evaluate_GPU.py 文件编辑完成之后，需要将其运行，分析输出结果：

引导问题 15：搜集资料，了解通过什么工具可以实现数据可视化，能够方便与 PyTorch 深度学习网络的输出完美衔接。请在 demo.py 文件中编辑可视化代码。

搜集资料：

demo.py 的关键代码：

输出测试集中的其他样本的结果，修改"parser.add_argument('--query_index', default=777, type=int, help='test_image_index')"中的 deafaul 的序列。

10.4.5 评价与反馈

全面考核学生的专业能力和拓展能力，采用过程性评价和结果评价相结合，定性评价与定量评价相结合的考核方法。注重对学生的动手能力和在实践中分析问题、解决问题能力的考核，对在学习和应用上有创新的学生给予特别鼓励。小组总评成绩为"自评＋互评＋师评"按比例折算的成绩再加上附加分，自评、互评和师评所占比例可由教师根据具体情况自行拟定。

考核评价表					
评价项目	评价内容	项目配分	自我评价	小组评价	教师评价
思政元素（10）	理解并清晰表述学习任务单中价值理念的意义	5			
	互评过程中，客观、公正地评价他人	5			
专业能力（50）	根据任务单，提前预习知识点、发现问题	5			
	根据引导问题，检索、收集 ResNet 的相关内容，并做深入分析	5			
	下载包含很多行人图片的 Market1501 数据集	5			
	处理数据集，做好标签化	5			
	搭建合适的神经网络	5			
	训练时能够使用 GPU 来训练	5			
	完成测试	5			
	输出 demo 样本案例	5			
	完成任务实施引导的学习内容	5			
	项目总结符合要求	5			
方法能力（20）	自主或寻求帮助来解决所发现的问题	5			
	能利用网络等查找有效信息	5			
	编写操作实现过程，厘清步骤思路	5			
	根据任务实施安排，制订学期学习计划和形式	5			
社会能力（15）	小组讨论中能认真倾听并积极提出较好的见解	5			
	配合小组成员完成任务实施引导的学习内容	5			
	参与成果展示汇报，仪态大方、表达清晰	5			
创新能力（5）	学习探究中能独立解决问题，提出特色做法	5			
各评价主体分值		100			
各评价主体分数小结		—			
总分＝自我评价分数 × ＿＿＿＿％ ＋ 小组评价分数 × ＿＿＿＿％ ＋ 教师评价分数 × ＿＿＿＿％					
综合得分：				教师签名：	

项目总结
整体效果：效果好□　　效果一般□　　效果不好□ 具体描述：
不足与改进：

10.5　拓展案例：基于骨架提取和人体关键点估计的行为识别

10.5.1　问题描述

通过深度学习，可以检测到一个人，但是那个人在做什么却不知道。所以，想让神经网络既检测到人，又知道他在做什么。也就是说，实现对人的行为进行识别。

10.5.2　思路描述

人的行为有很多种，如跑、跳、走、跌倒、打架……有些看一眼就知道在干什么，有些必须看一段才知道在干什么。神经网络识别行为可以分成单帧图片的识别和连续帧图片的识别。单帧图片的识别，例如举手、摆个姿势等简单的动作，可以直接用卷积网或直接用YOLO进行训练，在数据集足够的情况下能够达到很好的效果。但生活中的动作往往是连续的，YOLO无法对多帧图片进行训练，例如躺下和跌倒、打架和拥抱等行为。图片上人的体形、衣着、背景的复杂性都会加大训练难度，但实际上，一个人的动作只需要他的骨架信息就足够了，那么要怎么得到人体的骨架信息呢？

10.5.3　解决步骤

1. OpenPose

OpenPose是自下而上的人体姿态估计算法，通过将图片中已检测到的人体关键点正确地联系起来，从而估计人体姿态。计算量不会因为图片上人物的增加而显著增加，能保证时间基本不变。代码能够实现二维多人关键点检测：15、18或25个关键点的身体/脚关键点估计。运行时间不依赖于检测到的人数。

原始的OpenPose需要很好的显卡参与计算，也就是说需要很好的硬件支持才能够运行起来，因此就有了轻量级版本的OpenPose（基于MobileNet V2）、轻量级版本Lightweight OpenPose。它可以在CPU上运行，速度快但准确性差，也可在移动设备上运行。OpenPose关键点和骨架检测如图10-27所示。

2. AlphaPose

AlphaPose 是自上而下的算法，先检测到人体，再得到关键点和骨架，被遮挡部分关键点不会任意获取，其准确率和 AP 值比 OpenPose 的高。它通常用到的网络模型有 ResNet-50、ResNet-101，计算量会随着图片上人数的增加而增大，且速度会变慢 AlphaPose 关键点和骨架检测如图 10-28 所示。

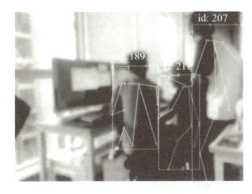 

图 10-27　OpenPose 关键点和骨架检测　　　　图 10-28　AlphaPose 关键点和骨架检测

3. MobilePose

MobilePose 是用轻量级网络来识别人体关键点，大部分都是单人姿态估计。一般是先进行人体检测，如用 YOLO 检测到人的位置，然后再接上 MobilePose，这样做的话速度快且准确性好。但不管人体部分是不是被遮挡，都会生成所有关键点。MobilePose 通常用到 ResNet-18、MobileNetV2、ShuffleNetV2、SqueezeNet1.1 几个轻量级的网络。官方直接对摄像头进行裁剪，只留下中间放得下一个人位置的部分，即使没框住人，也会生成骨架信息，直到窗口有人出现才把骨架和人对上。加上 YOLO v5 之后，能够侦测到人的位置，再识别骨架，这样就可以实现多人姿态识别，但多个人叠在一起会影响准确率。MobilePose 关键点和骨架检测如图 10-29 所示。

 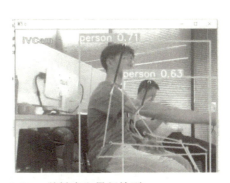

图 10-29　MobilePose 关键点和骨架检测

10.5.4 案例总结

骨架提取在移动端部署需要用轻量级版本。骨架提取受限于复杂背景、人物被遮挡、多人重叠等情况，会影响准确性。因此，移动端只能实现对单人的行为识别和动作匹配等功能。人稀少的地方的监控场景，也可以使用轻量级版本。通常大场景的行为识别，会用到比较大的模型，以确保较高精确度。

人体行为识别的关键问题是需要根据所应用的场景来选择模型，即要分析不同场景需要多大的精确度，做哪些方面的动作识别。

10.6 单元练习

判断以下说法的对错。

1. 网络退化是指，随着网络层数的不断增加，模型精度不断得到提升，而当网络层数达到一定数目以后，训练精度和测试精度迅速下降。这说明当网络变得很深以后，深度网络就变得更加难以训练了。　　　　　　　　　　　　　　　　　　　　　　　　　　　　（　　）

2. ResNet 残差网络解决了网络退化的问题，主要是用到了 Bottleneck Block 和 Basic Block 两种残差块结构。　　　　　　　　　　　　　　　　　　　　　　　　　　　　　　　（　　）

3. 用 PyTorch 实现 ResNet 时，可以使用 torchvision. models，即 torchvision. models. resnet50（pretrained = true）。　　　　　　　　　　　　　　　　　　　　　　　　　（　　）

4. 行人重识别是指，在给定某个监控摄像机下的行人图像，利用行人的外观特征，在不重叠的跨域场景下摄像机拍摄的行人图像库或视频中准确地检索到该特定行人。行人重识别广泛应用于智能城市、刑事侦查等重要的应用场景。　　　　　　　　　　　　　　（　　）

5. 行人重识别分为表示学习和度量学习。表示学习将行人重识别看成分类问题，而度量学习是让类内距离要尽可能小，让类间距离尽可能大。　　　　　　　　　　　　　　（　　）

6. Market-1501 行人重识别数据集中以 -1 和 0000 为前缀的图片没有训练价值，是 Junk image 数据集，训练时应舍去。　　　　　　　　　　　　　　　　　　　　　　　　（　　）

参考文献

[1] 王万良.人工智能及其应用[M].4版.北京:高等教育出版社,2020.

[2] ZHANG A,LI M,LIPTON Z C,等.动手学深度学习[M].北京:人民邮电出版社,2019.

[3] 廖星宇.深度学习入门之 PyTorch[M].北京:电子工业出版社,2017.

[4] 拉塞尔,诺文.人工智能:一种现代方法 第二版 中文版[M].姜哲,金奕江,张敏,等译.北京:人民邮电出版社,2010.

[5] 李开复,王咏刚.人工智能[M].北京:文化发展出版社,2017.

[6] 周志华.机器学习[M].北京:清华大学出版社,2016.

[7] 贾永红.数字图像处理[M].3版.武汉:武汉大学出版社,2015.

[8] 张立毅,等.神经网络盲均衡理论、算法与应用[M].北京:清华大学出版社,2013.

[9] 王伟.人工神经网络原理[M].北京:北京航空航天大学出版社,1995.

[10] 陈先昌.基于卷积神经网络的深度学习算法与应用研究[D].杭州:浙江工商大学,2014.

[11] 刘彩红.BP 神经网络学习算法的研究[D].重庆:重庆师范大学,2008.

[12] 柴绍斌.基于神经网络的数据分类研究[D].大连:大连理工大学,2007.

[13] 罗浩,姜伟,范星,等.基于深度学习的行人重识别研究进展[J].自动化学报,2019,45(11):2032-2049.

[14] 王磊.人工神经网络原理、分类及应用[J].科技资讯,2014(3):240-241.

[15] 邱浩,王道波,张焕春.一种改进的反向传播神经网络算法[J].应用科学学报,2004(3):384-387.

[16] 庄小焱.深度学习:深度学习基础概念[EB/OL].(2022-05-31)[2024-04-18].https://blog.csdn.net/weixin_41605937/article/details/113795910.

[17] 小林学编程.卷积神经网络(CNN)的整体框架及细节(详细简单)[EB/OL].(2022-04-06)[2024-04-18].https://blog.csdn.net/weixin_57643648/article/details/123990029.

[18] PMI 飞马网.机器学习 VS 深度学习[EB/OL].(2021-04-24)[2024-04-18].https://blog.csdn.net/qq_40558336/article/details/116082919.

[19] 李永乐老师官方.人工智能(二)什么是卷积神经网络?[EB/OL].(2021.04.02)[2024-04-18].https://www.bilibili.com/read/cv10588326/.

[20] 格格巫 MMQ!!.9 种深度学习算法[EB/OL].(2021-03-11)[2024-04-18].https://blog.csdn.net/weixin_43214644/article/details/114671937.

[21] 什么都一般的咸鱼.[深度学习-实战项目]行为识别:基于骨架提取/人体关键点估计的行为识别[EB/OL].(2020-07-29)[2024-04-18].https://blog.csdn.net/weixin_41809530/article/details/107644477.

[22] darkknightzh.(原)人体姿态识别 alphapose[EB/OL].(2020-01-04)[2024-04-18].https://www.cnblogs.com/darkknightzh/p/12150171.html.

[23] 佚名.经典卷积神经网络(CNN)结构总结:AlexNet、VGGNet、GoogleNet 和 ResNet[EB/OL].(2019-12-02)[2024-04-18].https://www.e-learn.cn/content/qita/1654394.

[24] tecdat 拓端.在 Python 中使用 LSTM 和 PyTorch 进行时间序列预测[EB/OL].(2019-11-06)[2024-04-18].https://www.sohu.com/a/351948747_826434.

[25] Yasin_.DeepFM 模型[EB/OL].(2019-09-11)[2024-04-18].https://blog.csdn.net/Yasin0/article/details/100736490.

[26] OOOrchid.基于神经网络的图像风格迁移解析与实现[EB/OL].(2019-07-01)[2024-04-18].https://blog.csdn.net/qq_43232373/article/details/94406154.

[27] 秋沐霖. 基于卷积神经网络的面部表情识别(PyTorch实现):台大李宏毅机器学习作业3(HW3)[EB/OL].(2019-05-24)[2024-04-18]. https://www.cnblogs.com/HL-space/p/10888556.html.

[28] 慢行厚积. pytorch的函数中的dilation参数的作用[EB/OL].(2019-04-26)[2024-04-18]. https://www.cnblogs.com/wanghui-garcia/p/10775367.html.

[29] weixin_33849215. 深度学习:用生成对抗网络(GAN)来恢复高分辨率(高精度)图片[EB/OL].(2019-04-22)[2024-04-18]. https://blog.csdn.net/weixin_33849215/article/details/91398405.

[30] wamg潇潇. CNN实现图像风格迁移:Image Style Transfer Using Convolutional Neural Networks[EB/OL].(2019-04-04)[2024-04-18]. https://blog.csdn.net/qq_29831163/article/details/89001409.

[31] 狗熊会. 深度学习笔记|第20讲:再谈三大深度学习框架TensorFlow、Keras和PyTorch[EB/OL].(2019-02-25)[2024-04-18]. https://www.sohu.com/a/297453670_455817.

[32] 我的明天不是梦. 语义分割:全卷积网络FCN详解[EB/OL].(2019-03-09)[2024-04-18]. https://www.cnblogs.com/xiaoboge/p/10502697.html.

[33] 陈小白233. 使用PyTorch实现简单的卷积神经网络识别MNIST手写数字[EB/OL].(2018-12-19)[2024-04-18]. https://blog.csdn.net/qq_31417941/article/details/85056252.

[34] zsffuture. 深度学习:卷积神经网络CNN LeNet-5网络详解[EB/OL].(2018-11-26)[2024-04-18]. https://blog.csdn.net/weixin_42398658/article/details/84392845.

[35] 咖啡小猫. 基于深度学习和迁移学习的遥感图像场景分类实践:AlexNet、ResNet[EB/OL].(2018-11-14)[2024-04-18]. https://blog.csdn.net/wgfmtqac557171/article/details/84067127.

[36] 赤兔DD. U-Net网络结构理解[EB/OL].(2018-08-26)[2024-04-18]. https://blog.csdn.net/maliang_1993/article/details/82084983.

[37] 南君233. 基于深度学习的遥感图像分类总概[EB/OL].(2018-08-04)[2024-04-18]. https://blog.csdn.net/qq_40116035/article/details/81414835.

[38] weixin_41783077. 基于深度学习的医学图像分割综述[EB/OL].(2018-07-03)[2024-04-18]. https://blog.csdn.net/weixin_41783077/article/details/80894466.

[39] zhuikefeng. 基于神经网络的图像风格迁移:一[EB/OL].(2018-04-25)[2024-04-18]. https://blog.csdn.net/zhuikefeng/article/details/80075677.

[40] 只为此心无垠. 推荐系统遇上深度学习:三 DeepFM模型理论和实践[EB/OL].(2018-04-21)[2024-04-18]. https://www.jianshu.com/p/bf07f73986a6.

[41] 陶嘉懿. 深度智能的崛起:二[EB/OL].(2018-02-23)[2024-04-18]. http://www.jobplus.com.cn/article/getArticleDetail/43057.

[42] 佚名. 深度学习:十 GoogLeNet[EB/OL].(2018-01-18)[2024-04-18]. https://www.cnblogs.com/callyblog/p/8313365.html.

[43] 沈子恒. 深度对抗学习在图像分割和超分辨率中的应用[EB/OL].(2017-05-31)[2024-04-18]. https://blog.csdn.net/shenziheng1/article/details/72821001.

[44] yengjie. 行为识别人体骨架检测+LSTM[EB/OL].(2017-03-29)[2024-04-18]. https://blog.csdn.net/yengjie2200/article/details/68063605.

[45] 正在思考中. 深度学习在图像超分辨率重建中的应用[EB/OL].(2017-03-22)[2024-04-18]. https://blog.csdn.net/qiu_peng/article/details/64906371?utm_medium=distribute.pc_relevant.none-task-blog-title-5&spm=1001.2101.3001.4242.

[46] Findback. 遥感图像分类综述[EB/OL].(2007-03-01).[2024-04-18]. https://blog.csdn.net/Findback/article/details/1518653.